铁尾矿多孔混凝土制备与性能

丁向群　陈　平　王凤池　康天蓓　著

中国建筑工业出版社

图书在版编目（CIP）数据

铁尾矿多孔混凝土制备与性能/丁向群等著．—北京：中国建筑工业出版社，2018．9
ISBN 978-7-112-22570-5

Ⅰ．①铁…　Ⅱ．①丁…　Ⅲ．①铁-尾矿砂-多孔性材料-轻质混凝土-制备②铁-尾矿砂-多孔性材料-轻质混凝土-性能　Ⅳ．①TU528．2

中国版本图书馆 CIP 数据核字（2018）第 188654 号

本书介绍了利用铁尾矿制备混凝土的性能与应用现状，内容共有 5 章，包括：绪论、铁尾矿的基本性质、铁尾矿泡沫混凝土的制备工艺、铁尾矿加气混凝土的制备工艺、铁尾矿加气混凝土的耐久性能。

本书适用于建筑材料专业研究、应用人员使用，也可供大中专院校建筑材料相关专业师生参考使用。

责任编辑：万　李
责任设计：李志立
责任校对：刘梦然

铁尾矿多孔混凝土制备与性能
丁向群　陈　平　王凤池　康天蓓　著

*

中国建筑工业出版社出版、发行（北京海淀三里河路 9 号）
各地新华书店、建筑书店经销
北京佳捷真科技发展有限公司制版
廊坊市海涛印刷有限公司印刷

*

开本：787×1092 毫米　1/16　印张：10　字数：246 千字
2018 年 9 月第一版　2018 年 9 月第一次印刷
定价：**40.00** 元
ISBN 978-7-112-22570-5
（32644）

前　言

多孔混凝土中含有大量细小的封闭气孔，具有密度小、质量轻、保温、隔声、抗震等优点，可用于建筑墙体、屋面保温等建筑结构中，受到普遍关注。

铁尾矿是铁矿石经过选取铁精矿后剩余的固体废弃物，由于我国铁矿石品位低、共伴生矿多，在选矿过程中会排出大量尾矿，同时，随着矿产资源利用程度的提高，矿石的可开采品位相应降低，尾矿排出量也在逐渐增加。几十年产生的铁尾矿与每年新增的铁尾矿常年堆积，利用率不到10%。近年来，社会发展与环境保护的矛盾日益突出，国内外都极其注重在发展经济的同时减少对自然环境的损害，铁尾矿的综合利用备受关注。

我国铁尾矿的组成特点适合于作为水泥、混凝土的原料，但由于其常温下化学活性不足，阻碍了其应用。如果经过处理、采用合适工艺，铁尾矿粉取代部分水泥，或者取代部分砂，用于混凝土中是可能的，在实现铁尾矿再利用的同时，改善混凝土性能，有利于制备出利废、环保、节能、低廉且具有不燃性的建筑节能材料，既能综合利用工业废渣、治理环境污染，又能创造良好的社会效益和经济效益。

本书是在总结多年的铁尾矿多孔混凝土研究成果基础上形成的，共分为5章，着重介绍了铁尾矿的基本性质、铁尾矿泡沫混凝土的制备工艺及其性能、铁尾矿加气混凝土的制备及其耐久性，并从微观结构及孔结构进行了理论分析。

感谢一起参与铁尾矿多孔混凝土相关研究的课题组同仁们及研究生们，特别感谢沈阳市科技计划项目（17-209-9-00）的支持。

由于笔者水平有限，书中不足之处在所难免，敬请读者指教，以便完善。

目　录

第1章　绪　论

1.1　铁尾矿的现状

1.1.1　铁尾矿的产生

尾矿是我国目前产出量最大、堆存量最多的工业固体废弃物，其中铁尾矿的产生和堆积量尤为巨大。铁尾矿是铁矿石经过选取铁精矿后剩余的固体废弃物，由于我国铁矿石品位低、共伴生矿多，在选矿过程中会排出大量尾矿，每生产1t铁精矿要排出2.5～3.0t尾矿。同时随着矿产资源利用程度的提高，矿石的可开采品位相应降低，尾矿排出量也在逐渐增加。仅鞍山、本溪地区的铁尾矿总量就在10亿t以上，而且每年至少以3000万t的数量增长，且有效利用很低。据不完全统计，截至2009年，我国各类尾矿总数达到12718座，部分省份尾矿数量见表1-1。

我国部分省份尾矿库数量　　表1-1

地区	尾矿库总数	在建尾矿库数	地区	尾矿库总数	在建尾矿库数	地区	尾矿库总数	在建尾矿库数
北京	37	0	黑龙江	62	14	山东	494	81
河北	2888	158	江苏	19	1	湖北	236	30
山西	1735	556	浙江	78	1	湖南	651	26
内蒙	685	104	安徽	341	45	广东	226	15
辽宁	1475	174	福建	247	75	广西	504	68
吉林	167	31	江西	380	75	河南	681	120
四川	203	37						

随着钢铁等工业的快速发展，对矿产资源的需求量不断增加，导致矿山的过度开采，每年排放的铁尾矿在尾矿中所占比例也越来越大，尾矿堆积量增长迅速，尤其最近几年，我国每年铁尾矿的排放量已超过总尾矿量的一半以上。铁尾矿虽然是经过多重筛选而剩下的“废弃物”，但铁尾矿中仍含有大量有用的成分，由于经济原因和选矿等科技水平的限制，有用成分不能充分回收利用，也未能对铁尾矿进行充分再利用。但是随着经济和科学技术的发展，同时自然资源的紧缺，铁尾矿的综合利用受到了极大的关注，开展铁尾矿综合利用是解决尾矿问题的必然选择，铁尾矿将会成为重要的二次矿物资源。

1.1.2　铁尾矿的分布及特点

按照地区特点，我国铁尾矿的分布可以分为三类：一是以河北、辽宁为首的最主要地区；二是内蒙古、四川、北京和山西四个地区；三是余下的地区。铁尾矿化学成分主要有

SiO_2、Al_2O_3、Fe_2O_3、CaO、MgO 等，还含有少量 K_2O、Na_2O 以及 S 等。按照铁尾矿的化学组成，一般将其分为 5 种类型：高硅类、高铝类、高钙镁类、低钙镁铝硅类和多金属类，这种划分方式主要视其不同元素的含量差异，从而有利于选择不同的利用途径。在我国的鞍山、本溪地区的铁尾矿，SiO_2 含量比较高；长江中下游宁芜一带，铁尾矿中 Al_2O_3 含量相对较高；在邯郸地区，铁尾矿为高钙、镁邯郸型铁尾矿；在我国内蒙古包头地区、西南攀西地区和长江中下游的武钢地区，铁尾矿类型为多金属类铁尾矿，伴生元素较多。

因铁矿石产地和选矿工艺的不同，其成分及含量也不同，导致尾矿性质也存在很大差异。此外，我国铁矿资源嵌布粒度细，共生复杂，为了获得高品位精矿，大部分须经过至少二段磨矿、选别，除预选抛出少量粗粒尾矿以外，大部分选矿排出的尾矿粒度很细，主要以细粒、微细粒的矿泥形式存在。

1.1.3 铁尾矿的危害

铁尾矿的产生与堆放给国家、社会带来沉重负担，严重影响了人民的生命财产安全，环境危害极大，已经成为我国可持续发展的瓶颈问题。

铁尾矿的危害主要表现在以下几个方面：

(1) 严重污染环境：尾矿排放到外界，将会对大气和水造成污染，也会对周围的生态造成污染，尾矿在受到腐蚀时、尾矿中的可迁移元素发生迁移时，将会对大气和水土造成严重污染，并导致土壤退化，植被破坏甚至威胁到人畜的生命安全。自然干涸后的细尾砂，遇大风形成扬尘、沙暴，吹到周边地区，对生态环境造成严重影响。尾矿中残留的选矿药剂和含有的重金属离子，甚至砷、汞等污染物质，会随尾矿水流入附近河流或渗入地下，严重污染河流及地下水源。我国因尾矿造成的直接污染面积已达百万亩，间接污染土地面积 1000 余万亩。

(2) 占用大量土地：尾矿库要占据大量的农、林土地，其中包括生产力高的耕地、良田。而耕地、良田的减少，直接关系到我国的粮食供应，是关乎国计民生的大问题，而且随着尾矿堆积量的增加，占用的土地面积将继续扩大，这就导致尾矿库所在地区的土地资源失去平衡，以我国的冶金矿山为例，目前占地面积已达 $6.5\times10^4km^2$，其中采场、排土场、尾矿库三大场地占地超过 50%。据预测，到 2000 年，全国固体矿产采选业排出的铁尾矿废石破坏土地和堆存占地面积将达到 $1.87\times10^6\sim2.47\times10^6km^2$。

(3) 造成严重的地质灾害：尾矿堆积过多，尾矿库坍塌的风险增大，尤其是在雨期容易造成溃坝等严重灾难。坝体越高，危险性越高，特别是坝高超过 100m 的大型尾矿库，一旦发生垮坝事故，后果不堪设想。新中国成立以来，已发生过大小不同的事故数十件，如：2007 年辽宁海城尾矿库发生溃堤事件，2008 年 9 月 8 日，山西襄汾塔儿山一座尾矿库发生溃坝事故，276 人死亡。

(4) 浪费宝贵的资源：尾矿也是一种宝贵资源，尾矿中含有很多金属元素和非金属元素，由于受到技术水平、装备性能、经济条件等因素的限制，选矿工艺不可能尽善尽美，并且在实际生产中还受到操作等因素的影响，从而不可避免地使一些有价元素损失到尾矿中不能综合利用，造成了宝贵资源的浪费。

(5) 尾矿库运营成本增加：国内外许多采选公司的设计、建设和生产经验表明，尾矿处理设施为结构复杂、投资巨大的综合水工构筑物，其基建投资占整个采选企业费用的5%～40%，据统计，我国冶金矿山每吨尾矿需尾矿库基建投资1～3元，生产经营管理费用3～5元。每年的营运费用就达7.5亿元，尾矿库的维护和维修更需消耗大量的资金。

1.2 铁尾矿的利用

近年来，社会发展与环境保护的矛盾日益突出，国内外都极其注重在发展经济的同时减少对自然环境的损害。几十年产生的铁尾矿与每年新增的铁尾矿常年堆积，利用率不到10%。

从20世纪80年代开始，我国对矿产资源综合利用工作加强了宏观管理，明确了指导方针，并于1986年首次在《中华人民共和国矿产资源法》中将尾矿综合利用以法律形式提出，在原国家科委和国家计委等联合制定的《中国21世纪议程》中，将资源的合理利用与环境保护列为四个主要内容之一。

2011年，国家发改委修订《产业结构调整指导目录》，其第三十八条鼓励推广共生、伴生矿产资源中有价元素的分离及综合利用技术和尾矿、废渣等资源综合利用。2016年，国务院发布《关于促进建材工业稳增长调结构增效益的指导意见》，要求积极利用尾矿废石、建筑垃圾等固废替代自然资源，发展机制砂石、混凝土掺合料、砌块墙材等产品。鼓励企业整合玻璃用硅砂、石英砂和砂石骨料用尾矿、废石等资源，提高综合利用水平。该要求的提出，将给尾矿、建筑垃圾再利用领域带来明确的政策指导，为砂石骨料行业发展指明了新的方向。总体上，国家在引导资源综合利用，特别是尾矿资源综合利用方面，产业政策不设下限，大力进行鼓励推动。

1.2.1 国外综合利用现状

国外对于铁尾矿的利用研究相对较早。美国及很多欧洲国家在开采铁矿的同时，已经可以大量高效的消耗伴生的废弃物。很多发达国家早在20世纪中期就开始了对铁尾矿进行回收利用的研究工作。德国、美国、英国、日本、俄罗斯、加拿大和匈牙利等国，制定了二次资源管理法规和包括铁尾矿在内的废料排放标准。对于铁尾矿开发利用措施不力、环境质量不能达标的铁矿开发单位，限制整改、予以经济处罚直至取消注册登记。同时在贷款和税收等方面给予优惠政策刺激二次资源开发利用。

20世纪70年代以来国际上有关废料利用的技术交流活动十分活跃。1973年和1975年在波兰召开了第一、二届国际现代采矿工艺和冶金环境保护会议，交流采选冶炼技术和废料利用经验；1977年在赞比亚召开了"发展中国家资源利用会议"；1979年在华沙召开的第十三届国际选矿会议上讨论了矿物原料处理和有用组分全部利用问题；1980年在芝加哥第六届矿物废物利用国际会议上专门研究了矿物综合利用问题；1981年、1983年、1986年在捷克斯洛伐克召开了第一、二、三届"新型矿物原料讨论会"，讨论了选用岩石、矿物及其元素和非传统矿物原料的资源利用问题，把废料提高到了资源的高度来认识，提出了人类在21世纪重点开发无污染的绿色产品的战略口号。

随着科技的发展和学科间的相互渗透，包括铁尾矿在内的尾矿利用途径越来越广阔，国外的铁尾矿利用率可以达到60%以上，其综合利用主要有以下途径：

(1) 作为矿山填充材料

矿山采空区回填是直接利用铁尾矿最行之有效的途径之一，其施工简单，耗资少，降低了充填成本和整个矿山生产成本，也降低矿石贫化率和损失率，提高了回采率，是世界各国普遍采用的一种利用铁尾矿的方法。

尾矿填充技术在20世纪中后期发展迅速，目前，已经从最初的干式填充法到不含胶结剂的水砂填充，以后发展为胶结填充，并使填充体浓度不断提高，逐步发展为高浓度的膏体填充。在20世纪50年代，澳大利亚一些地下金属矿山，以水利填充取代了早期使用的干式填充。1969年澳大利亚科学与工程研究开展了机械落矿填充采矿法的相关问题，10余年后在水利充填领域取得显著成绩。1977年芒特艾萨矿与新南威尔士大学矿物学院合作研究出低成本胶结填充技术。加拿大于1993年发展了膏体填充技术，地下硬岩采矿企业几乎都采用了这种填充工艺，膏体填充因其使用全尾矿砂、水泥消耗量小、填充体强度高、无需脱水且不离析等优势在近几十年来得到快速发展和广泛应用。

(2) 复垦

为了防止铁尾矿随着风、水等扩散到周边环境，各国学者通过研究各种物理、化学及植被等方法稳固这些固体废弃物，使其对周边环境的影响降低到最低，其中植物的稳固是首选复垦的方法，因为它更持久，更美观，在已关闭的矿山得到更广泛的运用。

国外许多国家对铁尾矿等尾矿库的复垦工作十分重视，如德国、俄罗斯、美国、加拿大，澳大利亚等国家的矿山土地复垦率已达80%以上。20世纪90年代，在美国矿山局的支持下，明尼苏达州东部的梅萨比铁矿山脉就开始进行复垦试验，研究有机添加物对尾矿上植被恢复的影响，复垦土其植物生长率大大提高，可以种植雀麦草、紫花苜蓿、草本樨及各种牧草，而且三年之后就能够进行自我调节，不再需要以往的营养调整措施；加拿大铁矿公司的一个铁矿场在过去40年里向Wabush湖内排放了近2300万t尾矿，对周边环境和支流产生了影响，公司联合当地政府及社会各界制订了尾矿管理方案，在尾矿排放区种植不同当地植物，优化环境，减少尾矿污染，并且利用尾矿区中原先的一些低洼变成沼泽盆地、水圈、丘陵地等交错地形形成人工湿地，为当地野生动物提供了栖息地，人工湿地种植模式不仅有利于恢复生态系统，而且比传统种植方法费用低，进一步降低尾矿管理的运作成本。

(3) 生产建筑材料

俄罗斯铁尾矿用于建筑材料约占60%，除制造建筑微晶玻璃和耐化学腐蚀玻璃外，还研制生产各种矿物胶凝材料；日本利用浮选铁尾矿作为主要原材料制造下水道陶土管，日本公害资源研究所制出了用尾矿作轻质多空材料的专利；在美国随着高品位铁矿储量减少，低品位的铁隧岩被大量开采以提供钢铁企业生产所用，铁隧岩的尾矿可以用来制备密度可调的轻质砖；加拿大在利用铁尾矿研制墙体材料方面最具特色，Collings. R. K等人曾研究用铁尾矿与石灰按一定比例混合制成干压灰砂砖，应用效果良好；印度的S. K. Das等人利用铁尾矿制备出达到欧洲标准的瓷砖。

国外利用铁尾矿制备微晶玻璃的研究较早，一些国家利用其取代石英砂，添加长石等原料生产工艺玻璃制品，配方中加入经过简单加工过的尾砂及其助剂，在坩埚窑内熔融后，制备玻璃制品，材质均一，美观，力学性能好，成品率极高。

1.2.2　国内综合利用现状

国内对铁尾矿综合利用的关注相对较晚，但近二三十年来针对铁尾矿综合利用的理论和技术研究有了长足的发展。国内的很多高校、科研院所及诸多企业结合铁尾矿的化学组成、结构及物理特性研发了多种具备高附加值的新型建筑材料，如通过激发其活性制备的常温水合型材料（尾矿蒸压砖），因其组分与水泥基材料比较相近而制备胶结型材料（利用尾矿制备的水泥制品），并相继研究和开发了尾矿玻璃，尾矿陶瓷，尾矿烧结砖等技术和产品。

1990年，中国地质科学院成立了我国首家尾矿利用研究机构——尾矿利用技术中心，从事包括铁尾矿在内的矿山废弃物资源化综合利用技术和产品技术开发。1992年还在厦门专门召开了全国矿山废渣综合利用技术交流会，总结了我国尾矿利用方面的技术成就，明确了尾矿利用的方向。2000年，中国地质科学院矿产综合利用研究所对我国32个矿区50多个矿山尾矿的利用情况进行了调查；2008年，还开展了我国重要矿山固体矿产尾矿资源利用调查与综合利用研究工作，调查显示尾矿中含有大量有用组分，但尾矿大宗利用缺少实质性突破，利用率不超过2%。如2004年山东地质调查院对山东境内的六座矿山尾矿库进行了调查和采样测试工作；湖北省地质科学研究所等对鄂东南地区的尾矿堆积现状及其基本特征进行了调查；2006年北京金有地质勘查有限公司完成了《我国黄金矿山尾矿资源调查和综合利用研究》；2010年，江西省地矿资源勘查中心也开始在全省开展尾矿综合利用调研；2011年，国家出台《土地复垦条例》，推进尾矿库地区土地复垦工作；2013年出台《全国资源型城市可持续发展规划》，为我国尾矿发展指出方向。

近年来我国主要尾矿综合利用现状如图1-1所示。

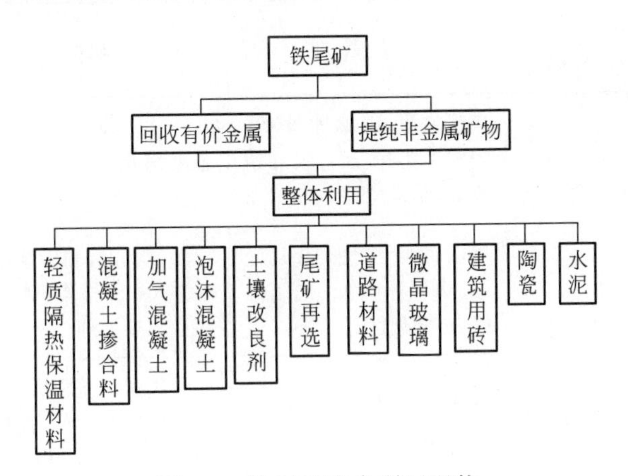

图1-1　铁尾矿综合利用现状

铁尾矿的应用热点主要集中在以下几个方向：

(1) 再选与回收利用

金属矿石是不可再生的自然资源，而且部分的矿产资源是共伴生矿，不同时期选矿技术差异，大量有价值资源遗留在尾矿中，所以可以说铁尾矿是放错位置的资源，随着当前科学技术的发展，铁尾矿的二次提炼技术也会越来越成熟。例如：首钢开发了尾矿高效回收新工艺，每年处理铁尾矿量787万t，尾矿经过再选后，将生产出品位66.95%的铁精矿28.8万t，回收金属量19.28万t，直接经济价值达2.3亿元，每年少排尾矿量28.8万t，每年减少占用尾矿库库容9万m^3左右，环境效益明显。歪头山铁矿采用JHC型矩环式永磁磁选机和BX磁选机，每年可从尾矿中回收品位65%铁精矿5.52万t。梅山铁矿、昆钢大红山铁选矿厂采用高梯度强磁选机回收尾矿中的铁矿物，每年可多产精矿7～15万t，获得了较好的经济效益。

铁尾矿再选与回收有价元素经济效益显著，近年来虽然在提升尾矿回收工艺技术和回收设备上都有很大进展，但该利用途径受尾矿本身特性及回收技术的影响较大，对很多尾矿不适用，而且再选与回收有价元素后仍然会产生新的固体废物污染，必须联合其他尾矿利用技术才能从根本上解决尾矿问题。

（2）制作轻质隔热保温材料

建筑物节能是当前社会的热点之一，现有的节能保温材料主要包括有机类（如聚苯乙烯泡沫板、硬质泡沫聚氨酯、聚碳酸酯及酚醛等）、无机类（如珍珠岩水泥板、泡沫水泥板、复合硅酸盐等）和复合材料类（如金属夹芯板、芯材为聚苯等）（常见的建筑保温材料的性能特点见表1-2）。保温材料在考虑保温性能的同时，也要注意其安全性和耐久性，以及可靠的防火性能。建筑领域常用的建筑外保温有机材料存在极大的火灾等安全隐患；复合保温材料在内部密闭空间内都可以发生燃烧，如：南京、济南、北京的体育馆、文化馆的金属屋面保温材料都在铝板下面，大面积封闭空间极易燃烧。新型轻质隔热保温建筑材料的开发研究是当前社会的迫切要求，以铁尾矿制备轻质隔热保温建筑材料，为铁尾矿的二次资源再利用开辟了一条资源节约、保护环境的途径。

常见的建筑保温材料的性能特点 **表1-2**

材料名称	导热系数[W/(m·k)]	优点	缺点	市场应用
膨胀聚苯板（EPS板）	0.038～0.041	表观密度小，吸水率低，隔声性能好，而且尺寸精度高，结构均匀	强度稍差	
挤塑聚苯板（XPS板）	0.028～0.03	极低的吸水性、表面光滑、热导系数低、抗压性好、抗老化性好	面层较光滑，和砂浆结合性能差，价格贵，施工时表面需要处理	墙体保温及低温储藏设施
岩棉板	0.041～0.045	导热系数低、透气性好、防火、阻燃	质量优劣相差很大，保温性能好的密度低，其抗拉强度也低，耐久性比较差	应用于建筑、电力、交通、冶金等众多方面
胶粉聚苯颗粒保温浆料	0.057～0.06	阻燃性好，废品易于回收	保温效果不理想，对施工要求高	
聚氨酯发泡材料	0.025～0.028	热工防水性能好，自粘结力强，保温层厚度薄	喷涂施工时容易产生有毒气体，现场施工对外界条件要求高，受天气影响大，造价高	现场喷涂，冰箱冷库

续表

材料名称	导热系数 [W/(m·k)]	优点	缺点	市场应用
珍珠岩等浆料	0.07～0.09	防火性好，耐高温	保温效果差，吸水性高	
尾矿纤维保温材料	0.040～0.045	A级不燃，耐高温，保温、隔声性好，耐久性好，环保，可重复利用，综合性能突出		建筑外墙、内墙分隔，隔声等
泡沫混凝土	0.16～0.75	质轻，300～1200kg/m^3，吸音，保温隔热好，抗震	强度偏低、干缩大、吸水率高	墙体保温，轻质板材
加气混凝土	0.09～0.22	质轻，400～800kg/m^3，可加工性强，防火性能好	吸水率高，砌块表面易起粉尘，强度较低	建筑节能，墙体保温

国内的一些学者开展了相关的研究，如：王应灿等以铁尾矿、废旧聚苯乙烯泡沫为主要原料，普通硅酸盐水泥为胶凝剂，制备轻质隔热保温材料，具有良好的保温性能；尹洪峰等以邯郸铁矿尾矿为原料，采用淀粉糊化固化法，制备出体积密度不超过 0.85g/cm^3、耐压强度大于 0.5MPa、导热系数不超过 0.18W/(m·K) 的轻质隔热墙体材料；张丛香等开发了一种利用铁尾矿制作轻质保温墙板材的工艺技术，探讨了水灰比、铁尾矿掺量、外加剂、粉煤灰等对铁尾矿泡沫混凝土的影响，制作的轻质保温墙板材导热系数 0.14，吸水率 14%。

根据铁尾矿的特性，以铁尾矿渣（粉）为主要原料，制备轻质保温墙板材，具有良好的隔热保温性能，在施工过程中易与主体结构粘结，耐久性强，可以弥补现有防火性能不佳的缺陷，在外保温建筑材料市场上占有一席之地。利用铁尾矿制备轻质保温墙材产品，成本较低，尾矿利用率高、用量大，大幅度降低了铁尾矿对环境的污染，同时减少占用的土地面积，经济、社会效益显著。通过开展深入的相关研究，有利于为铁尾矿的再利用开辟新途径。

(3) 制备建筑用砖

我国对铁尾矿的应用研究比较多的一个方向是利用铁尾矿制备建筑用砖，如蒸压砖、免烧砖等。利用尾矿及粉煤灰等制备墙体用砖，可以具备良好的力学性能。

虽然烧结砖对原材料要求不高，但用量要求却很大，生产烧结砖，要消耗大量的黏土资源，在取土的同时还毁坏了很多良田。而铁尾矿产量很大、利用率很低，以铁尾矿代替部分黏土，掺入适量增塑剂，完全可以烧制出普通黏土砖，而且可通过控制铁尾矿掺量，制成不同强度等级的铁尾矿砖，有很好的利用前景。用铁尾矿生产烧结砖，是对传统制砖工业的继承和发展，也为铁尾矿综合利用提供了一条途径。

国内的研究者几十年来开展了研究工作：鞍钢矿山公司自 1979 年就已经开始利用矿业废渣为主要原料进行铁尾矿蒸养砖的试验研究，以铁尾矿为主要原料，加入适量的活性材料，试验制得了蒸养砖，产品达到了国家规定的蒸养灰砂砖标准；马鞍山矿山研究院采用齐大山、歪头山铁矿的高硅铁尾矿为主要原料，配入少量骨料、钙质胶凝材料及外加剂、适量的水，均匀搅拌后模压成型，经标准养护（自然养护）28d，成功地制成免烧砖；田玉梅等利用南京梅山铁矿尾矿进行了制砖烧成特性的研究，以850℃、900℃和1000℃进行烧结所制得的砖强度、吸水率都满足标准；尹洪峰等在邯郸铁尾矿基本特性进行综合分析的基础上，进行了制砖试验研究，采用压制成型法，可以制备MU10以上标号的建筑用砖，尾矿砖体积密度与一般黏土砖相近，颜色一致性好，烧结制品为淡黄色，试样泛霜试验合格，抗冷冻性好；采用挤出成型法，利用全尾矿可以制备出MU7.5和MU10的建筑用砖；彭建平等利用山东金岭铁尾矿进行了灰砂砖的试验研究，以尾矿为主，配以适量水泥，加入少量粘结材料进行碾压以提高其表面活性，该砖达到了免蒸免烧，同时工艺简单，成本较低，并通过技术鉴定。

（4）制备微晶玻璃

田英良等根据北京密云某铁尾矿的成分特点，添加适量的CaO、MgO，并加入少量硫磺使部分铁转化成硫化亚铁改善晶化，制取CaO—MgO—Al_2O_3—SiO_2系微晶玻璃，铁尾矿利用率超过60%，抗压强度达到50.2MPa，超过大理石和花岗岩。陈吉春等以武钢程潮铁矿的低硅铁尾矿为原料，设计一种四元体系的微晶玻璃原料，经选择合理的工艺制度和晶核剂，制取以透辉石为主晶相的微晶玻璃，使尾矿利用率达60%。李智等利用硫铁矿尾矿为主要原料，添加适量的其他原料，采用浇注法制备出晶相为透辉石相的浅色矿渣微晶玻璃。

（5）在水泥混凝土中的应用

铁尾矿与水泥生料的化学组成相似，理论上可以将尾矿作为制备水泥的一种原料进行利用，这将会对水泥和采矿行业都起到积极的作用。国内也开展了相关的研究：刘文永等通过配料和烧制试验得到：尾矿掺量6%、10%和15%的胶凝材料分别达到52.5级、42.5R级和32.5级硅酸盐水泥标准，利用尾矿烧制的胶凝材料与普通硅酸盐水泥熟料矿物组成相似；2004年底，辽宁工源水泥厂在2500t/d新型干法熟料生产线上使用铁尾矿、粉煤灰、石灰石配料进行试生产调试，结果表明，采用适当的措施，可以在新型干法水泥生产线上用铁尾矿代替传统的铁质和硅质原料生产熟料，能够将水泥标号稳定到普通52.5级；天津港保税区航保商品混凝土供应有限公司，已经成功利用铁尾矿砂石作为生产预拌混凝土的骨料，其替代量至少是混凝土中天然砂的50%，并在水运、房建及市政工程等建设项目中使用；何兆芳等用铁尾矿与天然砂组成混合砂，并以高效减水剂为外加剂，双掺矿粉和粉煤灰，制备了C60高强混凝土，试验结果表明，采用60%尾矿+40%细砂时，和易性最佳，有助于提高抗冻性、抗渗性，收缩性能相当；景帅帅采用颗粒粒径小于0.15mm的细粉状铁尾矿粉作为骨料，用于制备泡沫混凝土，研究了铁尾矿粉泡沫混凝土新拌浆体的体积稳定性等，并运用压汞法对泡沫结构进行了试验分析；朱志刚进行了用铁尾矿砂代替石英砂制备活性粉末混凝土的研究，利用梯级粉磨工艺制备的高硅铁尾矿—矿渣基胶凝材料代替常规胶凝材料制备了全尾矿活性粉末混凝土。

（6）用作土壤改良剂和微量元素肥料

铁尾矿中往往含有维持植物生长和发育必需的微量元素，如Fe、Zn、Mn、Cu、Mo、V、B、P等，通过磁化技术可制成磁化尾矿土壤改良剂，如果再掺入一定比例的N、K、P等元素，可磁化成磁尾复合肥，有利植物的生长。我国马鞍山矿山研究院曾在“七五”

和“八五”期间，率先进行了利用磁化铁尾矿作为土壤改良剂的研究工作，研究磁化铁尾矿作为肥料，施入土壤中使农作物增产效果十分显著，并在涂太仓生态村建成一座年产10000t的磁化复合肥厂。试验表明，土壤中施入磁化铁尾矿后，农作物增产效果十分显著，早稻平均增产12.63%，中稻平均增产11.06%，大豆增产15.5%。但铁尾矿排放量大，而制作的尾矿复合肥的肥力有限，且不能像有机肥和化肥那样容易自然分解、消失，只能在当地少量使用，限制了尾矿作为肥料方面的大量应用和消耗，因而近年来研究和应用较少。

(7) 制备陶瓷材料

郭大龙等选用定量的钢渣，然后添加铁尾矿以及其他的辅料制备陶瓷材料，样品的烧结温度低于传统陶瓷烧成温度100℃左右，而强度接近国家标准的2倍，不仅能够实现陶瓷的节能制备，还能获得高性能的陶瓷产品。孙志勇以北京密云地区首云矿业集团公司2015年铁矿石开采产生的泥状细颗粒铁尾矿为主要原料，采用搅拌发泡－凝胶注模成形、常压烧结工艺制备铁尾矿多孔陶瓷。结合XRD分析、SEM微观分析以及多孔陶瓷物理性能与力学性能测试，工艺简单，成本低廉，可规模化生产，所制备多孔陶瓷满足工业废气除尘的要求。

(8) 用作道路材料

截至2013年年末，我国公路总里程已达435.6万km，比2012年增加11.8万km。但总体来说，我国道路修筑技术和基层材料制备技术还不先进，而且天然石料的质量普遍较差，再加上我国车流量大、超载现象严重，因此每年被压坏的公路不计其数，造成人力物力财力的严重浪费；另外，大量公路的修筑导致我国很多地区过量开山碎石、盗采河沙的现象严重，造成环境的极大破坏。究其根源，公路修筑尤其是路面基层修筑对原材料的巨大需求，若将铁尾矿作为基层修筑的原材料，则既能解决铁尾矿大量堆存所造成的各方面问题，又能解决公路修筑对原材料的大量需求问题。近年来部分学者对铁尾矿在基层材料中的应用进行了研究并取得了一些进展，虽然目前还未能实现广泛的工程应用，但其发展前景非常可观。

马鞍山矿山研究院利用齐大山铁尾矿加入一定的配料碎石、砂子、粉煤灰及黏土及石灰，经一定的处理后作为路面基料，并在沈阳至盘山的路段进行了工业试验，到了二级公路对路基的强度要求。赵黔义利用石灰和粉煤灰对取自辽宁歪头山的铁尾矿进行固化，掺加15%的二灰可使试块强度大于0.5MPa，满足二级及二级以下公路底基层强度标准；掺加15%的二灰和1%的水泥可使试块强度大于0.6MPa，满足一级公路和高速公路底基层强度标准；乐旭东等利用水泥和一种土壤固化剂对河南省舞钢市某铁尾矿进行固化，当水泥：固化剂：铁尾矿＝6：6：88时，试块7d无侧限抗压强度达到2.82MPa，满足高等级公路底基层强度设计标准。杨青等选用辽宁朝阳某铁尾矿，利用水泥和石灰对其进行稳定固化。王琰研究了无机结合料稳定铁尾矿的疲劳及冻融循环特性，研究表明23.6%的石灰稳定铁尾矿、9.9%的水泥稳定铁尾矿、10.5%的石灰和1.8%的水泥共同稳定铁尾矿的各方面性能均能满足低等级公路基层设计要求。张铁志等研究了水泥稳定加筋铁尾矿在基层中的应用，通过向铁尾矿稳定材料中加入聚丙烯纤维制成水泥稳定加筋铁尾矿，可达到一级公路和高速公路底基层、二级及二级以下公路基层和底基层的设计要求。

1.2.3 铁尾矿利用存在的问题

我国铁尾矿的利用从技术到政策仍存在一些值得重视的问题：

（1）新增量大，利用率低

我国堆积尾矿已经超过100亿t，每年的新增量达到了12亿t，并且新增量在逐年升高，但综合利用率还不足10%。我国对于铁尾矿等尾矿资源的研发利用仍然处于起步阶段，成功应用的案例不多。对1845个重要矿山调查统计，结果表明：综合利用有用组分70%以上的矿山仅占2%；综合利用有用组分50%以上的矿山不到15%；综合利用有用组分低于25%的矿山占75%。在246个共生、伴生大中型矿山中，有32%的矿山未综合利用有用组分，也就是说有大量的有用组分丢失于尾矿中。

（2）科技投入不足

对铁尾矿等尾矿资源的利用虽然给予了关注，但尾矿的利用多停留在成本低廉、施工简便的层面上，对尾矿的理论研究相对较浅，缺乏创新，加之铁尾矿利用的成功案例少，导致社会、企业、政府对铁尾矿利用的科技投入信心不足，是目前制约铁尾矿科学再利用的重要因素。

（3）管理制度不健全

目前，部分企业已经自发研究、开展铁尾矿等综合利用的工作，主管部门也给予了一定的指导和规划，但对矿山没有明确的考核指标，对矿山铁尾矿的利用情况缺乏评价标准或评价机制，管理层面更没有针对铁尾矿的类型特点，以区域为基础因地制宜的制订开发方案，统一规划管理，铁尾矿资源的开发还处在自发利用状态，严重缺乏系统的、科学的指导和设计，出现重复浪费和再次污染的情况，也有些部门以保护资源为名阻碍对铁尾矿的开发利用。

（4）对铁尾矿利用的认识深度不够

长期以来，人们在重视经济建设的同时，忽视了对自然环境的保护，没有对铁尾矿的危害深刻认识，更没有规划尾矿的科学处理。近年来，随着国家对环境保护、资源保护政策力度的加大，社会、企业、政府虽然对铁尾矿的再利用有了深刻认识和紧迫感，但也有很多人对铁尾矿利用的认识仍停留在表层，甚至是口头，有的人甚至认为，选矿厂搞综合利用是旁门左道，认为搞铁尾矿综合利用属于开发性研究工作，搞不好就会落得“竹篮打水一场空”，“赔了夫人又折兵”，还是要先顾生产，保住现有的经济效益，在思想意识深处并没有真正的转变。

（5）经济补偿不够

国家虽然越来越重视对环境的保护，并且对工业废弃物的处理有了一定的认识并且颁布了相关的法规及政策，但是，对于铁尾矿等尾矿利用的环保补贴不够或补偿较晚，减少了许多企业对尾矿利用的积极性，因为铁尾矿本身是一种惰性材料，将其制备成具备优良性能的建筑或工业制品需要大量的用于前期研究和尝试生产应用的经费，所以补偿资金的短缺严重影响了尾矿的消耗。

（6）市场阻力

因为市场需求的有限性，影响了对铁尾矿中相应矿产的回收利用，另一方面，由于地方保护主义等人为因素，新产品与当地产品相比竞争力薄弱，市场拓展方向有限。

1.3　铁尾矿泡沫混凝土

1.3.1　国内泡沫混凝土的发展及现状

泡沫混凝土又称发泡混凝土、轻质混凝土，是一种利废、环保、节能、低廉且具有不燃性的建筑节能材料。通过化学或物理的方式将空气或其他气体引入混凝土浆体中，经过合理养护成型，而形成的含有大量细小的封闭气孔，并具有一定强度的水泥制品。发泡混凝土具有密度小、质量轻、保温、隔声、抗震等优点。

在我国，泡沫混凝土几乎与新中国同时诞生。

1950 年，苏联专家开始向我国推广泡沫混凝土技术。

1952 年，中国科学院土木建筑研究所成立了泡沫混凝土试验中心，正式开始泡沫混凝土的试制，第二机械工业部第四设计处、重工业部有色金属管理局等进行研发和生产，并将其成功应用在工业管道保温上。

1954 年，中国科学院建筑研究所与其他单位合作，由苏联专家指导，在哈尔滨生产出蒸压泡沫混凝土板，用于哈尔滨电表仪器厂屋面，这是我国首次将泡沫混凝土用于建筑保温。

1955～1957 年，原水利电力部电力建设科学技术研究所试制成功使用温度可达 250℃～510℃的泡沫混凝土管壳，应用于峯峯电厂、大连电厂的高温管道保温上。

1956 年，原纺织工业部基本建设设计院也开展了粉煤灰泡沫混凝土的试验研究，在原北京市建材局、中纺部第二工程公司、水利科学研究院等单位的配合下，成功将泡沫混凝土成本降低了 40%。

1952～1959 年是我国泡沫混凝土发展的第一个高潮期，形成了一定的生产规模。但由于历史原因，1960～1980 年，泡沫混凝土在国内很少有人问津。

1980 年前后，欧洲的泡沫混凝土现浇技术进入了我国。由于广东及其周边地区夏季炎热，对屋面保温需求强烈，现浇泡沫混凝土屋面在广东流行。从 20 世纪 90 年代初期开始，广州、东莞、佛山等地屋面保温大量应用现浇泡沫混凝土。此后，泡沫混凝土屋面保温现浇逐渐向北推进，经福建、湖南、江西等地一路北上，如今已发展到北京、辽宁、陕西等全国各地，成为泡沫混凝土在我国的两大应用领域之一。

继泡沫混凝土屋面保温现浇之后，在 20 世纪 90 年代末期，泡沫混凝土地面保温层现浇自韩国传入我国，率先在烟台、威海、天津、大连、秦皇岛、延边等地成功应用，并从 2005 年起进入发展高潮。如今，泡沫混凝土现浇地暖保温层技术自东向西、向南、向北三面扩展，已发展到全国除两广及福建、台湾之外的大部分省区，成为泡沫混凝土第一大应用领域。河北省地暖协会出台的泡沫混凝土地暖保温层地方标准，是我国第一个泡沫混凝土标准。之后，山东、辽宁也都出台了地方标准。2007 年，中南地区建筑标准图集《泡沫混凝土屋面保温隔热建筑构造》07ZTJ2005、四川省工程建设标准设计图集《泡沫混凝土楼地面、屋面保温隔热建筑构造图》DBJT20-58 先后推出，标志着现浇屋面保温隔热层开始规范化应用。

2009 年春，我国第一部泡沫混凝土现浇行业标准《地面辐射供暖工程用发泡水泥绝热层、水泥砂浆填充层技术规程》出台，将泡沫混凝土地暖保温隔热层现浇应用推进到了一个新的发展阶段。

从20世纪90年代开始，泡沫混凝土现浇开始在建筑工程回填及岩土工程回填中应用，成为我国泡沫混凝土第三大应用领域。20世纪90年代初，煤炭科学研究总院从国外引进了泡沫混凝土工程填充技术，并成功应用于开滦煤矿特大顶板冒落崆峒的浇筑回填。其后，中国建筑材料科学研究院又将现浇泡沫混凝土应用于建筑补偿地基填充、引黄工程洞穿管回填等。2000年以后，泡沫混凝土在交通岩土工程方面开始应用。我国广东冠生土木公司从日本引进了公路岩土工程回填技术，在国内中江高速、京珠高速等一系列重大工程中成功应用。随后，这一回填技术在北京奥林匹克中心地下通道工程轻质回填成功应用，使现浇回填技术日益发展。

与20世纪50年代第一个发展高潮以制品为主不同，目前我国的泡沫混凝土基本以现浇为主、制品为辅。2006年以来，我国以现浇为代表的泡沫混凝土进入了蓬勃发展的新时期，主要表现在以下几个方面：

（1）泡沫混凝土新的、高端的应用技术及应用领域大量出现。

（2）国内已开始出现规模化泡沫混凝土设备生产厂家。

（3）泡沫混凝土企业快速增加，每年新增企业数量不少于百家，现浇企业在2006年已达数百家，2009年达近千家，论生产企业数量，我国已居世界第一，截至2017年已达到1000多家。

（4）泡沫混凝土标准开始制定和实施，自2006～2009年，我国推出地方标准、行业标准、国家标准十余部，还有一批标准正在制定中，如泡沫混凝土用泡沫剂标准、泡沫混凝土屋面保温隔热层标准、泡沫混凝土墙体现浇标准、泡沫混凝土外墙外保温板标准等，我国泡沫混凝土正告别无序发展时代，开始逐步走向规范化生产。截至2016年，已发布的国家标准、行业标准、协会标准近20项，包括《蒸压泡沫混凝土砖和砌块》GB/T 29062—2012、《泡沫混凝土砌块》JC/T 1062—2007、《水泥基泡沫保温板》JC/T 2200—2013、《泡沫混凝土制品性能试验方法》JC/T 2357—2016等制品标准以及《现浇泡沫混凝土复合墙体智能灌注机》GB/T 32990—2016、《地面辐射供暖绝热层用泡沫混凝土》JC/T 2240—2014、《屋面保温隔热用泡沫混凝土》JC/T 2125—2012等现浇泡沫混凝土标准，《泡沫混凝土砌块用钢渣》GB/T 24763—2009、《泡沫混凝土》JG/T266—2011、《泡沫混凝土用泡沫剂》JC/T 2199—2013等原材料标准以及《泡沫混凝土应用技术规程》JGJ/T 341—2014、《气泡混合轻质土填筑工程技术规程》CJJ/T 177—2012、《现浇泡沫混凝土轻钢龙骨复合墙体应用技术规程》CECS 406—2015等技术规程，这些标准、规程为泡沫混凝土材料在不同领域的推广应用提供了重要的技术支撑。

（5）2009年1月8日，经民政部批准，中国混凝土与水泥制品协会泡沫混凝土分会成立，将有力地促进我国泡沫混凝土行业的发展和技术进步。

截至2014年，我国泡沫混凝土企业约1000多家，其中，现浇企业约400家，制品企业约150家，设备加工企业约100家，发泡剂生产企业约80家。从企业地域分布来看，山东、河北、河南、天津、北京、江苏、广东、辽宁、吉林、陕西、四川等地最多，约占全国企业总数的60%；上海、湖北、浙江、福建、安徽、江西、山西、内蒙古、新疆诸省企业数量约占全国企业总数的30%；广西、甘肃、宁夏、重庆、湖南、云南、贵州诸省企业数量约占全国企业总数的10%；西藏、青海、黑龙江、海南四省区企业数量最少。

我国泡沫混凝土年产量逐年增加，2008 年已达 500 万 m^3，2009 年粗略估计突破 600 万 m^3。其中，泡沫混凝土地暖保温层约 300 万 m^3、屋面保温层约 150 万 m^3、地面垫层约 50 万 m^3、各类回填约 20 万 m^3、特种功能应用约 30 万 m^3、制品类约 50 万 m^3。现浇约占总产量的 80%以上。

从应用领域来看，我国泡沫混凝土主要应用于建筑保温，其用量约占总产量的 90%，土木及岩土工程约占 3%，油田应用约占 1%，其他特种应用约占 7%。从长远看，建筑保温将是泡沫混凝土的主要应用领域。

1.3.2　影响泡沫混凝土性能的因素

(1) 掺合料

国内众多学者开展了相关研究，探索了掺合料对泡沫混凝土性能的影响规律。

例如：乔欢欢等研究了掺合料种类对泡沫混凝土性能的影响，发现：硅灰可显著提高泡沫混凝土的早期强度，但同时会引起吸水率增加，也不利于抗冻；粉煤灰可提高泡沫混凝土的抗冻性，磨细粉煤灰可使泡沫混凝土的后期强度增长较快，并大幅度降低吸水率，但对抗冻性影响不大；E. K. Kunhanandan Nambiar 研究了掺合料种类对泡沫混凝土性能的影响，结果表明：泡沫混凝土水固比主要由掺合料的种类决定，泡沫混凝土流动性主要取决于泡沫体积；E. P. Kearsleya 等研究了大掺量粉煤灰对泡沫混凝土抗压强度的影响，结果表明：粉煤灰取代 67%水泥时，泡沫混凝土强度不会显著下降，同时建立了粉煤灰取代比例与强度的关系模型。熊传胜等研究了钢渣和粉煤灰掺量对泡沫混凝土性能的影响，结果表明：用优质粉煤灰等量取代水泥不超过 50%时，不仅可降低泡沫混凝土的干体积密度和导热系数，还可提高泡沫混凝土强度；钢渣粉对泡沫混凝土的干体积密度影响不大，但会引起泡沫混凝土强度下降，而钢渣粉与粉煤灰复合取代水泥时可以得到良好的效果。

(2) 发泡剂

研究和工程实践证明发泡剂对泡沫混凝土的性能有重要影响，国内多年来开展了相关的研究工作，如：杨久俊等利用自制无机热聚物发泡剂制成泡沫混凝土，气泡稳定性好、细腻均匀、塑化分散性较好，可使泡沫混凝土的实际密度基本保持在设计范围内；石行波等利用普通硅酸盐水泥，采用表面活性剂发泡与矿物材料物理发泡相结合进行发泡，制备出性能优异的泡沫混凝土，充分利用了表面活性剂发泡迅速、发泡效率高的特点和矿物发泡剂发泡稳定性好、容易形成孤立、封闭的气孔的优点。王翠花等以蛋白质原料在适量 $Ca(OH)_2$ 和少量 $NaHSO_3$ 存在的条件下，成功地合成出蛋白质型发泡剂，并就发泡剂的改性效果进行了研究，发现：当改性剂在发泡液中的添加量为 6.7g/L 时，发泡倍数为 16.7，泡沫稳定时间大于 3h；李青等研究了稳泡剂 HPMC 对泡沫混凝土性能的影响，结果表明：掺加适量的 HPMC 能达到良好的稳泡效果，其用量的影响显著。

习志臻等研究发现对于以阴离子表面活性剂作为泡沫剂所生成的泡沫，其与水泥颗粒相结合的时间值应定为水泥颗粒水化 30min 后，此时，水泥颗粒带负电，与泡沫混合搅拌所生成的泡沫混凝土各项性能良好；熊传胜等研究表明：泡沫用量是影响泡沫混凝土干体积密度、抗压强度和导热系数的主要因素，泡沫量增加会导致泡沫混凝土密度和强度降低，导热系数减小。

泡沫剂品种和掺量对泡沫混凝土的质量影响较大，泡沫剂的良好性能是生产高质量泡沫混凝土的首要条件。只有在泡沫与砂（净）浆混合时不破裂、具有足够的稳定性，并对胶凝材料的凝结和硬化过程无不利影响的泡沫剂才能使用。国际上普遍使用蛋白质类发泡剂，主要特点是发泡速度快，泡沫细小，泡沫尺寸均匀，泡沫稳定性好持续时间长，是泡沫混凝土生产的首选发泡剂。我国也对蛋白质发泡剂进行了研究，但在发泡剂的发泡能力、泡沫稳定性等方面，与国际上成熟的蛋白质发泡剂相比差距较大，有待于进一步改善和提高。

（3）外加剂

为满足泡沫混凝土和易性及某些特殊性能要求，泡沫混凝土中须加入不同种类外加剂。如掺早强剂和速凝剂以加快泡沫混凝土凝结或强度发展；掺憎水剂以降低泡沫混凝土吸水率；掺膨胀剂以减少收缩裂缝等。

樊小东等研究了三乙醇胺对提升泡沫混凝土早期抗压强度的作用；李娟等研究表明：憎水剂对泡沫混凝土强度无负面影响，并且随憎水剂掺量增加，泡沫混凝土吸水率快速下降，憎水效果明显。

（4）纤维

为了减少泡沫混凝土的开裂，提高泡沫混凝土的抗折性能，将不同性能特点纤维加入到泡沫混凝土中，被发现是一个有效的措施。詹炳根等研究了玻璃纤维对泡沫混凝土性能的影响，结果表明：掺加玻璃纤维，泡沫混凝土抗压强度和抗折强度提高，韧性显著改善，并在一定程度上抑制了早期干缩开裂，而且对导热系数影响不大；郑念念等研究发现：掺有聚丙烯纤维后，泡沫混凝土 28d 的干燥收缩值降低了 2.5%，说明聚丙烯纤维能改善泡沫混凝土的干缩。

1.3.3 泡沫混凝土微观结构的研究

泡沫混凝土的微观结构特征决定了泡沫混凝土的性能，开展相关研究，尤其是泡沫混凝土孔隙结构特征、水化产物特征等研究至关重要。影响泡沫混凝土微观结构的材料、工艺因素很多，需要系统的实验研究。

贺彬等研究表明：在设计对吸水性能有要求的泡沫混凝土配合比时，其孔隙率可通过 T. C. Powers 模型进行估算，在估算基础上结合试验检测，可获得满意配合比；盖广清等研究表明：掺入适量泡沫，可以明显改善陶粒混凝土孔结构，降低孔的平均半径，甚至降低含气量。E. K. Kunhanandan Nambiar 等研究了泡沫混凝土的气孔特点，结果表明：孔体积、孔径大小、孔间距均影响泡沫混凝土强度和密度，孔径分布越均匀，强度越高，气孔形状对其性能没有影响。E. K. Kunhanandan Nambiar 等在水泥净浆、水泥砂浆、普通混凝土适用的抗压强度与孔隙率模型基础上，提出了泡沫混凝土抗压强度与密度、孔隙率的关系模型。E. P. Kearsleya 等研究了孔隙率与渗透性的关系，结果表明：孔隙率主要由干表观密度决定，渗透性是以吸水性和气体渗透来衡量的，吸水性与引入的空气体积、粉煤灰种类、含量无关。气体渗透性随着孔隙率、粉煤灰含量的增加而增加。

1.3.4 泡沫混凝土性能研究现状

无论哪种因素的影响，关于性能的研究是泡沫混凝土领域的重中之重，尤其是关于其强度、导热系数、密度等的研究相对较多。孙海燕等采用稳泡性好的动物蛋白发泡剂，在较低水胶比的情况下，制备出较高强度的粉煤灰泡沫混凝土。密度为600kg/m^3，水胶比为0.35和0.40时，粉煤灰掺量从30%增大到60%时，泡沫混凝土7d的抗压强度均在2.0MPa以上，28d强度不降低，且均在3.0MPa以上，导热系数均在0.20W/(m·K)以下，最小达到0.175W/(m·K)[小于《轻骨料混凝土技术规程》(JGJ51-2002)规定密度为600kg/m^{3}级的导热系数小于0.18W/(m·K)的要求]，具有良好的保温隔热性能。周顺鄂等对不同密度的泡沫混凝土导热系数进行测试，运用平板模型、Maxwell模型及其改进模型对实验结果进行分析，用数学模型进行曲线拟合，提出了适用于泡沫混凝土的导热系数方程。Paul J. Tikalskya等研究了影响泡沫混凝土抗冻性的因素，结果表明：抗压强度、最初渗水深度及吸水率是影响抗冻融性能的主要因素，而密度和渗透性则是次要因素。

1.3.5 泡沫混凝土的应用

泡沫混凝土应用的领域越来越广，但总结起来仍然以建筑领域为主。

(1) 制备砌块

泡沫混凝土砌块是泡沫混凝土产品中应用量最大的一种。在我国南方地区，一般将泡沫混凝土砌块用作框架结构的填充墙；在北方，泡沫混凝土砌块主要用作墙体保温层，主要是利用了该砌块隔热性能好和轻质的特点。

(2) 制备轻质板墙

目前生产轻质隔墙板主要原料为水泥珍珠岩，用泡沫混凝土代替水泥珍珠岩生产轻质隔墙板，能节约材料成本，改善浆体的流动性，使成型更为方便。中国建筑材料科学研究院将固体泡沫剂和泡沫水泥的研究成果用于墙板生产工艺，开发出了一种粉煤灰泡沫水泥轻质墙板的新型生产工艺，并得到了应用。

(3) 应用于保温隔热材料

利用泡沫混凝土保温隔热性良好、现场施工便捷等特点，将其应用于保温隔热工程。此类泡沫混凝土密度一般为300～600kg/m^3。国外通常采用密度为400～600kg/m^{3}的泡沫混凝土作为预制钢筋混凝土构件的内芯，使其具有轻质、高强隔热的良好性能。

(4) 用作建筑物补偿地基

由于建筑物群各部分自重不同，在施工过程中将产生自由沉降差，在建筑物设计过程中要求在建筑物自重较低的部分其基础须填软材料，作为补偿地基使用。泡沫混凝土强度可很好地控制在设计允许范围内，并具有良好的压缩性，确保建设工程均匀沉降，补偿因自重引起的自由沉降差，能较好地满足补偿地基材料的要求。

(5) 修建运动场和田径跑道

使用密度为800～900kg/m^{3}的泡沫混凝土作为轻质基础，上面覆以砾石或人造草皮作为运动场用，可进行曲棍球、足球及网球活动。或者在泡沫混凝土上盖一层50mm厚的多孔沥青及塑料层，可作田径跑道用。

1.3.6 泡沫混凝土存在的问题及改进措施

(1) 理论研究

国内外对泡沫混凝土性能的理论研究主要集中在力学性能和热性能，对压缩性能、耐久性、渗透性能等研究较少。充分了解泡沫混凝土的各种性能，对拓展其应用范围和规模，具有积极的作用。因此，应系统研究泡沫混凝土的各种性能，建立组成与性能相关性的理论体系，推动其在工程中的进一步应用。

国内外学者研究工作涉及泡沫混凝土微观结构的还相对不足，关于泡沫混凝土的组成、性能与微结构相关性研究系统性不够。混凝土微观结构中孔结构是最重要的内容，一切改善混凝土孔结构的技术措施均可改善混凝土的耐久性。因此，应设法研究孔结构与性能之间的相关性，建立相应的模型，为泡沫混凝土的组成设计与应用提供理论依据。

目前，研究和应用最广泛的泡沫混凝土密度一般为300～1200kg/m^3，对小于300kg/m^{3}的超轻泡沫混凝土研究和应用较少。超轻泡沫混凝土在屋面保温工程、地暖工程、轻质垫层、外墙保温系统、节能复合空心砌块等方面的应用更能发挥技术优势。因此，应加强对超轻泡沫混凝土的研究，拓展其应用范围和规模。

(2) 工程应用

在性能上来看，目前应用的泡沫混凝土存在强度偏低、干缩大、吸水率高等缺点。体积密度为800～850kg/m^{3}的泡沫混凝土抗压强度偏低，有的甚至不足1.0MPa。用于保温隔热的泡沫混凝土，在表观密度≤400kg/m^{3}时，其抗压强度达不到0.4MPa。应设法通过优选胶凝材料和超轻骨料、掺加改性材料、采用高质量发泡剂，研究组成与性能相关性来克服这些缺点。

与国外相比，我国泡沫混凝土制品质量较差，整体规模偏小，技术水平不高，没有大宗应用的主导产品。应建立一套完善的泡沫混凝土规范，加强泡沫混凝土的施工质量监督检测力度和施工理论指导，提高泡沫混凝土质量。

我国生产设备以人工配料、电控手动操作为主，泡沫混凝土浆体密度难以控制，与欧美大型化、自动化、加工精良化的设备相比，差距显而易见。应设法改进工艺流程及生产设备，向自动化、智能化方向发展，实现工业化稳定生产。

我国泡沫混凝土在高技术领域的应用还很有限，诸如在电磁屏蔽、吸声、抗爆、海上工程、核设施工程等方面。应加强泡沫混凝土微结构与性能的相关性研究，挖掘其发展潜力，研制高性能泡沫混凝土制品，逐步向高技术领域迈进，缩短与发达国家的差距。

1.3.7 铁尾矿在泡沫混凝土中的应用

我国铁尾矿的组成特点适合于作为水泥、混凝土的原料，但由于其常温下化学活性不足，阻碍了其应用，如果经过处理、采用合适工艺，应用在泡沫混凝土中是可行的。

李国栋等研究了用铁尾矿取代水泥制备的泡沫混凝土的抗压强度和导热系数，探讨了其抗压强度与铁尾矿掺量和干体积密度的关系，分析气孔尺寸和孔隙率对泡沫混凝土导热系数的影响。张士停研究了铁尾矿粉的掺量和细度对铁尾矿粉泡沫混凝土抗度和抗折强度的影响，研究发现：随着铁尾矿掺量的增加铁尾矿粉泡沫混凝土的强度升高，当铁尾矿粉掺量为水泥掺量的68%时，铁尾矿粉泡沫混凝土的抗压和抗折强度达到最大值，铁尾矿粉掺量相同时，铁尾矿粉粒径小于0.1mm的铁尾矿粉泡沫混凝土要比粒径为0.2～0.3mm的铁尾矿粉泡沫混凝土强度高，铁尾矿粉的掺量和细度明显影响泡沫混凝土的抗压和抗折强度。田雨泽，张兴师等在碱矿渣泡沫混凝土种掺入铁尾矿粉，研究发现：随着铁尾矿粉碱矿渣泡沫混凝土表观密度的增加，其抗压强度不断增大；当铁尾矿粉的掺量从10%增加到30%时，碱矿渣泡沫混凝土的抗压强度逐渐增大；当铁尾矿粉的掺量从30%增加到50%时，碱矿渣泡沫混凝土的抗压强度逐渐减小，且强度损失较明显，随着铁尾矿粉细度的提高，碱矿渣泡沫混凝土的强度逐渐增大。马爱萍等对铁尾矿的元素组成、粒度分布等进行了检测和系统分析。

总之，铁尾矿粉取代部分水泥，或者取代部分砂，在激发剂、适当的温度等条件下用于混凝土中是可能的，可以在实现铁尾矿再利用的同时，达到或改善混凝土的性能。但是，目前关于铁尾矿粉在混凝土中应用的研究还远不够，不但缺乏铁尾矿粉对混凝土性能影响的系统研究和完整的数据积累，更缺乏铁尾矿混凝土的制备技术的研究。

1.4 铁尾矿加气混凝土

1.4.1 加气混凝土的发展

加气混凝土是硅质材料（如砂、粉煤灰、尾矿粉等）和钙质材料（如水泥、石灰等）加水并加入适量的发气剂等，经混合搅拌、浇注、发泡、胚体静停和切割后，再经蒸压养护制成的一种性能优良的新型轻质建筑材料，具有质量轻、保温性能好和可加工性等优点，受到建筑业的普遍重视。

1965年我国引进瑞典西波列克斯技术，在北京建成了第一家加气混凝土生产线。通过对国外设备的消化吸收和随着墙改的逐渐推开，全国加气混凝土工业迅速发展，截至2008年，我国已有加气混凝土生产线400余条，年产量已经超过3500万m^3，其中70%～80%是利用电厂排出的工业废渣-粉煤灰为主要原料（占70%）。我国已经成为生产加气混凝土的大国，加气混凝土工业也成为独立门类的新兴工业，更大规模的发展加气混凝土，可以满足住房和城乡建设部提出的建筑节能达到50%新的建筑标准要求，可以推动墙体材料的革新，同时使工业废渣粉煤灰得到综合治理和利用，能够享受墙改和税收等多项政策优惠从而获得较高的环境、社会和经济效益。我国加气混凝土技术装备上升到了一个新的水平。

利用粉煤灰等工业废料生产加气混凝土和蒸压砖是墙体材料发展的重点。加气混凝土制品的优点是：(1) 节约能源，不仅节约建筑中的使用能耗，同时也节约产品的制造能耗；(2) 施工简单，因墙体本身就是保温材料，二者合一，施工快捷简单；(3) 有较好的技术经济指标，其造价仅为复合墙体的一半；(4) 利废，其原材料大部分采用工业废料。

1.4.2 加气混凝土材料技术特性

加气混凝土作为一种性能优越的新型墙体材料，技术特点主要体现在以下方面：

(1) 质轻：加气混凝土砌块的干体积密度为400～700kg/m^3，自重是普通混凝土的1/4，黏土实心砖的1/3，混凝土空心砌块（单排孔）的1/2，混凝土空心砌块（三排孔）的1/3；与实心黏土砖相比，可降低建筑物综合造价3%～5%；质轻、块大的墙体组砌，可降低劳动强度，提高施工效率。

(2) 保温隔热：由于加气混凝土砌块内部分布有许多的微小气孔，这些气孔形成了空气层，大大提高了墙体保温隔热的效果。考虑砌筑砂浆缝的影响，加气混凝土砌体导热系数为 0.20～0.28W/(m·K)，仅及普通混凝土的 1/10，黏土实心砖、混凝土多孔砖砌体的 1/5，具有良好的建筑节能效果。

（3）耐火性强：加气混凝土砌块是一种不燃的无机材料，具有优良的耐火性，耐火极限 700℃以上，为一级耐火材料；采用不同的厚度，就可满足不同防火等级建筑物的耐火要求，在高温和明火下均不会产生有害气体，是一种安全的防火材料。

（4）抗震性高：加气混凝土砌块抗震性能优越，同样结构使用加气混凝土砌块可比黏土砖提高两个抗震级别。例如：日本大阪地震中唯有加气混凝土砌块建造的房屋破坏最轻微；同济大学实验证明，加气混凝土砌块具有优越的抗震性能，建造的墙体能适应较大的层间角变位，允许层间变位角可达到 1/150。

（5）抗冻性、耐久性好：加气混凝土砌块经 15 次±20℃冻融循环后，质量损失不大于 5%，B05，B06，B07，B08 级加气混凝土砌块强度仍不小于 2.0MPa，2.8MPa，4.0MPa，6.0MPa，加气混凝土砌块是一种以石英石为主要矿物成分的硅酸盐材料，不存在老化问题，也不易风化，是一种耐久的建筑材料。

1.4.3 铁尾矿在加气混凝土中的应用

铁尾矿加气混凝土是以铁尾矿为主要原料，铝粉作为发气剂所制备的新型建筑材料。在我国加气混凝土生产原料十分丰富，特别是使用铁尾矿为原料，既能综合利用工业废渣、治理环境污染、不破坏耕地，又能创造良好的社会效益和经济效益，从而提高了加气混凝土的性能。

王长龙等以山西灵丘低硅铁尾矿作为主要原料，铝粉作为发气剂，成功制备出了符合《蒸压加气混凝土标准》GB/T 11968—2006 标准的 A3.5 级、B06 级加气混凝土。制品在蒸压过程中，铁尾矿和河砂中的硅不断溶出，与石灰等钙质原料反应生成托贝莫来石和水化硅酸钙等水化产物。其中，托贝莫来石作为一种结晶完好的单碱型水化硅酸钙，结晶成柳叶状或叶片状，与 2θ 为 25°～35°纤维状结晶度较低的水化硅酸钙凝胶，水化产物相互搭接，形成致密的显微结构，使制品获得较好的强度。李德忠等以配合比（质量比）为 m_1（铁尾矿）：m_2（石灰）：m_3（水泥）：m_4（石膏）=62：23：9：6 制备铁尾矿加气混凝土，制品的最高抗压强度达 6MPa。陈梦义等研究了铁尾矿粉细度和养护条件对混凝土的增强效应。结果表明：蒸压养护条件下具备明显的反应活性，对混凝土的增强效应显著，比表面积为 751m^2/kg、铁尾矿粉掺量为 20%，其 3、28、56d 的强度贡献率分别达到 23.5%、27.3%、30.9%；铁尾矿粉的比表面积以 500～750m^2/kg 为宜，对水泥的替代量以 20%为佳。龚威等为研究蒸养制度对制备材料的抗压强度的影响，以铁尾矿作为硅质原料，水泥、石灰为钙质原料，添加发泡剂、调节剂等制备加气混凝土。研究结果表明：在蒸养温度为 180℃，蒸养时间为 8h 的条件下，制备材料的密度为 705kg/m^3，强度可达 8.52MPa。

本章参考文献

［1］ 王湘桂，唐开元.矿山充填采矿法综述［J］.矿业快报，2008，476（12）：1-5.

［2］ NORLAND M R，VEITH D L. Revegetation of coarse taconite iron oretailing using municipal

solid waste compost [J]. Journal of Hazardous Ma-terials，1995 (41)：123-134.
[3] 姚树刚，刑安石等. 三免尾矿砖研制报告 [J]. 硅酸盐建筑制品，1993，4：35-37.
[4] DAS S K，KUMAR S，RAMACHANDRARAO P. Exploitation of iron oretailing for the development of ceramic tiles [J]. Waste Management，2000，20 (8)：725-729.
[5] 秦煜民. 磁选尾矿铁资源回收利用现状与前景 [J]. 中国矿业，2010，19 (5)：47-49.
[6] 赵言勤. 歪头山铁矿尾矿高效回收技术研究与实践 [J]. 本钢技术，2008 (3)：1-3.
[7] 衣德强，范庆霞. 梅山铁矿尾矿再选与利用研究 [J]. 矿业研究与开发，2005，25 (5)：44-45.
[8] 王应灿，那琼. 铁尾矿制备轻质隔热保温建筑材料的研究 [J]. 金属矿山，2007 (5)：75-77.
[9] 尹洪峰，夏丽红，任耘等. 利用邯邢铁矿尾矿制备建筑用砖的研究. 金属矿山，2006 (2)：79-81.
[10] 张丛香，钟刚. 利用铁尾矿制作轻质保温墙板材 [J]. 现代矿业，2017，574 (2)：147-150.
[11] 国家环境保护局. 工业固体废弃物治理 [M]. 北京：中国环境科学出版社，1992.
[12] 郭春丽. 利用铁尾矿制造建筑用砖 [J]. 砖瓦，2006 (2)：42-44.
[13] 田玉梅，肖庆，刘艳梅. 铁矿尾矿制砖烧成特性的研究 [J]. 硅酸盐通报，2004 (6)：41-44.
[14] 田英良，杨丽敏，常新安等. 利用铁尾矿研制 $CaO-MgO-Al_2O_3-SiO_2$ 系微晶玻璃 [J]. 北京工业大学学报. 2002，28 (3)：369-373.
[15] 陈吉春，陈盛建. 低硅铁尾矿微晶玻璃研制 [J]. 非金属矿，2005，28 (1)：25-27.
[16] 李智，张其春，叶巧明. 利用硫铁矿尾矿制备微晶玻璃 [J]. 矿产综合利用，2007 (1)：42-45.
[17] 刘文永，张长海，许晓亮等. 用铁尾矿烧制胶凝材料的试验研究 [J]. 金属矿山，2010，414 (12)：175-178.
[18] 何兆芳，崔逊斌，汪涛等. 铁尾矿在 C60 混凝土中的应用研究 [J]. 混凝土，2011，12：142-144.
[19] 景帅帅. 铁尾矿粉泡沫混凝土特性研究 [D]. 西安：长安大学，2014.
[20] 朱志刚. 铁尾矿制备活性粉末混凝土的研究 [D]. 武汉：武汉理工大学，2013.
[21] 赖才书，胡显智，字富庭. 我国矿山尾矿资源综合利用现状及对策 [J]. 矿产综合利用，2011 (4)：11-13.
[22] 郭大龙，李宇等. 利用铁尾矿制备低温烧结陶瓷材料 [J]. 冶金能源，2014，33 (3)：53-57.
[23] 孙志勇. 利用北京地区细颗粒铁尾矿制备多孔陶瓷工艺及性能的研究. [D]. 北京：北京交通大学，2017.
[24] 沈玉芬. 鞍山式铁矿尾矿综合利用现状 [M]. 尾矿综合利用及环境保护研讨会论文集，2000.
[25] 赵黔义. 二灰稳定铁尾矿渣混合料用于道基层的试验研究 [J]. 公路交通技术，2014 (1)：7-10.
[26] 乐旭东，范卫琴，田尔布. 固化剂稳定铁尾矿砂力学性能试验研究 [J]. 常州工学院学报，2014 (1)：19-22.
[27] 杨青，潘宝峰，何云民. 铁矿尾矿砂在公路基层中的应用研究 [J]. 华东公路，2009，(4)：77-80.
[28] 王琰. 无机结合料稳定铁尾矿砂的疲劳及冻融循环特性的试验研究 [D]. 大连：大连理工大学，2009.
[29] 张铁志，于巍，朱峰. 加筋铁尾矿用于道基层的试验研究 [J]. 辽宁科技大学学报，2010 (1)：29-31.
[30] 乔欢欢. 掺合料粉体种类对泡沫混凝土性能的影响 [J]. 中国粉体技术，2008，14 (6)：38-41.

[31] E. K. Kunhanandan Nambiar，K. Ramamurthy. Influence of filler typeon the properties of foam concrete [J]. Cement & Concrete Composites，2006 (28)：475-480.

[32] E. P. Kearsleya，P. J. Wainwright. The effect of high fly ash content onthecompressive strength of fo amed concrete. Cement and Concrete Re search，2001 (31)：105-112.

[33] 熊传胜，王伟，朱琦等. 以钢渣和粉煤灰为掺合料的水泥基泡沫混凝土的研制 [J]. 江苏建材，2009 (3)：23-25.

[34] 杨久俊，张海涛，张磊. 粉煤灰高强微珠泡沫混凝土的制备研究 [J]. 粉煤灰综合利用，2005 (1)：50-51.

[35] 石行波，霍冀川，李娴. 动物蛋白发泡剂制备泡沫混凝土的研究 [J]. 硅酸盐通报，2009，28 (3)：609-613.

[36] 王翠花，潘志华. 蛋白质类发泡剂的合成及其泡沫稳定性 [J]. 南京工业大学学报，2006，28 (4)：92-95.

[37] 李青，李玉平，杨斌徐. 掺加稳泡剂 HPMC 对泡沫混凝土性能的影响 [J]. 新型墙材，2008 (9)：33-35.

[38] 习志臻. 水泥颗粒的电动现象及泡沫混凝土的研究 [J]. 混凝土，2000 (9)：48-51.

[39] 樊小东，胡功笠，余钊，徐勇. 早强型泡沫混凝土配制试验 [J]. 河南建材，2008 (6)：35-36.

[40] 李娟，王武祥. 改善泡沫混凝土吸水性能的研究 [J]. 混凝土与水泥制品，2001 (5)：43-44.

[41] 詹炳根，郭建雷，林兴胜. 玻璃纤维增强泡沫混凝土性能试验研究 [J]. 合肥工业大学学报，2009，32 (2)：226-229.

[42] 郑念念，何真，孙海燕. 大掺量粉煤灰泡沫混凝土的性能研究 [J]. 武汉理工大学学报，2009，31 (7)：96-99.

[43] 贺彬，黄海鲲，杨江金. 轻质泡沫混凝土的吸水率研究 [J]. 新型墙材，2007 (12)：24-28.

[44] 盖广清，肖力光，冷有春. 泡沫掺量对陶粒混凝土强度的影响 [J]. 混凝土与水泥制品，2004 (1)：47-48.

[45] E. K. Kunhanandan Nambiar a，K. Ramamurthy. Air-void characteris-ation of foam concrete [J]. Cement and Concrete Research，2007 (37)：221-230.

[46] E. K. Kunhanandan Nambiar，K. Ramamurthy. Models for strengthprediction of foam concrete [J]. Materials and Structures，2008 (41)：247-254.

[47] E. P. Kearsleya，P. J. Wainwright. Porosity and permeability ofoamed concrete [J]. Cement and Concrete Research，2001 (31)：805-812.

[48] 孙海燕，何真，梁文泉，郑念念. 功能一体化泡沫混凝土性能的研究 [J]. 混凝土与水泥制品，2009 (3)：58-61.

[49] 周顺鄂，卢忠远，严云. 泡沫混凝土导热系数模型研究 [J]. 材料导报 2009 (3)：69-73.

[50] Paul J. Tikalskya，James Pospisil. A method for assessment of thefreeze - thaw resistance of preformed foam cellular concrete [J]. Cem-ent and Concrete Research，2004 (34)：889-893.

[51] 李国栋，毕万利. 水泥-铁尾矿泡沫混凝土性能研究 [J]. 硅酸盐通报，2016 (35)：3735-3737.

[52] 张士停. 铁尾矿粉泡沫混凝土性能研究 [D]. 吉林：吉林建筑大学，2013.

[53] 田雨泽，张兴师. 铁尾矿粉对碱矿渣泡沫混凝土力学性能的影响 [J]. 北京工业大学学报，2016 (42)：742-747.

[54] 马爱萍，王永生，唐庆华. 利用铁尾矿生产混凝土多孔砖的实验研究 [J]. 砖瓦，2012，1：2～25.

[55] 王长龙，倪文，李德忠. 山西灵丘低硅铁尾矿制备加气混凝土的试验研究 [J]. 煤炭学报，2012 (7)：1129-1133.

[56] 陈梦义，李北星，王威，等. 铁尾矿粉的活性及在混凝土中的增强效应 [J]. 金属矿山，2013 (5)：164-168.

[57] 龚威，丁向群，冀言亮，等. 蒸养制度对铁尾矿加气混凝土强度的影响 [J]. 硅酸盐通报，2014，33 (1)：43-47.

[58] 李牟，李萍军，唐小平. 我国矿山尾矿（砂）综合利用研究现状 [J]. 山东工业技术，2013，(14)：141-142.

第 2 章　铁尾矿的基本性质

2.1　铁尾矿的组成及结构特点

2.1.1　铁尾矿的形成

矿床是某些元素或矿物相对富集的地质体，这些富集的元素和矿物往往不是独立存在而是与其他无法利用或暂时无法利用的地质体伴生。矿床可分为矿体和围岩两部分。矿体是矿床的核心部分，便于开采，利用价值高，围岩的部分品位较低，两者间的过度部分成为表外矿体。

矿石品位高低决定矿产资源开发利用价值大小、加工利用方向与生产技术工艺流程等。根据有用矿物含量多少，将矿产品分为三类：（1）边界品位。划分矿与非矿界限的最低品位，即圈定矿体的最低品位，凡未达到此指标的称岩石或矿化岩石；（2）平均品位。矿体、矿段或整个矿区达到工业储量的矿石总平均品位，以衡量矿产的贫富程度；（3）工业品位，或称临界品位。工业上可利用的矿段或矿体的最低平均品位，即在当前技术经济条件下，开发利用在技术上可能、经济上合理的最低品位。

一般的矿石开采重要的工艺就是选矿，无论何种选矿工艺都包括破碎、磨矿、分选三个基本工艺，最后排出尾矿。选矿是将开采来的矿石进行分级和筛选，使矿石矿物富集到可以进行熔炼或加工的品味。矿石经过选矿后所得到的有用的矿物称为精矿，而弃置不用的部分称为尾矿。尾矿与矿体成分关系很大，成分不固定，并没有明确的分类方式，我国的工程师和研究工作者常常根据原矿体的主要矿石种类对尾矿进行分类，如铁尾矿、铜尾矿、金尾矿等。

以铁矿为例，以矿物组成来分，常见的铁矿类型有磁铁矿型、赤铁矿型、褐铁矿型以及菱镁矿型等，主要金属矿物有赤铁矿、针铁矿纤维铁矿、褐铁矿、磁性赤铁矿、磁铁矿、黑镁铁锰矿、菱铁矿、钛磁铁矿、黄铁矿等，非金属矿物主要有石膏、白云石、高岭土、方解石、辉石、闪石、长石、绿帘石、石榴石等。

图 2-1 两相矿物破碎分离示意图是一种包含两相的矿物，通过破碎使其分离过程的示意图。(a) 原矿深色表示目标矿物，浅色表示伴生脉石，两者嵌布分布；(b) 原矿经过初步破碎，矿物和围岩还没有分开；(c) 矿石经过进一步破碎，达到矿物的嵌布粒径；(d) 适度破碎后，矿石可能的三种情况：目标矿物高度富集的精矿、低品位的矿石颗粒和完全不含目标矿物的围岩颗粒。通过适当的分选工艺可以将精矿分选出来，进行加工，剩余的作为尾矿进行重选或排入尾矿库。

2.1.2　铁尾矿的组成

尾矿是矿石进行分选后得到的固体废料，实质上是矿体的一部分。尾矿中包含与矿石

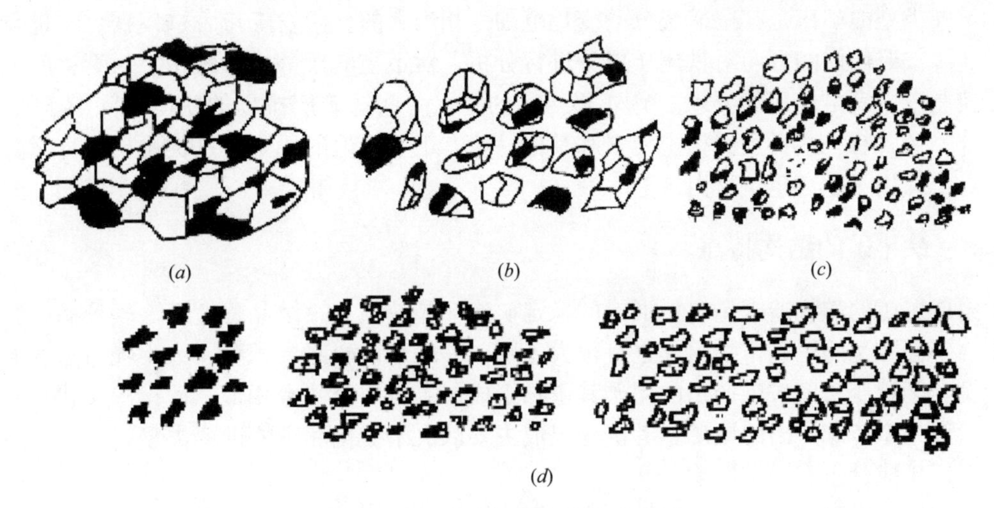

图 2-1　两相矿物破碎分离示意图

一同开采出来的围岩以及夹石，也包含与矿石矿物伴生的脉石矿物，并且包含未能分选出来的矿石矿物。就其元素组成来看，取决于来源于何种矿体，与矿石矿物相比只有含量的不同。具体来说包括 O、Si、Ti、Al、Fe、Mn、Mg、Ca、Na、K、P、H 等，在不同类型的尾矿中含量差别很大，存在形式也有很大区别。

尾矿的化学成分含量一般以用氧化物的质量分数形式表。就铁尾矿来说，其化学成分主要有 SiO_2、Al_2O_3、Fe_2O_3、TiO_2、MgO、CaO、Na_2O、K_2O、SO_3、P_2O_5、MnO 等。表 2-1 列举了几种常见铁尾矿的化学成分。

表 2-2 列举了国内不同地区的铁尾矿成分。除此之外还有多金属类铁尾矿，组成更为复杂，伴生元素的价值更在 Fe 元素之上。主要有攀西地区的攀枝花尾矿，伴生 V、Co、Ni、Ti 等元素；包头地区的白云鄂博型铁尾矿，稀土矿物占到铁矿物的 40%左右；伴生 Cu、Co、Ni、S、Ag 等元素的大冶型铁尾矿，以大冶、程潮、金山店、张家洼等选矿厂产出的尾矿为代表。

常见铁尾矿化学成分（%）　　**表 2-1**

铁尾矿类型	SiO_2	CaO	Al_2O_3	Fe_2O_3	MgO	TiO_2	MnO	P_2O_5	Na_2O	K_2O	SO_3	烧失量
沉积变质型铁矿	73.27	3.04	4.09	11.60	4.21	0.16	0.014	0.19	0.41	0.95	0.25	2.18
岩浆型铁矿	37.17	11.11	10.35	19.16	8.50	7.94	0.24	0.03	1.60	0.10	0.56	2.74
火山型铁矿	34.86	8.51	7.42	29.51	3.68	0.64	0.13	4.58	2.15	0.37	12.46	5.52
矽卡岩型铁矿	33.07	23.04	4.62	12.22	7.39	0.16	0.08	0.09	1.44	0.40	1.88	13.47

国内不同地区铁尾矿成分（%）　　**表 2-2**

选矿厂地区	SiO_2	CaO	Al_2O_3	Fe_2O_3	MgO	Na_2O	K_2O	SO_3	烧失量
迁安	68.44	4.45	8.27	7.46	3,04	2.29	1.90	0.35	2.73
密云	65.27	3.80	7.46	11.80	5.27			0.24	2.13
齐大山	82.80	0.78	0.93	13.04	1.07	0.04		0.03	1.12
灵丘	72.61	33.38	4.03	0.49	7.49		0.44		2.37
马鞍山	47.39	8.85	12.75	24.82	0.10	0.32	0.70	0.70	2.37
大孤山	65.93	2.80	1.32	18.05	0.65	0.20	0.25		4.16

不同类型的矿床，其尾矿成分的变化范围是相当大的。研发工作者选用铁尾矿进行应用时需要按照使用的方向对铁尾矿成分进行分析，对不足的成分进行校正，对有害的成分进行控制，以满足使用的要求。另外要指出的是，一些选矿厂排出的铁尾矿除 Si、Al 等成份外，还含有一些贵重的稀土元素和其他一些有工业价值的元素，这类尾矿应尽量重选利用，不易用于生产建筑材料。

2.1.3 铁尾矿的结构特点

组成尾矿的矿物通常是自然形成的稳定矿物，晶粒粗大，结晶程度高。多种矿物互相嵌布，不同类型的尾矿矿物组成也有很大差别。一般来说岩浆堆积型、火山喷溢型、同生沉积型、区域变质型矿床产出的尾矿其矿物组成与主岩成分基本相似；而接触交代型、热液型、风化型矿床产出的尾矿，其矿物组成主要取决于矿化和围岩蚀变类型；选矿采用的工艺对尾矿成分也有一定影响。

按照尾矿中主要矿物可将尾矿分为如下八个类型：

（1）镁铁硅酸盐型：以镁、铁硅酸盐矿物为主。主要组成矿物为橄榄石、辉石，以及它们的含水蚀变矿物蛇纹石、硅镁石、滑石、镁铁闪石、绿泥石。还可能产生蒙脱石、海泡石、凹凸棒石。其成分特点是富镁、富铁、贫钙、贫铝，无石英。

（2）钙铝硅酸盐型：以 Ca 与 Fe、Mg 形成的硅酸盐矿物和 Na、Al 形成的铝酸盐矿物为主。主要矿物为辉石、闪石、中基性斜长石，以及它们的蚀变、变质矿物石榴子石、绿帘石、阳起石、绿泥石、绢云母等，特点是钙铝含量较高铁镁含量较少，含少量石英。

（3）长英型：主要矿物为钾长石，酸性斜长石、石英以及它们的蚀变矿物白云母、绢云母、绿泥石、高岭石、方解石等。特点为高硅、中铝、贫钙、富碱。在某些酸性火山岩型矿床中还常有沸石类矿物，Ca、Na、K 等吸附在 Si-Al-O 骨架中，并不稳定。

（4）碱性硅酸盐型：以碱性硅酸盐矿物为主。主要组成矿物为碱性长石、似长石、碱性辉石、碱性角闪石、云母，以及它们的蚀变、变质矿物绢云母、方钠石、方沸石等。其特点为富碱，贫硅，无石英。

（5）高铝硅酸盐型：以云母黏土类蜡石类硅酸盐矿物为主，结构呈层状，常含石英。特点为富硅、富铝、贫钙、贫镁，有时钾、钠含量较高。其中 Si 多呈四面体配位，Al 多呈六面体配位，Fe、Mg、Na、K 进入八面体孔隙以黑云母、白云母、水云母、伊利石等形式存在，Ca 常以碳酸盐形式存在。

（6）高钙硅酸盐型：以有水或无水的硅酸钙盐为主，含透辉石、透闪石、硅灰石、钙铝榴石、绿帘石、绿泥石、阳起石等。特点为高钙，低碱，SiO_2 一般不饱和，低铝。

（7）硅质盐型：主要矿物为石英及 SiO_2 变体矿物，一般为石英岩、脉石英、石英砂岩、硅质页岩、石英砂、硅藻土等，特点为 SiO_2 含量在 90%以上。

（8）碳酸盐型：以碳酸盐矿物为主，主要为方解石或白云石。

2.2 铁尾矿的物理及化学性能

2.2.1 铁尾矿的物理性能

铁尾矿利用中常常涉及的物理性能包括密度、硬度、熔点、热膨胀系数、粒度等。

(1) 密度

铁尾矿相比普通的砂子含有铁，相近粒级条件下，其表观密度一般比天然砂要大。而由于尾矿砂颗粒形状和级配的关系，其堆积密度有可能比天然砂更低。尾矿堆积在尾矿库中，由于沉积的作用，尾矿的密度往往随尾矿料堆的增加有一定的上升。表 2-3 所示是迁西铁尾矿砂和天然砂的密度。

迁西铁尾矿砂和天然砂的密度　　**表 2-3**

密度(kg/m^3)	迁西铁尾矿砂	迁西天然砂	《建筑用砂》GB/T 14684—2011
表观密度	1830	2730	>2500
松散堆积密度	1420	1500	>1350
紧密堆积密度	1570	1640	—
空隙率(%)	45	40	<47

(2) 粒度

铁尾矿的粒度与选矿时所使用的工艺有关，不同选矿方法得到的尾矿分布特征有区别。常用工艺包括手选法、重选法、磁选法、光电选法、浮法、化学选法。但无论何种选矿工艺都包括破碎、磨矿、分选三个基本工艺。

手选法适合品味高、与脉石界限明显的矿石，产生的尾矿一般为废石，进一步加工可以得到碎石型尾矿。这种选矿方法产出的粒度较大，在 20～500mm 之间。重选法是利用密度差和粒度差进行选矿，一般采用多段磨矿工艺，可以得到粒径范围很宽的尾矿。这类尾矿根据存放方法的不同可以得到单粒级或多粒级的尾矿，适用范围广泛。磁选法、浮选法和化学选矿法一般将矿石磨制 0.5mm 以下进行选矿，并且会对尾矿进行焙烧或经过化学药品处理，使尾矿具有一定活性。这类选矿法产出的矿粉适用于烧结材料或硅酸盐混凝土制备。

选矿工艺的选择主要是根据矿石的物质组成、物化性质、结构构造确定的。选矿工艺对尾矿的影响主要体现在颗粒形态、细度和颗粒级配上。一般来说具有块状、斑状、条带装构造，矿石矿物晶型粗大，自形晶、半自形晶结构时，往往采用多段磨矿，产出尾矿粒径较大，级配良好；当矿石结构复杂，矿物镶嵌交生，分布不均时，往往使用单段深度磨矿，产生尾矿颗粒较细，级配范围较窄。

选矿工艺通常需要把矿石深度磨细，所以往往是在矿浆状态下进行的。尾矿通过管道排入尾矿库后，经过一段时间水分流失，形成尾矿堆。在这个过程中由于排矿口的水利分级作用，尾矿库中的尾矿粒度分布往往是不均匀的。

(3) 其他物理性能

不同矿床的尾矿的组成大相径庭，难以界定一个可以准确描述尾矿物理性能的范围，大多数物理性能都可以根据混合法则进行理论预测，见式 (2-1)。

$$E=\sum_{i=1}^{n}E_iP_i \tag{2-1}$$

式中　E——铁尾矿的某一种性能的参数；

E_i——某矿物的性能参数；

P_i——某矿物的体积分数、物质的量分数或质量分数，视性能而定。

2.2.2 铁尾矿的化学性能

铁尾矿的主要成分与无机类的胶凝材料十分类似，但其主要来源是与矿石矿物伴生的围岩、脉石、夹石等，天然形成并能稳定存在的矿物，结晶程度比较大，晶体尺寸比较大，属于惰性的成分。研究人员往往选取富硅的铁尾矿作为烧结水泥的原材料使用。当前作为掺合料应用十分广泛的粉煤灰、矿渣和硅灰等工业废渣，都具备相当的火山灰性，即在 $Ca(OH)_2$ 环境下生成水化硅酸钙凝胶、水化铝酸钙凝胶等水化产物的化学反应活性。通常认为铁尾矿在常温下的活性不高，需要通过一些手段进行激发。将铁尾矿进行一定的处理或使其处在适当的环境下，使其结晶程度变低，晶格缺陷变大，颗粒变细，即可以得到一定的火山灰性。

(1) 铁尾矿的活性

在理论上，任何多相的物质都可以在足够高的温度下转变成熔融态，将熔融态的物质急速冷却，使之无法结晶，就可以形成玻璃体。铁尾矿的成分虽然复杂，但仍然以钙硅为主，可以作为熔制型材料的原料来使用。实际工业应用上，作为熔制材料的原料，熔点的高低，熔融态是否容易析晶是关键的因素。因此对铁尾矿的元素组成有要求。成分比例可以按照三元体系相图的指导进行选定。同时，铁尾矿中复杂的成分也可以作为矿化剂或晶体缺陷加以利用，而影响玻璃性能，比如容易析晶或影响颜色的组分要尽量避免。

铁尾矿也可以作为烧结材料的原料使用。这类材料指的是将松散的物料视线成型然后进行煅烧，使之形成坚硬的石状材料。反应过程主要包括原材料的脱水、分解、相变、固相反应、溶解、熔融、转熔、低共熔等一系列复杂的物理化学过程。工业上，烧结产品的原料一般是由多种原料和校正组分进行定量的复配以满足烧结过程中各个阶段的需求。铁尾矿只要组成成分符合或接近产品所需的原料范围，就可以作为烧结材料的原料使用。

烧结过程和熔制过程的主要区别：一是烧结过程主要在固相状态下进行，温度控制在低于原料的熔点，但为了反应的速度，往往需要反应过程中由一定的液相生成；二是烧结工艺是实现将原料制成胚体，然后进行反应。熔制过程是先进行熔制，然后成型。这就对铁尾矿的组成成分有一定的要求。既满足所需的成分比例，又要控制容易发生热膨胀或可逆相变的矿物的含量。

以上两种应用的反应条件下，铁尾矿的活性表现与一般的矿物原料并无不同，甚至由于其组成复杂，并经过严格的粉磨，其活性更容易达到工艺的要求。只是其矿物组成复杂，容易引入一些有害的成分，没有单一组分的矿物容易控制，限制了它的使用。

铁尾矿还可以直接作为原料在含水或蒸汽条件下进行水化合成反应制备材料。在尾矿中含有的矿物组分中，常温或低温（100～300℃）条件下稳定的一般都是含水的矿物。高温、无水条件下生成的无水矿物在有水参与、低温的条件下可以转化成含水的矿物。即这些无水的矿物具有水化反应的潜能。一些特殊的介质环境下，可以增强这种水化反应的潜能，或者使一些稳定的矿物具有这种水化潜能。

当然这些水化反应有快有慢，水化产物强度有高有低。实际生产中往往选择反应速度快、可以生成凝胶状或针片状结晶体连生形式的水化产物，并且化学性质稳定的水化反应。典型的就是碱性环境下游离氧化钙和硅酸盐矿物生成水化硅酸钙。表 2-4 所示是尾矿中常见矿物在 $Ca(OH)_2$ 环境中的化学反应活性。

尾矿中常见矿物在 $Ca(OH)_2$ 环境中的化学反应活性　　表 2-4

矿物种类	不同环境下表现出的化学活性（12.5＜pH＜13）		
	标养（20℃）	蒸养（95～100℃）	蒸压（175～185℃）
苦橄岩、橄榄岩	●	●	○
蛇纹石、水镁石	●	●	
磁铁、赤铁、褐铁矿	●	○	○
玄武岩	☆	☆	☆
辉绿石	○	☆	☆
斜长石、辉长岩、闪长岩	●	○	☆
花岗岩	●	●	○
流纹石、凝灰岩	○	☆	☆
正长岩、霞石岩	●	●	○
粗面岩、响岩	○	☆	☆
沸石岩、珍珠岩	○	☆	☆
铝矾土		☆	☆
烧煤矸石	○	☆	☆
石英岩、石英砂	●	●	○
硅藻土、蛋白石、海绵岩	☆	☆	☆

注：●不显示活性；○具有活性；☆高活性。

从表 2-4 可知，铁尾矿中有相当多成分的矿物在 $Ca(OH)_2$ 环境下表现出活性。从化学成分上看尾矿中的 CaO、MgO、SO_3 等含量越高，其活性就越高；从相组成来看，铁尾矿中的玻璃相含量越高，铁尾矿的活性就越高。

（2）铁尾矿活性激发

常温下，铁尾矿没有足够的活性组分进行水化合成反应，属于惰性组分。要想使铁尾矿在常温下进行水化反应需要一定的手段对其活性进行激发。目前主要的激发铁尾矿活性的方法有以下几种：一是机械活化，改变铁尾矿的级配分布、颗粒形态；二是化学活化法，改变铁尾矿的矿物组成、结构；三是热活化。

1）机械力活化

机械力化学是涉及化学、矿物学、结晶学、材料学和机械工程等多学科的边缘科学，它已成为化学学科的重要分支。固体物质在受机械能作用时，其结构、形态、物理化学性质等发生改变及其发生相关物理化学反应，掌握其基本原理的规律及其应用是机械力化学研究的问题。在机械活化过程中，尾矿被粉碎、其颗粒尺寸减小的同时，会产生相应的物理和化学效应。机械力活化，顾名思义是通过物理磨细的方法来激发，即球磨，棒磨，振磨等方式改变尾矿颗粒的粒径，增大其比表面积，即破坏其矿物结构，使其内部结构由不规则化转变为多相晶形，形成大量活性质点，使其对尾矿达到活化的作用。

在粉碎和细磨过程中，因受到机械冲击力、剪切力以及压力等的作用，使凝聚状态下矿物发生化学变化或物理化学变化，产生晶格畸变和局部破坏以及晶格缺陷，使其矿物内能增大，从而反应活性增强。

机械力的作用会使固体颗粒的结晶状态发生变化。当施加的机械力高于相变所需活化能时，可以使颗粒转变为高活性状态。这种高活性状态可能是由于晶粒细化导致的，也可能是由于位错数量增加导致的。同时机械力的作用会增加反应物碰撞的几率，并及时移走生成物，促进一些固相反应的发生。

机械力对铁尾矿的密度也有影响，对固体颗粒施加机械力之后，由于晶体结构的变化和化学反应的发生使得真密度发生了变化，而表观密度的变化则是因为颗粒粒径大小级配不一致造成的。机械力化学作用可有效降低固体颗粒的结晶程度，或使固体颗粒由于发生化学变化形成了较小密度的新物质。

铁尾矿粉的细度也是影响铁尾矿粉水化活性的重要因素之一。在特定范围之内，铁尾矿粉细度越细，水化活性就会越高。基于此，机械活化理论就是通过铁尾矿粉的细度的提高来使其活性提高。机械方法在生产中应用较广泛，在水泥和混凝土掺合料生产方面均被采用。

实际上，铁尾矿在机械力粉磨工程中，随着粉磨时间的延长，比表面积的增加趋势会逐渐放缓，甚至会有所降低。这是由于粉体的表面张力作用引起的团聚现象。有学者根据粉磨过程分为三个阶段：表面积与粉碎时间成正比例关系阶段；聚集阶段，比表面积与粉碎时间呈指数关系，这是因为颗粒间的相互作用，施加的机械能不再与新增的表面积呈线性关系；团聚阶段，比表面积为负增加，随粉磨时间的增长，固体颗粒表面会出现不饱和电场以及带电结构单元，颗粒在一种高能的不稳定状态，引力作用较弱，颗粒的比表面积减小。

灵丘铁尾矿经烘干处理，在球磨机中经不同时间粉磨后，用扫描电镜观察形貌，如图 2-2 所示。可以看到随着粉磨时间的增加，铁尾矿低粒度的比例越来越高，总体粒度越来越小。低粒度的铁尾矿形状也较为规则。

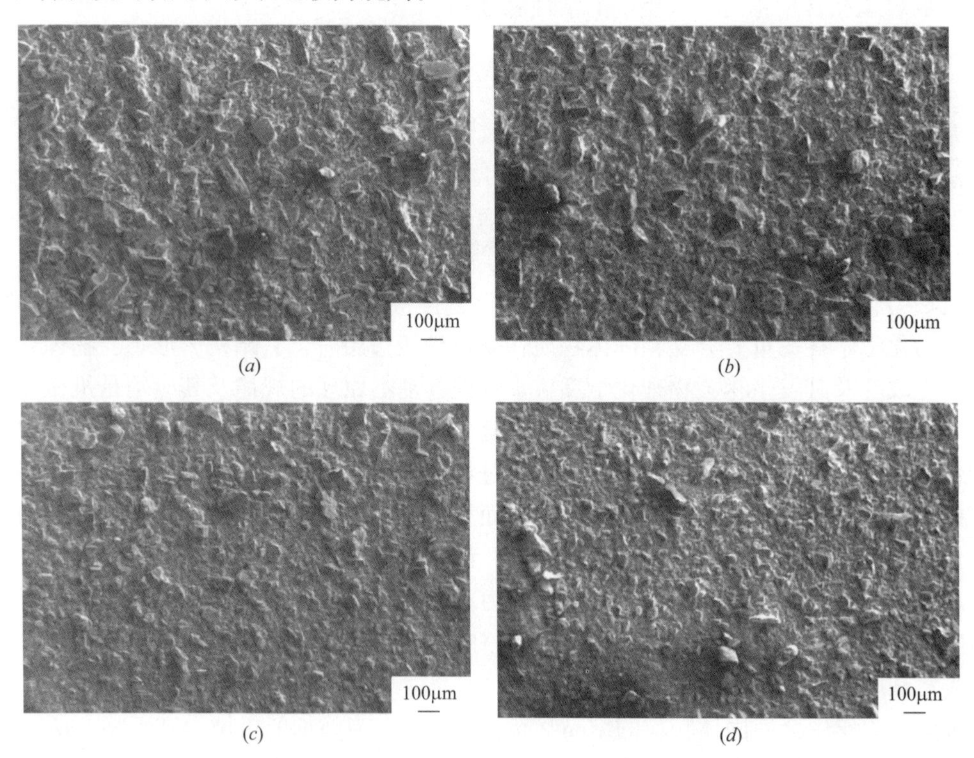

图 2-2 不同粉磨时间铁尾矿的扫描电镜

(*a*) 10min；(*b*) 20min；(*c*) 30min；(*d*) 40min

2）化学力活化

通过掺入一定量的有机或无机化学激发剂的方式来激发其活性的方法叫作化学活化。在不具备火山灰特性的铁尾矿中加入一定量的激发剂，并采用化学方法对其进行处理，可以让其具有一定的胶凝性质。在此过程中，玻璃体中原有（SiO_4）$^{4-}$四面体结构中的共价键断裂，再重新组合，形成新的结构。以碱性物质为激发剂，这是目前研究最多，并最具应用前景的一类化学激发胶凝材料。碱性激发剂主要是使粉体在碱性介质中，受OH^-离子的作用，会使原先聚合度较高的玻璃态网络中的部分Si-O和Al-O键发生断裂，形成不饱和活性键，进而促使网络解聚及硅铝的溶解扩散，加速形成水化物。其具体作用过程为：

$$\text{-Si-Si-} + \text{OH} \longrightarrow \text{-Si-} + \text{-Si-OH}$$

$$\text{-Si-O-} + \text{OH} \longrightarrow \text{-O-Si-OH} \tag{2-2}$$

当有Ca^{2+}或Na^+存在时：

$$\text{-Si-O-} + Ca^{2+} \longrightarrow \text{-Si-O-Ca-}$$

$$\text{-Si-O-Ca-} + \text{OH} \longrightarrow \text{-Si-O-Ca-OH} \tag{2-3}$$

并且

$$\text{-Si-O-Ca-OH} + \text{HO-Si-O-} \longrightarrow \text{-Si-O-Si-} + Ca(OH)_2 \tag{2-4}$$

由式（2-2）～式（2-4）可以看出，玻璃体中的-Si-O-Si-会受到OH^-的作用而解聚，进而形成了过渡性的化合物-Si-OH和-Si-O-，而OH-Si-还可能会再聚合，整个反应会在不断的解聚和聚合中延续。但是在碱介质环境中，聚合反应则不会发生，这是由于：

$$\text{-Si-O} + Na^{+} \longrightarrow \text{-Si-O-Na} \tag{2-5}$$

连续反应：

$$\text{-Si-O-Na} + \text{OH} \longrightarrow \text{-Si-O-Na-OH}$$

$$\text{-Si-O-Na-OH} + Ca^{2+} \longrightarrow \text{-Si-O-Ca-OH} + Na^{+} \tag{2-6}$$

从式（2-5）、式（2-6）可以看出，这阶段Na^+和OH-对生成水化硅酸钙起催化作用。

化学激发剂的种类包括以下几种：

① 碱性类激发剂

常用的有NaOH以及$Ca(OH)_2$等碱性激发剂。此类型的碱性激发剂进入粉煤灰以及矿渣等的矿物掺合料网状结构的孔穴中要比水分子更容易一些，所以能够较为活跃地与活性阴离子发生相互作用。这种方法可以有效地促进固体颗粒的溶解和解体。溶液中Ca^{2+}浓度的增加，将矿物掺合料中所含活性阴离子与其进行化合，生成了水化硅酸钙以及水化铝酸钙等类型的水化产物。同时碱金属离子具有更强的激发作用。所以，碱金属离子更易进入到胶凝材料结构的内部。但是碱金属离子的掺入也将会成为产生混凝土碱骨料反应的主要原因。

② 硫酸盐激发剂

Na_2SO_4、石膏等为常用的硫酸盐类激发剂。一定程度下的碱性环境将会成为矿渣的活性得以有效充分发挥的必要前提。但其在生产过程中会导致很多缺点，生产过程也较难以控制，剂量也很难做到精准。同时，随着Na_2SO_4、石膏等硫酸盐类激发剂的加入，混凝土中就会引入碱金属离子，所以也将会影响混凝土的耐久性。

③ 硅酸盐类型的激发剂

硅酸盐类型的激发剂包括了常用的固体硅酸钠以及水玻璃等。经研究结果，该类型的激发剂对矿渣的激发效果较明显，但对于火山灰质其他材料的激发效果并不很理想。

④ 碳酸盐类型激发剂

Na_2CO_3 作为一种普遍受人们认可的碳酸盐类激发剂，常用来激发矿渣的活性，但该激发剂用于激发其他的一些火山灰质材料时表现出较差的效果。

⑤ 其他类型的激发剂

除以上所述几种激发剂类型之外，通常也会将亚硝酸盐、铝酸盐以及明矾石等作为激发剂，但这几种激发剂的激发效果都并不理想。

总的来说，目前人们普遍采用的化学活化方法主要是以掺入一定量的碱性类物质作为激发剂，但这些激发剂的使用在实际工程应用中受到了很多限制，而其他类型的激发剂又存在激发效果并不太理想等的缺点。

3）热活化

采用热活化来实现激发矿物掺和料的潜在活性是通过将矿物加热至高温煅烧的方法来实现。煅烧含有结构水的物料时，脱除结构水会使物料处于介稳的状态中。与常温常压下的水相比较，煅烧热活化作用下释放出的结构水其极性较强，将会对周边固体物料产生较强的蚀变作用。并且在高温作用下，固相的反应生成了介稳态物质，体系的活性得到了明显的提高。

有研究表明，铁尾矿在进行热处理时，在 500～700℃ 发生高岭土的失水和分解，700～900℃发生方解石的分解，1100℃左右产生了钙长石。高岭土分解产生的活性 SiO_2 和活性 Al_2O_3 是铁尾矿活性增强的主要原因。随着热活化处理的温度升高方解石分解产生的 CaO 会消耗活性 SiO_2 和活性 Al_2O_3，生成钙长石，使铁尾矿的活性降低。因此，热活化处理的温度不易过高。

以上三种活化方式各有优势，但都有其局限性。机械力活化效果显著，工艺工程也十分简单，甚至在选矿的过程中都可完成。但其消耗能源比较多，并且由于粉体的团聚作用，在铁尾矿达到一定细度之后效率大幅降低。化学力活化方法常温即可使用，容易操作。但其稳定性不佳，铁尾矿的成分对效果的影响很大，且化学药品对人和自然环境有一定的危险性。

本章参考文献

[1] 董发勤. 应用矿物学 [M]. 北京：高等教育出版社，2015.

[2] 马敦超，中国磷资源代谢的动态物质流分析及系统动力学模型研究 [D]. 清华大学. 2012.

[3] 薛建华. 铁尾矿砂在土木工程建造领域中的再生利用分析研究 [D]. 西安建筑科技大学，2013.

[4] 江满容. 陆相火山岩型铁矿床矿石组构学特征及其成因意义 [D]. 中国地质大学. 2014.

[5] 曾鹏飞，贺万宁. 实用冶金技术 [M]. 长沙：中南工业大学出版社. 1993.

[6] S. Zhang，X. Xue，et a1. Current situation and comprehensiveutilization of iron oretailing resources [J]，Journal of Mining Science，2006，42 (4)：403-408.

[7] 徐惠忠. 尾矿建材开发 [M]. 北京：冶金工业出版社，2000.

[8] 汪秀石. 铁尾矿砂自密实水泥基材料性能试验研究 [D]. 合肥工业大学，2012.

[9] 黄晓燕，倪文，祝丽萍等. 齐大山铁尾矿粉磨特性 [J]. 北京科技大学学报. 2010，10 (32)：

1253-1257.
[10] 柴红俊；宋裕增；王星原等. 铁尾矿砂的特性及对混凝土拌和物性能的影响 [J]. 工程质量. 2010，2 (28)：71-75.
[11] 潘料庭，李林峰，蔡小霞等. 镍铁尾矿用于烧结生产的工业试验 [J]. 烧结球团. 2015，1 (40)：42-44+50.
[12] 闫少杰. 铁尾矿微分对混凝土性能的影响怕 [D]. 北京建筑大学，2017.
[13] F. K. Urakaev，V. V. Boldyrew. Mechanism and kinetic of mechanochemic process in comminuting devices：I [J]. Powder technology. 2000，107：93-107.
[14] 朴春爱. 铁尾矿粉的活化工艺和机理对混凝土性能的影响研究 [D]. 中国矿业大学，2017.
[15] 郑永超，倪文，徐丽. 铁尾矿等. 铁尾矿的机械力化学活化及制备高强结构材料 [J]. 北京科技大学学报. 2010，3 (32)：504-508.
[16] 李冷. 粉碎机械力化学理论及实验方法 [J]. 国外金属选矿. 1991：36-41.
[17] 杨南如. 机械力化学过程及效应 (I) [J]. 建筑材料学报，2000，3 (1)：19-26.
[18] 李德忠，倪文，张玉燕. 铁尾矿粒度分布与其活性指数的分形研究 [J]. 材料科学与工艺. 2014，4 (22)：67-73.
[19] 朴春爱，王栋民，张力冉等. 机械力活化对铁尾矿活化性能的影响研究 [J]. 硅酸盐通报. 2016，35 (9)：2973-2979.
[20] 易忠来，孙恒虎，李宇. 热活化对铁尾矿胶凝活性的影响 [J]. 武汉理工大学学报. 2009，12 (31)：5-7+34.

第3章　铁尾矿泡沫混凝土的制备工艺

3.1　概述

尽管铁尾矿泡沫混凝土具备诸多优良的性能，但其也存在着一些不可避免的问题。

首先，铁尾矿泡沫混凝土在制备过程中，对浆体的凝结时间和流动度有着一定的要求，这是铁尾矿泡沫混凝土能否成型的重要指标。对铁尾矿泡沫混凝土而言，如果浆体的凝结速率与发泡速率达到平行时，成型相对完整，气泡均匀，气孔致密；如果浆体的凝结速率与发泡速率不相符，过快或是过慢，都会导致发泡失败。铁尾矿泡沫混凝土对浆体的流动度要求也很高，在实际施工中，发泡剂往往都在浆体混匀后再加入，如果浆体流动度小，则发泡剂不能与浆体良好的混合；相反，流动度过大，则会出现气泡逸出的现象。凝结时间可通过在铁尾矿泡沫混凝土中掺入适宜的促凝剂来解决，流动度则通过改变水灰比大小或减水剂种类及用量来改善。目前，在实际生产中，制备铁尾矿泡沫混凝土的胶凝材料多为硫铝酸盐水泥等特种水泥，利用普通硅酸盐水泥的较少，尤其是在掺入铁尾矿粉后，应用更少，基于利用普通硅酸盐水泥制备铁尾矿泡沫混凝土的研究更是寥寥无几。

其次，铁尾矿泡沫混凝土的抗压强度远小于普通混凝土，其早期强度发展较慢，导致其无法脱模，严重影响了生产率。这是因为随着混合浆体中水泥用量的减少，水化产物中的凝胶减少，其抗压强度也随之下降。如何使铁尾矿泡沫混凝土达到轻质的同时尽可能的提高其力学性能是一个久远的课题。在现有研究中，提高铁尾矿泡沫混凝土的抗压强度的主要方法有：(1) 选择合适的制备配合比；(2) 选择稳定性优异的起泡剂和施工工艺，提高气泡的性能等；(3) 采用高效减水剂降低浆体的水灰比，以减少水分蒸发造成的开气孔率等。

再次，铁尾矿泡沫混凝土的吸水率很高。当铁尾矿泡沫混凝土吸水率高时，其保温性能会变差。减小其吸水率的措施主要有以下方面：采用适宜的水灰比，降低因水分蒸发造成的连通孔和开孔；适当的使用防水剂，降低试块对水分的吸收。

最后，铁尾矿泡沫混凝土的收缩率很大，试块容易开裂，耐久性降低。铁尾矿泡沫混凝土在生产制备过程中，引入了大量的气泡，而胶凝材料主要是以水泥等细颗粒为主，这增加了试件裂纹出现的可能性，甚至会开裂，因而在性能上表现出较大的收缩率。降低收缩率的措施主要有以下方面：选择合适的水泥用量，缩小试件的收缩率；优化养护制度、防止试件因缺少水分造成的收缩。

3.2 原材料

3.2.1 原材料

(1) 铁尾矿粉

铁尾矿粉选用辽宁省本溪市某矿山，其比表面积为 454m^2/kg，密度为 2.97g/cm^3，元素及化学组成分别见表 3-1 和 3-2。

铁尾矿粉元素组成（%） **表 3-1**

元素	O	Si	Fe	Ca	Mg	Na	Al	K	C	Ti	其他
含量	44.98	29.67	12.82	5.10	2.55	0.27	1.95	0.32	0.70	0.29	0.4

铁尾矿粉主要化学组成（%） **表 3-2**

化学组成	SiO_2	Al_2O_3	Fe_2O_3	CaO	MgO	Na_2O
含量	63.58	3.69	18.31	7.14	4.25	0.36

(2) 水泥

水泥选用千山牌硅酸盐水泥（P·O42.5），其化学组成及性能指标分别见表 3-3 和表 3-4。

水泥的化学组成（%） **表 3-3**

化学组成	SiO_2	Al_2O_3	Fe_2O_3	CaO	MgO	SO_3
含量	21.85	5.69	4.31	62.14	1.75	2.53

水泥的性能指标（%） **表 3-4**

凝结时间/min		安定性	抗压强度(MPa)		抗折强度(MPa)	
初凝	终凝		3d	28d	3d	28d
142	224	合格	21.6	48.1	4.6	8.4

(3) 发泡剂

泡沫混凝土对发泡剂的要求主要体现在三方面：①掺量少、发泡速度快、起泡能力强、泡沫稳定性好和抗钙、镁离子能力强等；②具备良好的生物降解性、无毒、无腐蚀性；③容易获取、成本低廉、方便使用等。

选用生产中常用的双氧水为发泡剂，一般采用双氧水单掺和双氧水与十二烷基硫酸钠复掺两种掺入方法。本文基于这两种发泡方法的起泡能力、泡沫的稳定性及生产成本等因素，选择双氧水单掺的使用方法。

双氧水：市售，质量浓度 30%。

(4) 改性组分

1）促凝剂：自制，不含有 K^+、Na^+ 等离子，pH 为 2.5～4。

2）稳泡剂：硬脂酸钙，具有憎水性，不易与胶凝材料充分混合，适量加入偶联剂。

3）早强剂：硫酸钠，加速水泥的硬化速率，缩短凝结时间，提高早期强度。

4）纤维：采用聚丙烯纤维，其物理性能见表3-5。

5）纤维素：羟丙基甲纤维素（HPMC），易溶解于水等部分溶剂中，密度为0.25～0.70g/cm³，表面张力2%水溶液为42～56dyn/cm。

6）减水剂：采用聚羧酸减水剂，白色粉末，含水率小于2%，pH值7.5，减水率35%。

纤维的物理性能　　表3-5

检测项目	检测结果
颜色	白色
密度(g/cm³)	1.29
平均直径(μm)	31
平均长度(mm)	3
弹性模量(GPa)	35
抗拉强度(MPa)	1500
断裂伸长率(%)	8.0

3.2.2 试验仪器及设备

研究所用仪器及设备见表3-6。

仪器及设备　　表3-6

序号	名称	型号	备注
1	XY系列精密分析电子天平	XY200JC	量程200g,精度0.001g
2	XY系列精密电子天平	XY5KMB	量程5kg,精度0.1g
3	干燥箱	101-/E	
4	比长仪	JC476-2001 GBJ119规定比长仪	测量值为10mm 精确度0.001mm
5	压力机	RGM-100A	抗压强度测试
6	水泥净浆凝结时间测定仪	维卡仪	凝结时间测定
7	X射线衍射仪	Riga Ultima IV	分析水化产物组成
8	扫描电子显微镜	日立S-4800	观察试样微观结构

3.3 试验方法

3.3.1 表观密度和吸水率测试

采用100mm×100mm×100mm试模，标准条件养护，在龄期到达3d前将试件取出，放入干燥箱内烘干，测定试件表观密度。将试件放入水中，水位为试件高度的1/3，浸泡24h，继续加水至试件高度的2/3，经24h后继续加水，使试件完全浸入水中，且水位至少高出试件20mm以上，24h后，将试件取出，擦干表面水分，测定试件质量吸水率。

泡沫混凝土质量吸水率按式（3-1）计算。

$$W_m=\frac{m_b-m_g}{m_g}\times 100\% \tag{3-1}$$

式中 W_m——材料的质量吸水率（%）；

m_b——材料吸水饱和时的质量（g）；

m_g——材料在干燥状态下的质量（g）。

3.3.2 抗压强度及抗折强度测试

按照《无机硬质绝热制品试验方法》GB/T 5486—2008，加载速度为（10±1）mm/min，利用CMT5504型微机控制电子万能试验机测试抗压及抗折强度。

3.3.3 凝结时间和流动度测试

按《水泥标准稠度用水量、凝结时间、安定性检验方法》GB/T 1346—2011中规定的方法进行测试。

3.3.4 收缩性能测试

参照标准《水泥胶砂干缩试验方法》JC/T 603—2004，测定试样收缩性能。干缩率按照式（3-2）计算。

$$S_n=\frac{(L_0-L_n)\times 100\%}{130} \tag{3-2}$$

式中 S_n——水泥胶砂试件第 n 天龄期干缩率（%）；

L_0——初始测量读数（mm）；

L_n——n 天龄期的测量读数（mm）。

3.3.5 孔结构

利用图像处理软件Image-Pro Plus 6.0测定孔隙率和孔径分布。

制备尺寸为100mm×100mm×100mm的试件，将成型的试件沿纵截面切开，标准养护48h，取出后用砂纸磨平，断面用鼓风机吹洗干净；用相机对试件断面随机拍摄；利用Image-Pro Plus（IPP）软件对照片进行处理，计算试件的孔隙率。将试件的真实大小输入软件中，得到实际的孔径大小和孔径分布。

3.3.6 微观结构观察

利用X射线衍射仪分析试样的组成。

利用扫描电子显微镜（SEM）观察试样的微观结构。

3.4 铁尾矿泡沫混凝土基本性能研究

环境的温度对铁尾矿泡沫混凝土的制备有较大影响。如果环境的温度过低，反应物的活性降低，双氧水的发泡速度缓慢，气体产生量减少，导致泡沫混凝土中的气孔减少，试件的密度提高。环境的温度越高，双氧水发泡程度越剧烈，发泡速度越快，反应物的活性也随着环境的温度提高而增大，反应物在浆体中的溶解度和溶解速度的增加使反应加快。但是，如果环境的温度过高会影响双氧水的发泡效果，双氧水分解产生的氧气会因为过高的温度而迅速挥发，气泡更容易聚集成尺寸较大的气泡，最终破裂。另外，环境的温度过高会导致铁尾矿泡沫混凝土浆体过度膨胀，凝结速度慢于浆体膨胀速度，导致铁尾矿泡沫混凝土浆体的塌模和开裂，其内部也无法形成理想的孔隙结构。

为了制备出成型完整、力学性能和收缩率等性能良好的铁尾矿泡沫混凝土，制备过程中环境温度选为18～21℃。搅拌工艺对气泡的尺寸和分布有着重要的影响，为了保证气泡细密以及分布的均匀性，选择适宜的搅拌速率，加入发泡剂后保持搅拌机处于慢搅状态下，加入发泡剂后慢搅 15s，以减少搅拌过程对已形成气泡的破坏。当环境温度偏低时，加入发泡剂后慢搅时间缩短，以减少气泡的挥发。

在实验配合比下，铁尾矿泡沫混凝土的制备存在诸多问题，例如，气泡不稳定、发泡不均匀、塌模以及 24h 内无法拆膜等等，这些问题都会导致泡沫混凝土无法成型。因此对每一个因素进行调整，逐一改进设计配合比。分别从凝结时间、流动度、抗压强度和吸水率四个方面进行研究。

3.4.1 铁尾矿粉对泡沫混凝土物理力学性能的影响

在普通泡沫混凝土的基础上掺入铁尾矿粉，由于铁尾矿粉表面不光滑，且粒度变化较大，在与其他物质混合成浆体的过程中，会影响泡沫混凝土气泡的稳定性，因为当气泡与铁尾矿粉接触时，是通过点面接触的，而不是面面接触，从而破坏气泡的稳定形成。由于铁尾矿粉可能对泡沫混凝土的性能产生较大影响，探究铁尾矿粉和各性能之间的影响规律十分必要，以便确定铁尾矿粉的合理掺量。

根据普通泡沫混凝土的实验配合比，设计研究的初步配合比（表 3-7）。

初步实验配合比 **表 3-7**

总量(g)	铁尾矿粉(g)	水(g)	双氧水(g)
500	0	232.5	25
500	50	232.5	25
500	100	232.5	25
500	150	232.5	25
500	200	232.5	25

(1) 对泡沫混凝土凝结时间和流动度的影响

根据表 3-7 的配合比，铁尾矿粉掺量对泡沫混凝土的凝结时间和流动度的影响分贝如图 3-1 和图 3-2 所示。

由图 3-1 可见，随着铁尾矿粉掺量的增加，浆体的初凝、终凝时间均明显延长。当铁尾矿粉掺量小于 30%时，浆体的初凝和终凝的变化幅度基本一致，初、终凝时间差无明显变化；当铁尾矿粉掺量超过 30%后，终凝时间的增加更加显著，初凝、终凝的时间差增大。

由图 3-2 可见，泡沫混凝土的流动度随着铁尾矿粉掺量的增加明显下降。与未掺铁尾矿粉相比，在铁尾矿粉掺量为 10%～30%之间时，流动度变化不大，继续增加铁尾矿粉的掺量，泡沫混凝土的流动度迅速降低，此时，泡沫混凝土浆体存在搅拌不匀的现象。

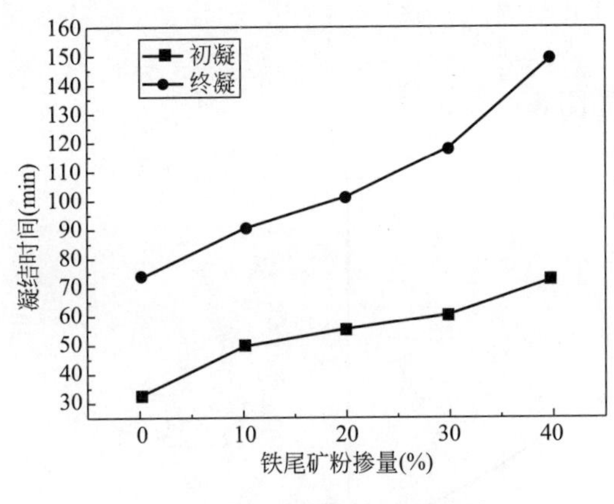

图 3-1　铁尾矿粉掺量对泡沫混凝土凝结时间的影响

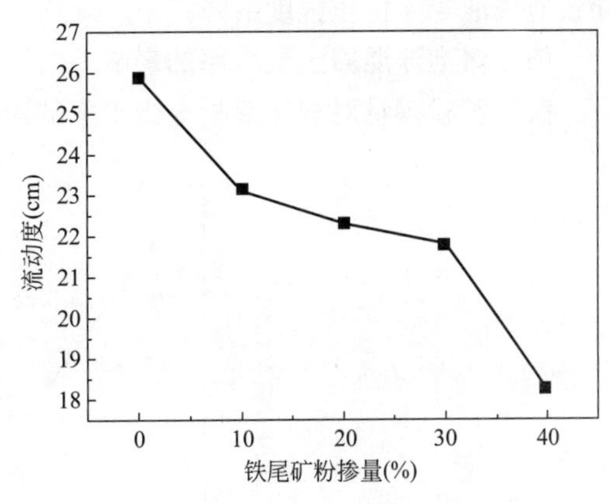

图 3-2　铁尾矿粉掺量对泡沫混凝土流动度的影响

铁尾矿粉对泡沫混凝土的凝结时间和流动度的影响呈现出这种发展趋势的原因很可能是铁尾矿粉在常温下没有活性导致的，铁尾矿粉掺入后，并不参与化学反应，而是起到孔隙的填充作用，因此凝结时间和流动度下降。当铁尾矿粉掺量增加到 40％时，过多的铁尾矿粉破坏了整体结构，水化产物不能形成良好的骨架，最终导致浆体凝结时间过长以及流动度的迅速下降。所以，铁尾矿粉掺量不宜过大。

(2) 对泡沫混凝土抗压强度的影响

铁尾矿粉掺量对泡沫混凝土抗压强度的影响如图 3-3 所示。

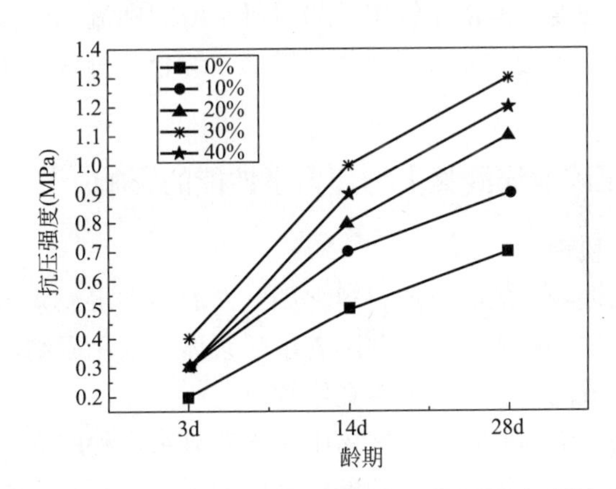

图 3-3　铁尾矿粉掺量对泡沫混凝土抗压强度的影响

由图 3-3 可见，同一龄期下，随着铁尾矿粉掺量的增加，泡沫混凝土的抗压强度均先上升后下降，抗压强度的极值均在铁尾矿粉掺量为 30％时。

当铁尾矿粉掺量从 0 提高到 30％时，铁尾矿粉颗粒充分地分散在浆体中，泡沫混凝土内部也因此形成了良好的骨架和气孔结构，在一定程度上对水泥浆体硬化后的强度起到了补强作用；但随着铁尾矿粉的掺量继续增大，水泥的含量就会相应的减少，由水泥水化生成的 C-S-H 凝胶相对减少，部分铁尾矿粉颗粒不能被 C-S-H 凝胶完全包裹，凝胶与铁尾矿粉之间的黏结力下降，使浆体界面一定程度上遭受破坏，部分铁尾矿粉颗粒发生沉积，导致泡沫混凝土抗压强度下降。

(3) 对泡沫混凝土吸水率的影响

铁尾矿粉掺量对泡沫混凝土吸水率的影响如图 3-4 所示。

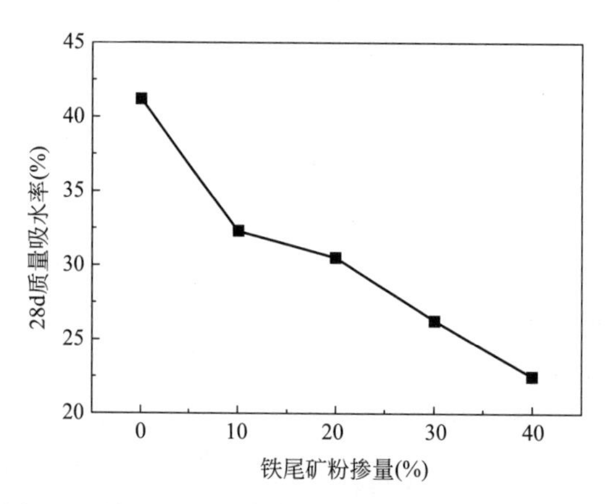

图 3-4　铁尾矿粉掺量对泡沫混凝土吸水率的影响

由图 3-4 可见，与未掺加铁尾矿粉的泡沫混凝土试件相比，铁尾矿粉的掺入显著降低了泡沫混凝土试件的吸水率，且随着铁尾矿粉掺量的增加，泡沫混凝土试件的吸水率也继续降低。铁尾矿粉掺量从 10％增加到 40％时，吸水率下降幅度逐渐增大。

泡沫混凝土内存在的孔隙随着铁尾矿粉的掺入得到了一定的填充，孔隙率减小，表观密度增加，导致吸水率的降低。虽然铁尾矿粉的掺入可以降低泡沫混凝土的吸水率，适当掺量下还可以增大抗压强度，但由于铁尾矿粉对凝结时间和流动度均存在不利影响，掺量过多，不利于发泡过程，还会导致表观密度的增加，综合分析认为铁尾矿粉的掺量以 30％为宜。

3.4.2　双氧水对铁尾矿泡沫混凝土物理力学性能的影响

(1) 双氧水的发泡机理

发泡剂是制备泡沫混凝土的必要原材料之一，发泡剂在水泥浆体中发生分解反应，生成大量气体，在水泥浆体中形成气泡，并随着水泥浆体的水化凝结，逐渐固定在硬化后的试件内部，是混凝土形成均匀、稳定的多孔结构。

本文选择双氧水为发泡剂。在水泥浆体中加入双氧水，利用双氧水在碱性环境中发生分解来引入气泡，发泡性能会受到体系的碱性高低的影响，其方程式见式 (3-3)。

$$2H_2O_2 \longrightarrow 2H_2O + O_2 \uparrow \tag{3-3}$$

(2) 泡沫不稳定性

泡沫混凝土的成型会受到多种因素的影响，其中气泡的大小、分布以及发泡速率对其成型影响显著，正是形成气泡的这些不稳定性导致了泡沫混凝土的成型困难。气泡不稳定性主要有以下几点：

1) 气泡破裂较快。当这种情况发生时，可以很清楚在浆体表面上看到有很多的小气泡迅速地聚集成大气泡，然后快速破裂，浆体硬化后，表面上会留下气泡破裂的痕迹。

2）分层。在浆体浇筑之后，由于气泡的向上运动导致浆体密度不均匀，会逐渐出现上下两层，上部密度较小，下部密度较大。

3）泡沫分布不均匀。在向浆体中浇注发泡剂后，由于搅拌不均匀，造成有些地方泡沫大量集中，而有些地方的泡沫又很少，就容易使试件产生密度差。

4）浆体下沉。这种现象的出现主要是由于气泡破裂造成的，气泡的破裂使得原来是气体的部分被浆体所取代，浆体的整体体积就会有不同程度的下陷，拆模后最下面 5mm 内基本没有气泡。

5）塌模。在浆体浇筑之后，由于泡沫的不稳定性，以及其他复杂因素的影响，将会使浆体出现塌模现象。这种现象使浆体高度大幅度的降低，在凝结固化后不能达到试件标准尺寸或者完全损坏。

(3) 搅拌工艺对发泡的影响

为了制备出性能良好的铁尾矿泡沫混凝土，在其制备工艺中要保证气泡尺寸在合适范围并且分布均匀十分必要。搅拌工艺对气泡的尺寸分布有重要影响，要提高气泡分布的均匀性，应选择适宜的搅拌速率；为了避免搅拌过程对已产生气泡的破坏，又要尽量缩短搅拌时间，防止气泡挥发。在本文中，双氧水选择在铁尾矿泡沫混凝土制备的最后环节加入，加入后分别在相同时间内进行慢搅和快搅，以及相同搅拌速率下研究不同搅拌时间对发泡的影响。根据前期的研究，确定的搅拌工艺为加入发泡剂后，慢搅 15s。

(4) 对铁尾矿泡沫混凝土抗压强度的影响

基于上述研究，控制铁尾矿粉等组成掺量不变，调整双氧水掺量分别为 3.5%、4.0%、4.5%、5.0%、5.5%和 6.0%，研究双氧水掺量对铁尾矿泡沫混凝土抗压强度的影响，结果如图 3-5 所示。

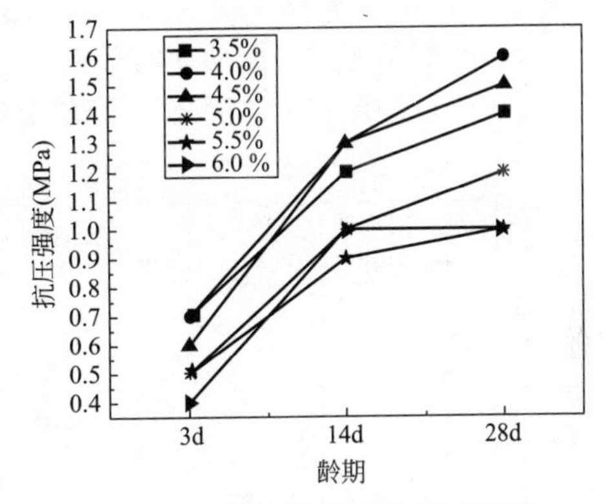

图 3-5　双氧水掺量对铁尾矿泡沫混凝土抗压强度的影响

由图 3-5 可见，当双氧水的掺量在 3.5%～5.5%时，在相同双氧水掺量下，混凝土的抗压强度随着龄期的增加而增加，当双氧水的掺量为 6%时，抗压强度随着龄期的增加先增加后降低；相同龄期的抗压强度先增加后降低，在双氧水掺量为 4%时，抗压强度最大。

双氧水影响了泡沫混凝土的气孔结构，从而影响了其抗压强度。一般而言，铁尾矿泡沫混凝土中的气孔形状越完整，其抗压强度越高。随着双氧水掺量的增加，发泡剂分解产生的气体增加，浆体开始明显膨胀，并填满试模。当双氧水掺量为 3.5%时，发泡剂所产生的气泡尺寸偏小，气泡的膨胀动力不足，铁尾矿泡沫混凝土内部结构不均匀，抗压强度较低。双氧水掺量继续增加至 4%，气泡产生量增加，而且气泡的膨胀动力足，增加浆体体积的同时，还可以使气泡的形状趋于完整，密度等级不变的条件下，抗压强度逐渐增大；继续增加双氧水掺量至 6%，浆体中双氧水含量过高，气泡大量产生，气体产生速率快于浆体硬化速率，产生的气体无法稳定存在于浆体中，从浆体表面逸出挥发，浆体中气泡尺寸偏大，完整性差，制备的相同表观密度等级的铁尾矿

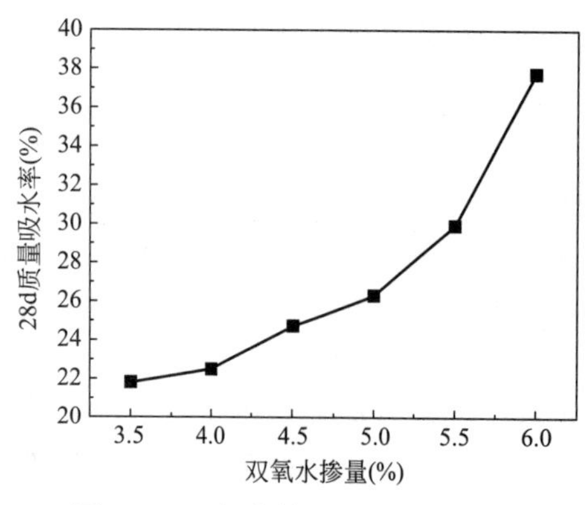

图 3-6 双氧水掺量对铁尾矿泡沫混凝土吸水率的影响

泡沫混凝土的抗压强度因此降低。

(5) 对铁尾矿泡沫混凝土吸水率的影响

双氧水掺量对铁尾矿泡沫混凝土吸水率的影响如图 3-6 所示。

由图 3-6 可见，随着双氧水掺量的增加，吸水率增加，增幅逐渐变大。双氧水掺量的增加，水泥浆体中会产生更多的气泡，导致相同水泥用量下，铁尾矿泡沫混凝土的体积增大，孔隙率增加，当双氧水掺量过大时，气泡会从浆体表面逸出，导致连通孔数量增加，故吸水率增大。

3.4.3 水灰比对铁尾矿泡沫混凝土物理力学性能的影响

在制备铁尾矿泡沫混凝土过程中，水灰比对整个反应过程影响很大，当水灰比较小时，水泥浆体的黏性较大，对气泡均匀的扩散在浆体中不利，容易导致局部发泡反应过于集中、气泡过大，严重的还会塌模；另外，水灰比小时，浆体的初凝时间较短，双氧水发泡不完全时，浆体已经接近水化完全，开始初凝，容易致使铁尾矿泡沫混凝土试件内部所受应力过大，造成应力裂纹；当水灰比过大时，水泥浆体的黏度小，浆体水化速度慢于发泡剂的发泡速度，容易引起塌模现象。

在铁尾矿粉掺量为 30%，双氧水用量为 4%的条件下，水灰比分别为 0.30、0.32、0.35、0.4、0.45 和 0.50。

(1) 对凝结时间和流动度的影响

水灰比对铁尾矿泡沫混凝土凝结时间及流动度的影响分别如图 3-7、图 3-8 所示。

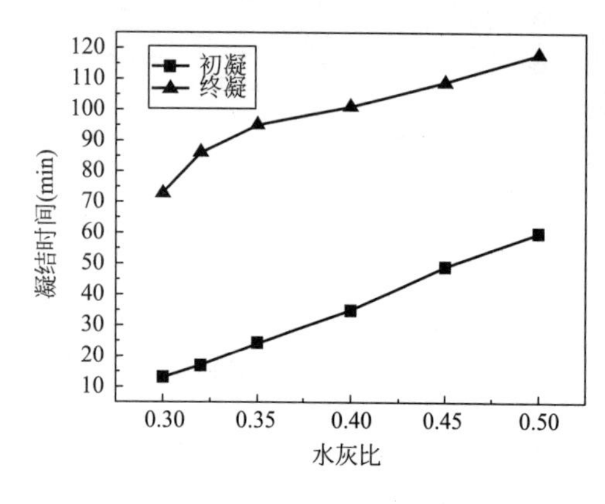

图 3-7 水灰比对铁尾矿泡沫混凝土凝结时间的影响

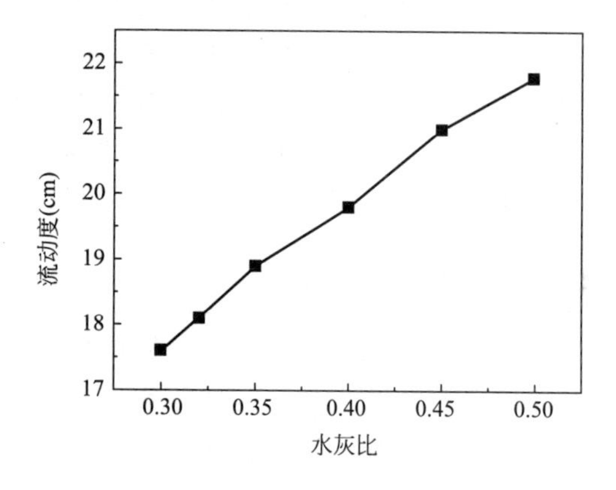

图 3-8 水灰比对铁尾矿泡沫混凝土流动度的影响

由图 3-7、图 3-8 可见，初凝时间随着水灰比的增大迅速增加，而终凝时间随着水灰比的增大增加缓慢；水泥浆体的流动度随着水灰比的增大匀速增加。

凝结时间增加和流动度增大的原因是：水灰比的增加，意味着实验用水量的增加，水泥浆体中胶凝材料相对浓度下降，水泥凝结硬化后，水化产物需要相对较长时间才可以在浆体中聚集到一定浓度，从而导致凝结时间延长、流动度增大。

(2) 对抗压强度的影响

控制铁尾矿泡沫混凝土处于同一密度等级，在此条件下，水灰比对铁尾矿泡沫混凝土抗压强度的影响如图 3-9 所示。

由图 3-9 可见，龄期在 14d 内，抗压强度增长速度较快，14d 之后抗压强度增速下降；随着水灰比的增大，铁尾矿泡沫混凝土的抗压强度先增大后减小，当水灰比为 0.35 时，铁尾矿泡沫混凝土 28d 的抗压强度达到最大值，为 2.1MPa。

当水灰比为 0.30 时，在浆体混合过程中，各组分混合的并不均匀，流动性太差，凝结时间又比较快，致使铁尾矿泡沫混凝土的发泡过程受到影响，泡沫不能均匀的分散在浆体中；当水灰比达到 0.45 时，浆体黏度显著降低，凝结时间过长，远大于发泡剂的发泡所需时间，在发泡的后期，部分气孔气体挥发或者气孔合并，连通孔数量增多，水泥水化产物的结构比较疏松，试件中的孔结构均匀性变差，最终导致抗压强度的降低；当水灰比达到 0.50 时，浆体黏度更低，气孔减少，表面张力太小，导致气泡难以形成，形成的气泡破裂，气体溢出。

(3) 对吸水率的影响

水灰比对铁尾矿泡沫混凝土吸水率的影响如图 3-10 所示。

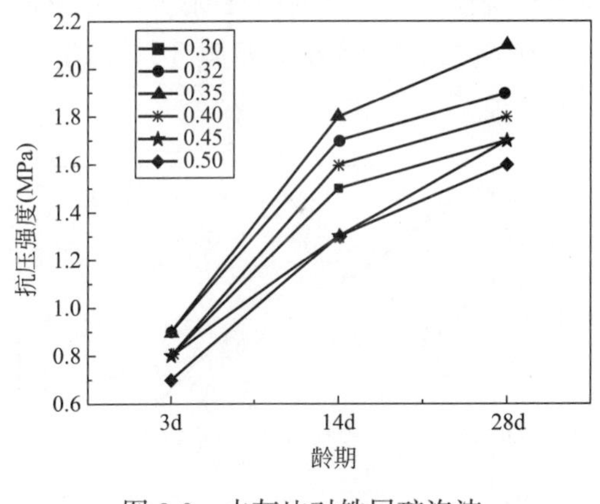

图 3-9　水灰比对铁尾矿泡沫混凝土抗压强度的影响

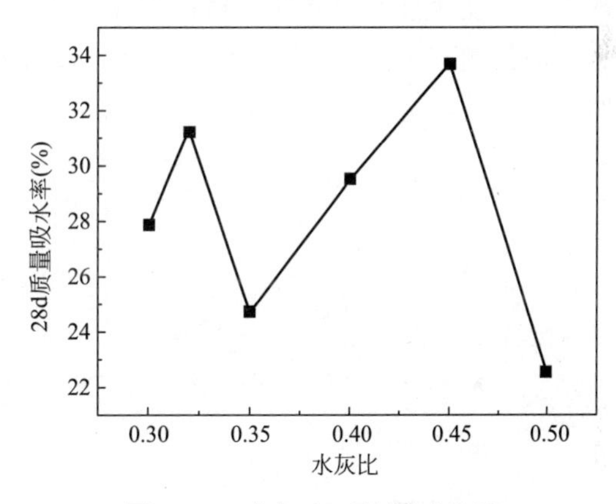

图 3-10　水灰比对铁尾矿泡沫混凝土吸水率的影响

由图 3-10 可见，随着水灰比的增大，铁尾矿泡沫混凝土的吸水率呈增大→减小→增大→减小的 S 形变化。

当水灰比为 0.30～0.32 时，加入双氧水后，由于浆体黏度较大，所形成的气泡数量较少，而孔径尺寸较大，虽然试件内部的气泡因浆体稠度大而拥有较厚的气泡壁，但试件表面上的气泡却十分不完整，因此吸水率较高。

当水灰比为 0.32～0.35 时，浆体黏度有所降低，气孔形成的阻力减小，孔的数量有所增加，孔径有所减小，孔隙率增加，气泡的形貌比较完整，试件的吸水率降低。

当水灰比由 0.35 增大到 0.45 时，浆体流动度增大，气泡中气体容易逸出浆体表面，并发生“跑泡”现象，造成硬化后的试件中残留贯通孔；另一方面由于浆体的黏度较低，导致气泡不稳定，一些小泡会聚集成大泡发生破裂，增大了气泡开孔的可能性，而且，过量的自由水在铁尾矿泡沫混凝土的硬化过程中，由于蒸发而从混凝土内部逸出，容易在气泡壁间产生泌水通道，增加气泡壁间的孔隙率，也会增大吸水率。

当水灰比继续增加到 0.50 时，浆体黏度显著升高，在制备铁尾矿泡沫混凝土浆体的静置过程中，可以明显观察到气泡的聚集和逸出，这导致最终浆体硬化后，内部孔隙率下降，气泡孔径较小，因此，吸水率降低。

3.4.4 改性组分对铁尾矿泡沫混凝土物理力学性能的影响

基于上述研究，在铁尾矿粉掺量为 30%，双氧水掺量为 4%，水灰比为 0.35 条件下，研究改性铁尾矿泡沫混凝土，通过调整促凝剂、硬脂酸钙、硫酸钠、纤维和纤维素的掺量，制备发泡效果更稳定，性能指标更好的铁尾矿泡沫混凝土。

(1) 促凝剂的影响

利用硅酸盐水泥，通过双氧水发泡法制备铁尾矿泡沫混凝土，凝结时间的控制是试件成型的关键，需要控制发泡剂的发泡速度与水泥浆体的的凝结速度相一致。双氧水加入到水泥浆体中，由于水泥水化形成的碱性溶液会催化双氧水的分解反应，释放出氧气使水泥浆体体积迅速膨胀，这一过程通常不超过 30min。由于普通硅酸盐水泥的初凝较慢，水化程度低，所以浆体尚无强度，仅靠浆体黏度维持膨胀浆体的重力远远不够，因而出现塌模现象，为加快硅酸盐水泥浆体的水化，为了避免出现塌模现象，加入促凝剂是有必要的。

促凝剂掺量对铁尾矿泡沫混凝土凝结时间及流动度的影响分别如图 3-11、图 3-12 所示。

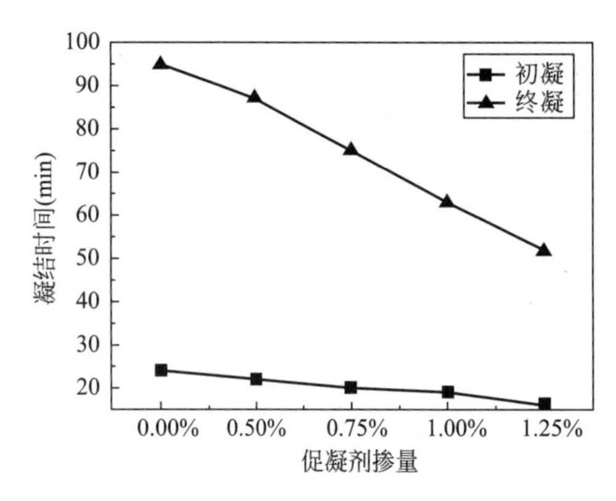

图 3-11 促凝剂掺量对铁尾矿泡沫混凝土凝结时间的影响

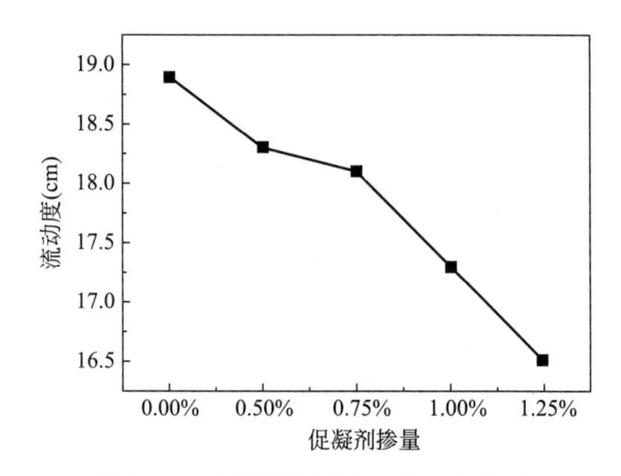

图 3-12 促凝剂掺量对铁尾矿泡沫混凝土流动度的影响

由图 3-11、图 3-12 可见，随着促凝剂掺量的增加，初凝时间变短，终凝时间显著缩短；当促凝剂掺量由 0.5%增大到 0.75%时，流动性下降幅度较小，当促凝剂掺量超过 0.75%时，流动性降幅明显。

促凝剂能够加速普通硅酸盐水泥中 C_3S 和 C_3A 的水化速度。根据施工对泡沫混凝土制备的要求，初凝时间最好小于 45min，终凝时间最好小于 90min，另一方面为了满足施工操作需要，初凝时间一般要大于 15min，所以，促凝剂的掺量为 0.75%时最合理。

促凝剂掺量对铁尾矿泡沫混凝土抗压强度的影响如图 3-13 所示。

由图3-13可见，相同的促凝剂掺量下，铁尾矿泡沫混凝土的抗压强度随龄期的增加而增大，在14d内，抗压强度增长速度较快，随后增速下降；相同龄期下，随着促凝剂掺量的增加，抗压强度均呈现增大的趋势。当促凝剂掺量为0.50%时，铁尾矿泡沫混凝土3d的抗压强度与未掺促凝剂时一样，14d和28d的抗压强度略有升高；当促凝剂掺量超过0.75%时，与未掺促凝剂的试样相比，3d、14d和28d的抗压强度明显增大。

当促凝剂的掺量从0%增加至0.75%时，双氧水的发泡速度与浆体的凝结速度逐渐达到动态平衡，孔径逐渐减小，试件结构变好；继续增加促凝剂的掺量，浆体的流动性变差，干密度有所增加，因此抗压强度仍在增加，因此掺量不宜过大，应使发泡速度与凝结速度平衡。

促凝剂掺量对铁尾矿泡沫混凝土吸水率的影响如图3-14所示。

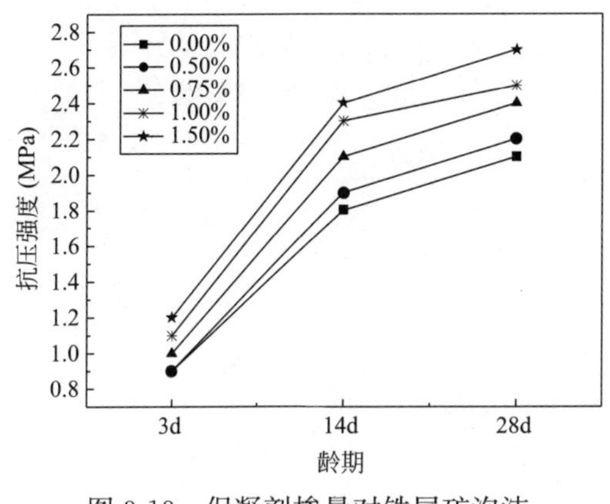

图3-13　促凝剂掺量对铁尾矿泡沫混凝土抗压强度的影响

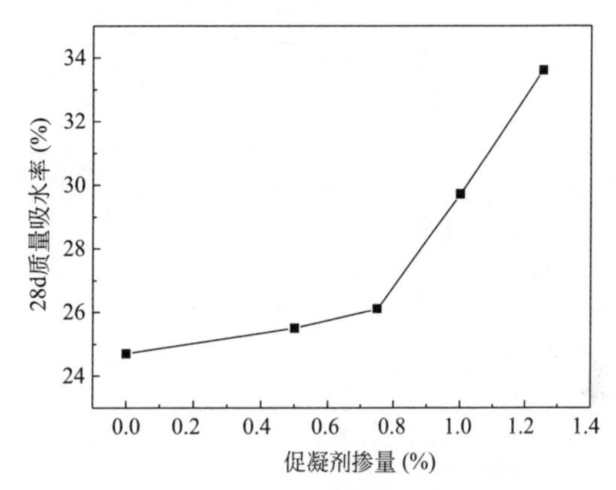

图3-14　促凝剂掺量对铁尾矿泡沫混凝土吸水率的影响

由图3-14可见，当促凝剂掺量超过0.75%后，铁尾矿泡沫混凝土吸水率增大明显，促凝剂掺量为1.25%时，吸水率为掺0.50%促凝剂试样的1.36倍。

在铁尾矿泡沫混凝土制备成型过程中，因为有促凝剂的存在，可以加快水泥浆体的凝结硬化，避免了塌模现象。但是，当促凝剂掺量较大时，由于加快了水泥浆体的水化过程，所以凝结时间比发泡时间短很多，因此水泥浆体硬化后，铁尾矿泡沫混凝土内部的孔隙率增加明显，由此吸水率增大。

(2) 硬脂酸钙和硫酸钠的影响

化学发泡法制备的气泡与物理发泡法制备的气泡有所不同，前者制备的气泡在空气和浆体中的稳定性均不及后者，为了保证浆体在具有合适的硬化速率的同时，掺入适量的稳泡剂可以使化学发泡法制备的泡沫在浆体中更加稳定，避免气体的挥发或气泡合并成尺寸过大的气泡，影响泡沫混凝土的性能。

硬脂酸钙可以增大发泡体系的黏度，提高液膜的抗压、抗拉强度，提高气泡液膜的弹性，使液膜能够在各种外力作用下保持完整性，不破裂；改变气泡壁的排液速度，使其自我修复能力变强，提高气泡的排列密度，增加分子间的相互作用力，使气泡更加细密，分散得更加均匀。

在有促凝剂掺入的条件下，调整硬脂酸钙用量。硬脂酸钙掺量对铁尾矿泡沫混凝土凝结时间、流动度、抗压强度和吸水率的影响，如图 3-15～图 3-18 所示。

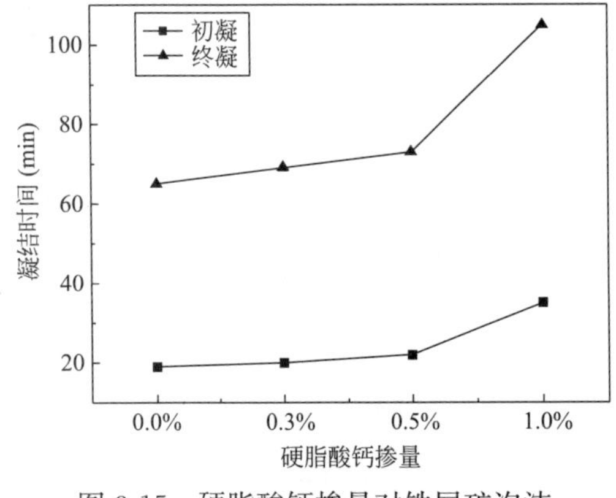

图 3-15　硬脂酸钙掺量对铁尾矿泡沫混凝土凝结时间的影响

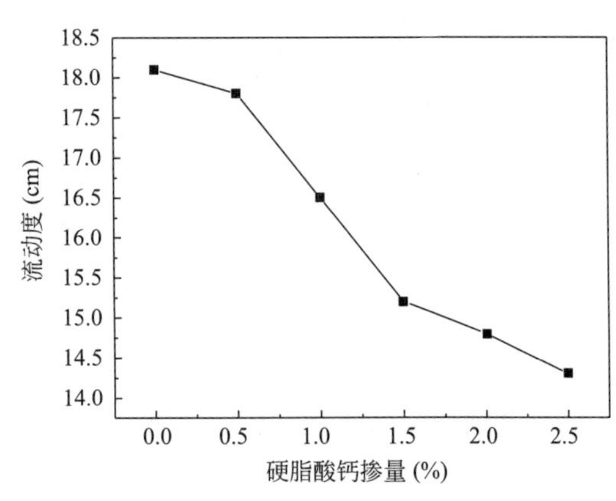

图 3-16　硬脂酸钙掺量对铁尾矿泡沫混凝土流动度的影响

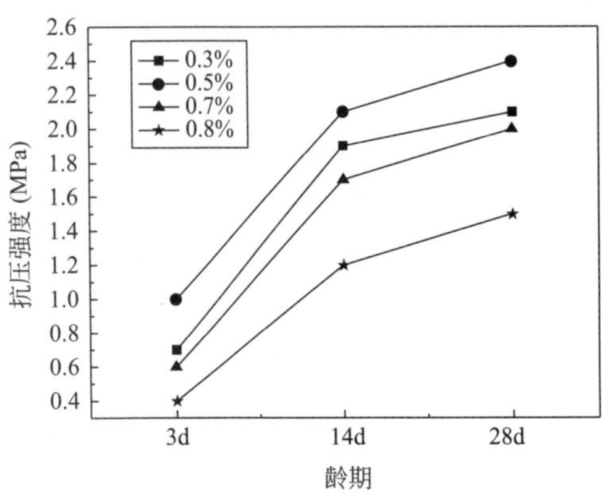

图 3-17　硬脂酸钙掺量对铁尾矿泡沫混凝土抗压强度的影响

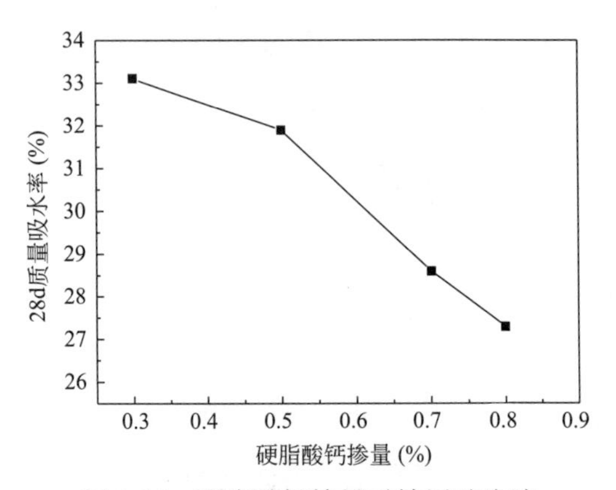

图 3-18　硬脂酸钙掺量对铁尾矿泡沫混凝土吸水率的影响

由图 3-15 可见，随着硬脂酸钙掺量的增加，铁尾矿泡沫混凝土的初凝、终凝时间逐渐升高。当硬脂酸钙掺量在 0～0.5％范围内凝结时间都很短；当硬脂酸钙掺量为 1.0％时，终凝时间增长幅度最大，对铁尾矿泡沫混凝土的缓凝作用明显。

由图 3-16 可见，铁尾矿泡沫混凝土的流动度随着硬脂酸钙掺量的增加而降低。当硬脂酸钙掺量在 0.5％～1.5％范围内流动度迅速下降；当硬脂酸钙掺量大于 1.5％后，流动度变化缓慢。

由图 3-17 可见，随着硬脂酸钙掺量的增加，铁尾矿泡沫混凝土的抗压强度呈现出先上升后降低的趋势。这种现象产生的原因是硬脂酸钙属于脂肪酸型防水剂，随着硬脂酸钙掺量的增加，在同等含气量的情况下，硬脂酸钙在水的作用下被分散到水泥浆体中，继而与水泥浆体中未参与作用的颗粒和游离态等物质发生反应，生成的一些结晶物可填补于体系中的孔隙结构，增强浆体硬化后的密实程度，同时，铁尾矿泡沫混凝土试件的内部气泡的孔径就会越小，并且孔径尺寸越均匀，形状也越接近于球形，连通率也越低，导致受力时应力分布就越均匀，应力集中就越小，因而使得铁尾矿泡沫混凝土的抗压强度显著提高；但当硬脂酸钙掺量达到 0.7%时，因为硬脂酸钙的吸湿性，复合材料内部吸入水分后，会阻碍水泥的水化过程，所以当硬脂酸钙掺量达到一定程度后，其分散气泡的作用明显降低，与此同时，浆体会吸入过多的水分，这些水分会随着反应的持续进行而蒸发，造成复合材料内部收缩，增加了形成裂缝的可能性，试件的抗压强度增加也随之下降。

由图 3-18 可见，从大体上看，吸水率随硬脂酸钙掺量的增加而呈下降趋势。吸水率下降的原因是：硬脂酸钙本身就是一种防水剂，其与水泥浆体发生反应后会生成一种不溶性的薄膜络合物，由此构成了吸附层，其长链状烷基在水泥和铁尾矿粉颗粒表面形成憎水层，这样就阻止了外部水分的进入，大大地提高了泡沫混凝土的防水性。在铁尾矿泡沫混凝土成型后，由于早期强度增长过慢，导致拆膜延长，即使勉强拆膜，也可能使试件遭受不同程度的损伤，严重的甚至会直接损坏，因此掺入早强剂——硫酸钠，以提高早期强度，实现 24h 拆膜。硫酸钠的作用机理是可以让 $Ca(OH)_2$ 迅速达到饱和状态继而结晶，大幅度降低液相中 Ca^{2+} 的含量，降低 C_3S-H_2O 体系的 pH 值，从而加快 C_3S 的水化速率，缩短水泥浆体的水化及硬化时间。

在硬脂酸钙掺入量不变的条件下，掺入硫酸钠。硫酸钠掺量对铁尾矿泡沫混凝土凝结时间和流动度的影响情况分别如图 3-19、图 3-20 所示。

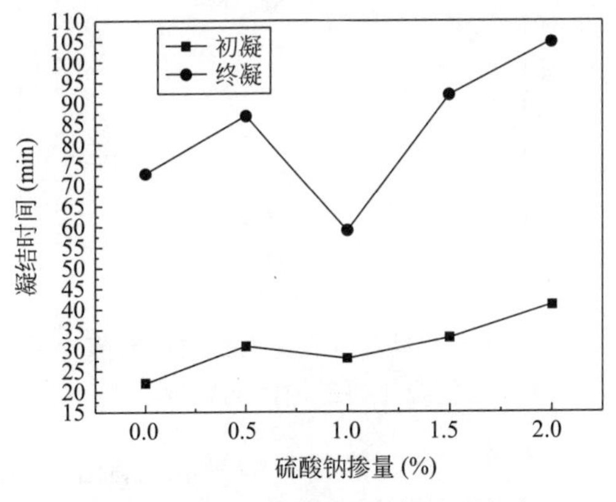

图 3-19　硫酸钠掺量对铁尾矿泡沫混凝土凝结时间的影响

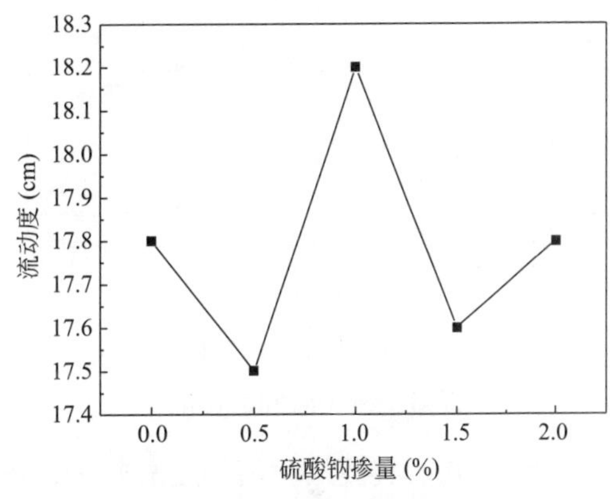

图 3-20　硫酸钠掺量对铁尾矿泡沫混凝土流动度的影响

由图 3-19、图 3-20 可见，随着硫酸钠的加入，凝结时间和流动度发展趋势比较复杂，凝结时间和流动度的分布零散。

为了研究硫酸钠加入后出现的这种变化情况的原因，单独掺入硫酸钠，研究其变化规律，硫酸钠掺量对铁尾矿泡沫混凝土凝结时间和流动度影响如图 3-21、图 3-22 所示。

由图 3-21、图 3-22 可见，硫酸钠对铁尾矿泡沫混凝土有促凝作用，但对流动度的影响不大。

研究发现，硫酸钠单掺时对凝结时间和流动度的影响也呈现出了规律性，所以前文凝结时间和流动度出现混乱的原因可能是硫酸钠与硬脂酸钙或者促凝剂之间存在影响，因此分别研究硫酸钠与促凝剂复掺，硫酸钠与硬脂酸钙复掺时，硫酸钠掺量对铁尾矿泡沫混凝土凝结时间的影响规律，凝结时间结果如图 3-23、图 3-24 所示。

由图 3-23 可见，当双掺促凝剂和硫酸钠时，泡沫混凝土的凝结时间的变化具有一定

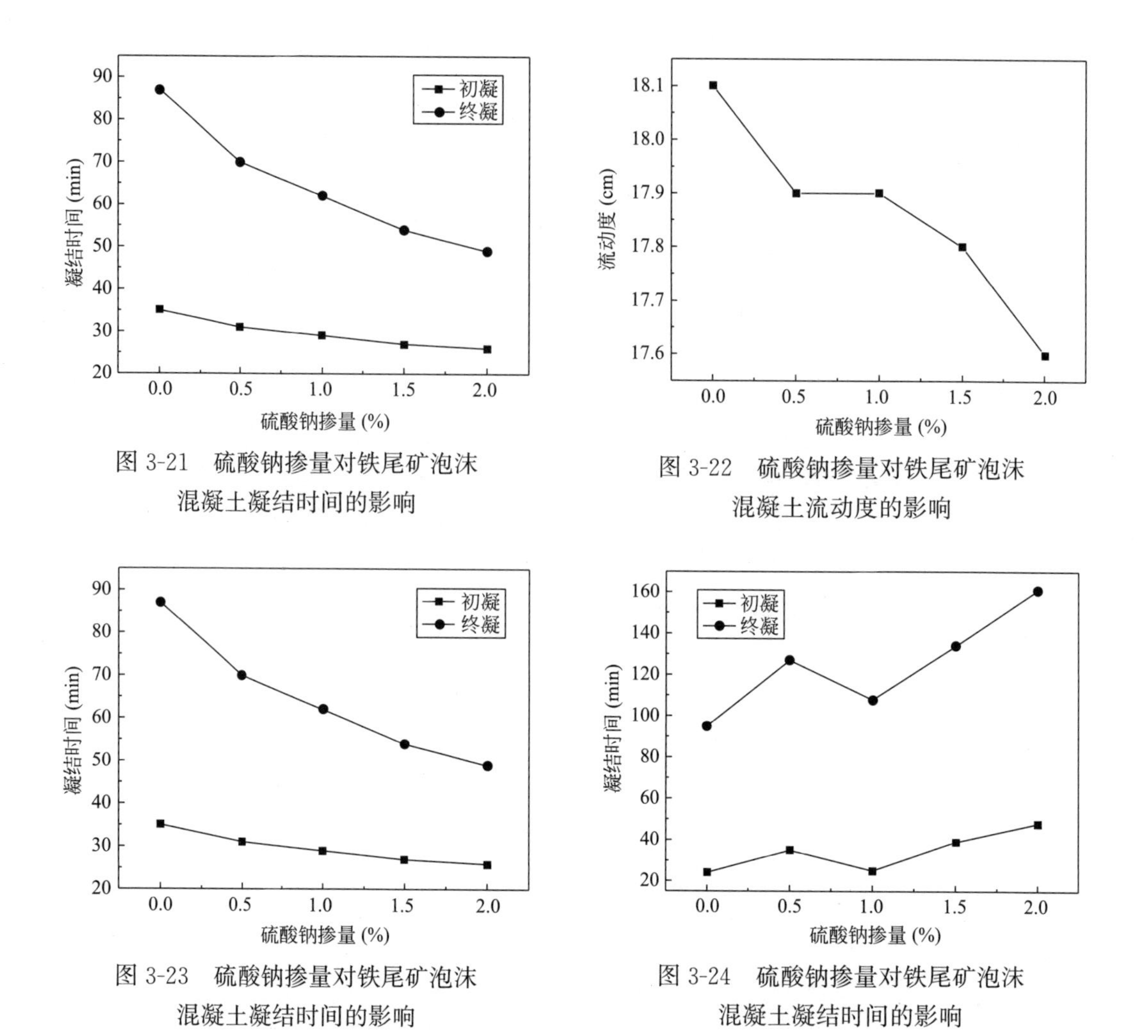

图 3-21　硫酸钠掺量对铁尾矿泡沫混凝土凝结时间的影响

图 3-22　硫酸钠掺量对铁尾矿泡沫混凝土流动度的影响

图 3-23　硫酸钠掺量对铁尾矿泡沫混凝土凝结时间的影响

图 3-24　硫酸钠掺量对铁尾矿泡沫混凝土凝结时间的影响

的规律性，初、终凝结时间均逐渐减少；由图 3-24 可见，当双掺硬脂酸钙和硫酸钠的情况下，凝结时间变化的规律性缺失，凝结时间的变化也变得无规律。可以初步认为，在本研究条件下，硬脂酸钙与硫酸钠之间相互影响，在不改变促凝剂和硬脂酸钙的前提下，硫酸钠的最佳掺量为 1%，此时的流动度为 18.2cm，抗压强度为 2.5MPa，吸水率为 33.2%。

由于硬脂酸钙与硫酸钠之间有一定的影响，所以为了更好地研究硫酸钠对铁尾矿泡沫混凝土抗压强度和吸水率的影响规律，在制备铁尾矿泡沫混凝土时不掺入硬脂酸钙，通过改变胶凝材料的用量来制备试件，此时，硫酸钠掺量对铁尾矿泡沫混凝土的抗压强度和吸水率的影响如图 3-25、图 3-26 所示。

由图 3-25 可见，硫酸钠的掺量对铁尾矿泡沫混凝土的 3d 抗压强度有明显影响；在相同的硫酸钠掺量下，试件的抗压强度随着龄期的增加而增大；相同龄期下，当硫酸钠掺量增加时，抗压强度先增加后降低。由图 3-26 可见，当硫酸钠掺量增加时，吸水率也增加。

当硫酸钠掺量为 1%时，铁尾矿泡沫混凝土各龄期的抗压强度最大；当硫酸钠掺量为 2%时，铁尾矿泡沫混凝土 28d 的抗压强度低于未掺硫酸钠时的抗压强度。

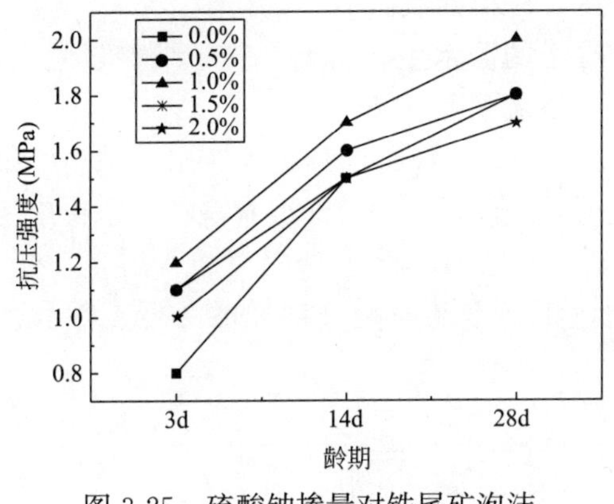

图 3-25　硫酸钠掺量对铁尾矿泡沫混凝土抗压强度的影响

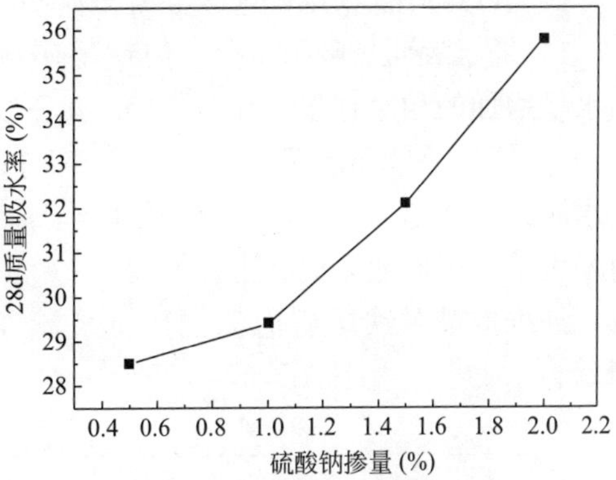

图 3-26　硫酸钠掺量对铁尾矿泡沫混凝土吸水率的影响

加入硫酸钠以后，降低了体系的 pH 值，促进 $Ca(OH)_2$ 的沉淀，溶液中 OH^- 浓度迅速降低，加速了水泥颗粒进一步反应，促进了 C-S-H 凝胶的形成，从而提高了铁尾矿泡沫混凝土的抗压强度。

由于硫酸钠也具有促凝的作用，所以在掺入硫酸钠后，吸水率的变化类似促凝剂对吸水率的影响，泡沫混凝土的孔隙率增加，连通孔数量也增加，因而导致吸水率的增加。

(3) 纤维的影响

纤维具有亲水性，在铁尾矿泡沫混凝土中会形成相互交织的支撑体系，可以提高铁尾矿泡沫混凝土的力学性能，影响收缩率。纤维掺量对铁尾矿泡沫混凝土的凝结时间及流动度的影响分别如图 3-27、图 3-28 所示。

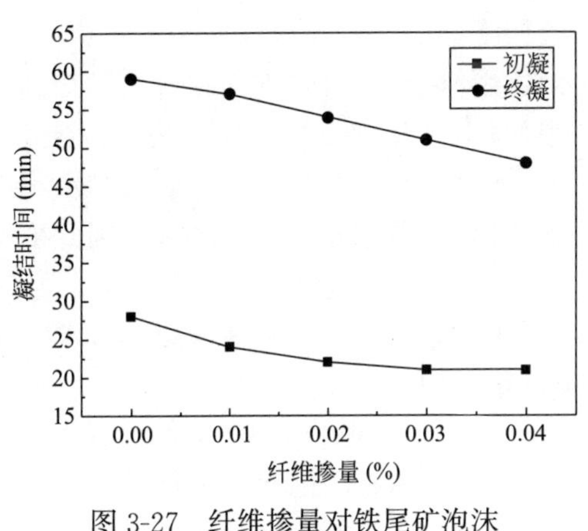

图 3-27　纤维掺量对铁尾矿泡沫混凝土凝结时间的影响

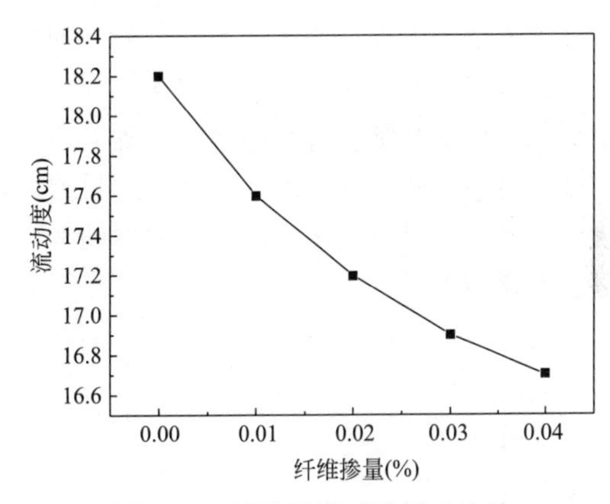

图 3-28　纤维掺量对铁尾矿泡沫混凝土流动度的影响

由图 3-27 可见，在掺入纤维后，铁尾矿泡沫混凝土的初终凝时间均缩短，这可能是因为聚丙烯纤维表面含有羟基等活性基团，具有一定的亲水作用，从而一定程度降低了浆体的工作性能，缩短了凝结时间。

由图 3-28 可见，加入纤维后，铁尾矿泡沫混凝土的流动度有着不同程度的下降，尤其是纤维掺量较大时，下降的程度更为显著。

掺入纤维降低铁尾矿泡沫混凝土流动度的原因，分析如下：

1）纤维表面易吸附水分，使铁尾矿泡沫混凝土的需水量相对增大。纤维掺量越大，需水量增加的相对越多，在实际用水量不变的条件下流动度下降。

2）纤维分散在水泥浆体中，其表面被水泥浆体包裹。纤维掺量越大，用于包裹纤维的水泥浆体就越多，从而导致铁尾矿泡沫混凝土流动度降低。加之纤维本身在一定程度上也增大了铁尾矿泡沫混凝土的稠度。

纤维掺量对铁尾矿泡沫混凝土抗压强度和抗折强度的影响分别如图 3-29、图 3-30 所示。

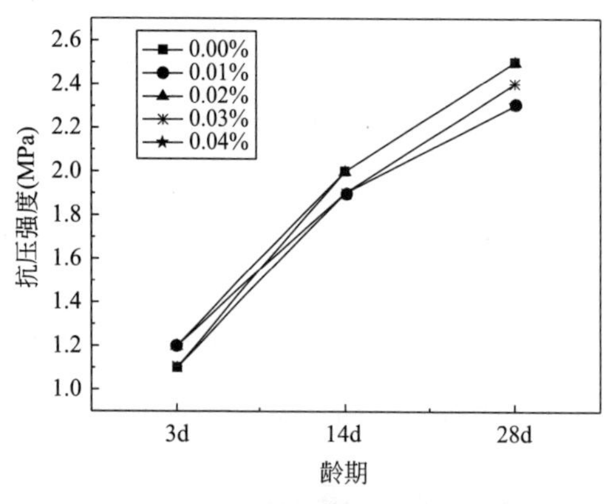

图 3-29 纤维掺量对铁尾矿泡沫混凝土抗压强度的影响

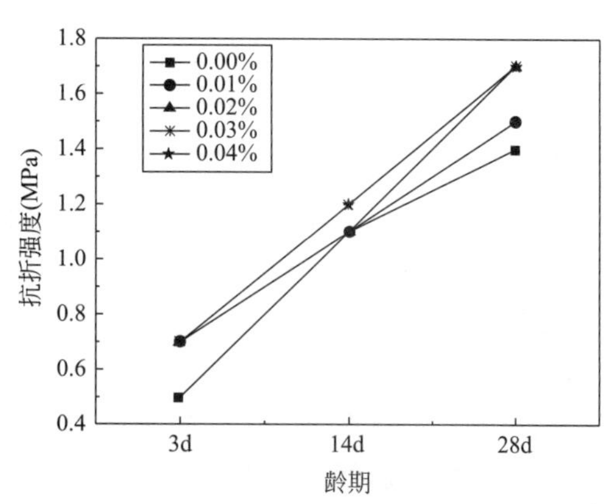

图 3-30 纤维掺量对铁尾矿泡沫混凝土抗折强度的影响

由图 3-29、图 3-30 可见，纤维对抗压强度影响不明显，但对抗折有很大的影响，随着纤维掺量的增加，铁尾矿泡沫混凝土的抗折强度逐渐增大。

在铁尾矿泡沫混凝土中，聚丙烯纤维可以和水泥浆体之间产生很强的结合力，在试件中形成一种不规则的网状结构，起到支撑和抑制裂纹发展的作用，并且可以提高混凝土的韧性；另一方面，因为泡沫混凝土的骨架结构是由未水化的水泥颗粒、铁尾矿粉和水化产物等组成的，所以泡沫混凝土试件中的毛细孔未被水化颗粒及水化产物所填满，因此抗压强度变化不大。

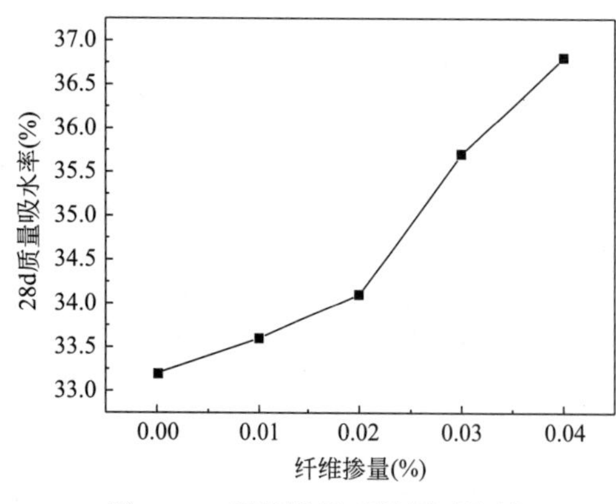

图 3-31 纤维掺量对铁尾矿泡沫混凝土吸水率的影响

纤维掺量对铁尾矿泡沫混凝土吸水率的影响如图 3-31 所示。

由图 3-31 可见，铁尾矿泡沫混凝土的吸水率随着纤维掺量的增加而增大。

泡沫混凝土吸水一般有两种模式：一种是毛细孔渗透，另一种是连通孔渗透。毛细孔产生于水泥浆体水化的初始阶段，此时浆体内部会形成互相交错的毛细孔隙和连通孔。因此，在浆体凝结过程中，气泡壁会受到重力和表面排液及浆体挤压的双重作用力，发生无规则扩散，致使封闭的气泡出现缺陷，凝结硬化后表现为破裂的气孔；另外，如果泡沫混凝土的水灰比很大，那么由于泌水现象产生的泌水通道也会造成孔隙，增加吸水率。

纤维掺量在0.02%以内时，吸水率与空白组相比，变化不大；随着纤维掺量的增加，试件内部的孔隙率随之增大，同时在浆体硬化过程中，内部连通孔的数量增多，导致吸水率稍稍升高。

(4) 纤维素的影响

纤维素的掺入，可以使铁尾矿粉的棱角被纤维素形成的黏性膜体包裹起来，从而减小铁尾矿粉对气泡的破坏。纤维素的掺量分别为粉体材料总质量的0、0.02%、0.04%和0.06%。

纤维素掺量对铁尾矿泡沫混凝土凝结时间及流动度的影响分别如图3-32、图3-33所示。

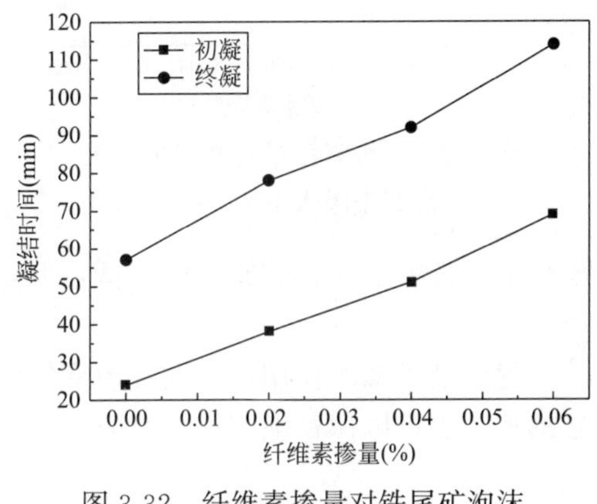

图3-32 纤维素掺量对铁尾矿泡沫混凝土凝结时间的影响

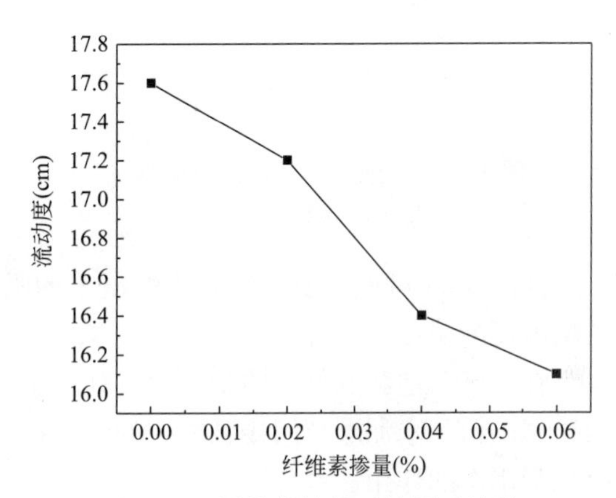

图3-33 纤维素掺量对铁尾矿泡沫混凝土流动度的影响

由图3-32、图3-33可见，铁尾矿泡沫混凝土的凝结时间随纤维素掺量的增加而明显增加，流动度降低。

纤维素会对体系的保水性能产生较大的影响，掺入纤维素后，水泥水化的速度会变缓。纤维素可以和水泥水化产物，如$Ca(OH)_2$、C-S-H凝胶等结合形成氨键，继而吸附在浆体水化产物表面，增强水泥浆体中气孔溶液中的黏度，降低Ca^{2+}、SO_4^{2-}等离子在气孔溶液中的流动性，从而在很大程度上减缓了水泥浆体水化反应的速率。在水泥浆体水化反应中，纤维素对水泥浆体中的水分有着很强的吸附作用，使得用于水泥浆体水化反应的水量相对减少，减缓了水泥浆体的水化反应。

纤维素掺量对铁尾矿泡沫混凝土抗压强度的影响如图3-34所示。

由图3-34可见，与未掺加纤维素的泡沫混凝土比较，随着纤维素的加入，泡沫混凝土3d抗压强度均有所降低，14d抗压强度的变化并不明显，28d抗压强度先增加后下降。当纤维素掺量过大，稠度较大，搅拌困难，因此，纤维素的掺量不宜过大。

纤维素分散在浆体中时，由于其表面活性作用使得浆体中的铁尾矿粉和水泥颗粒均匀分布，且纤维素本身具有保护胶体的作用，能够很好的包裹住铁尾矿粉和水泥颗粒，在铁尾矿粉和水泥颗粒的表面上生成一层具有润滑作用的膜，这种润滑膜能够使铁尾矿泡沫混凝土拥有很好的触变性能，使气泡可以稳定形成，而不会因尖锐的触碰而破裂，在确保流动性前提下，浆体不出现泌水和分层等现象，加之纤维素具有较好的保水性，使铁尾矿泡沫混凝土浆体更加稳定。

纤维素掺量对泡沫混凝土吸水率的影响如图 3-35 所示。

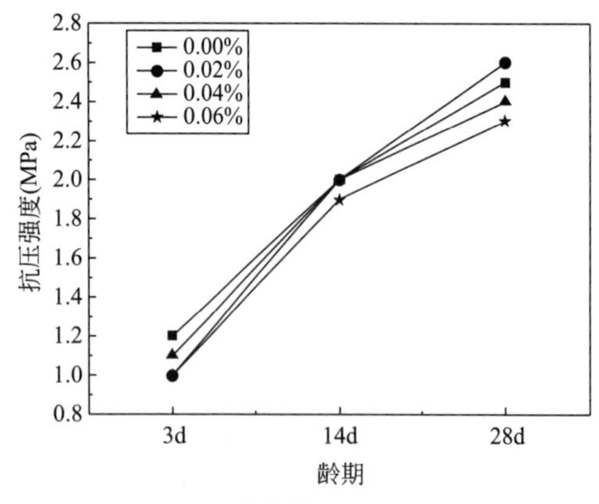

图 3-34　纤维素掺量对铁尾矿泡沫混凝土抗压强度的影响

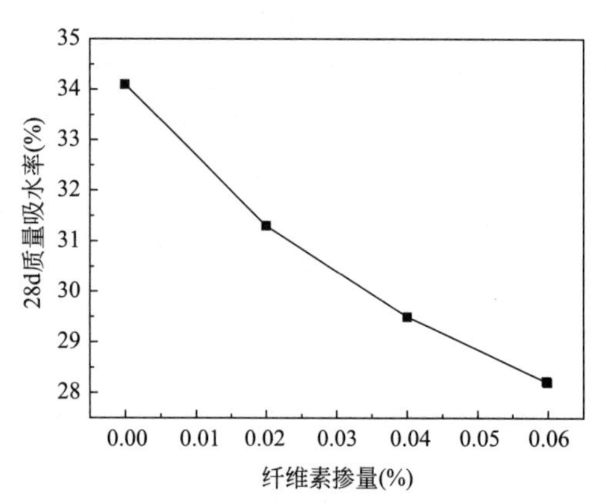

图 3-35　纤维素掺量对铁尾矿泡沫混凝土吸水率的影响

由图 3-35 可见，铁尾矿泡沫混凝土的吸水率随着纤维素掺量的增加反而降低，但降低幅度逐渐减小。

在铁尾矿泡沫混凝土的制备中，纤维素也有着和稳泡剂类似的作用，因此在改变气泡与铁尾矿粉和水泥颗粒的接触方式的同时，纤维素的加入也可以像稳泡剂一样具有一定的降低吸水率的作用。

3.4.5　表观密度对铁尾矿泡沫混凝土性能的影响

（1）对抗压强度的影响

铁尾矿泡沫混凝土的抗压强度与表观密度之间有着密切的联系，通常情况下，表观密度越大，抗压强度越大，反之，抗压强度越小。研究中利用质量法确定各密度等级铁尾矿泡沫混凝土的配合比，并在研究确定的铁尾矿粉和改性组分合适掺量，以及合适水灰比条件下，通过改变气泡量制备不同密度等级的铁尾矿泡沫混凝土。配合比设计见表 3-8。

实验配合比　　**表 3-8**

密度等级	水泥和改性组分总量(g)	铁尾矿粉(g)	水(g)	减水剂(g)	实测密度(g/cm^3)
400 级	280	120	140	0.8	435
500 级	350	150	175	1.0	527
600 级	420	180	210	1.2	618
700 级	490	210	245	1.4	724
800 级	560	240	280	1.6	815

表观密度对铁尾矿泡沫混凝土抗压强度的影响如图 3-36 所示。

由图 3-36 可见，随着铁尾矿泡沫混凝土表观密度的增大，其 3d、7d 和 28d 的抗压强度也增大。表观密度为400级的泡沫混凝土的28d抗压强度为1.4MPa，表观密度为800级的泡沫混凝土28d抗压强度为4.1MPa，约为表观密度为400级泡沫混凝土的3倍。

铁尾矿泡沫混凝土抗压强度增大的原因可能在于胶凝材料总量的增多，表观密度也增大，铁尾矿泡沫混凝土抗压强度随之增大，但胶凝材料用量过多会导致铁尾矿泡沫混凝土体积稳定性问题，表观密度越大，气泡分布的越不均匀，往往出现上下分层的现象，这会给铁尾矿泡沫混凝土发泡过程中带来气泡上升等问题。

(2) 对吸水率的影响

铁尾矿泡沫混凝土的吸水率会受到孔隙率的影响，表观密度的大小直接影响了孔隙率，所以表观密度与吸水率之间存在线性关系，即表观密度越小，泡沫混凝土越密实，吸水率越小。表观密度对铁尾矿泡沫混凝土吸水率的影响如图3-37所示。

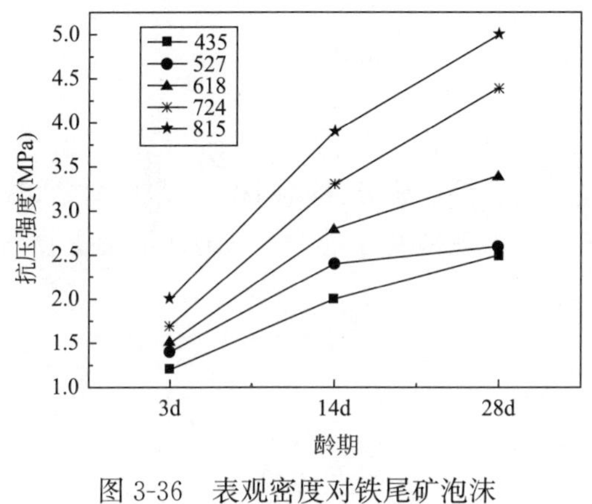

图3-36 表观密度对铁尾矿泡沫混凝土抗压强度的影响

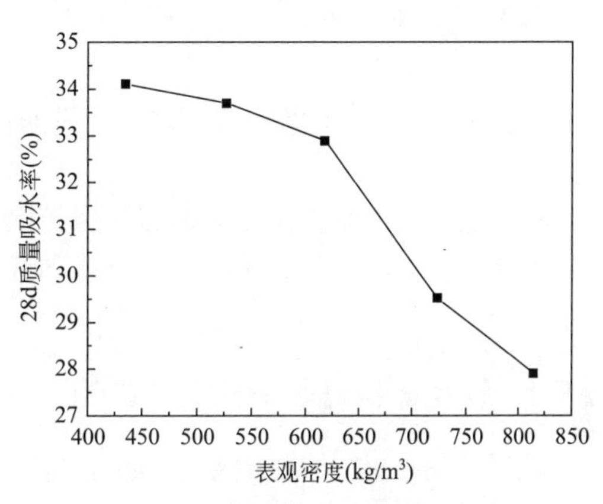

图3-37 表观密度对铁尾矿泡沫混凝土吸水率的影响

由图3-37可见，表观密度越大，铁尾矿泡沫混凝土的吸水率越小。表观密度在435～618kg/m^{3}范围内时，吸水率变化平缓，超过618kg/m^{3}后，吸水率快速下降。

铁尾矿泡沫混凝土表观密度和吸水率的关系类似于普通混凝土，因为二者的吸水率影响途径相同，都与孔隙率的大小相关，孔隙率较小，连通孔的数量通常就会越少，导致吸水率下降。

3.4.6 小结

(1) 随着铁尾矿粉掺量的增加（0～40%），泡沫混凝土的凝结时间延长，流动度下降，抗压强度的极大值出现在铁尾矿粉掺量为30%时，28d抗压强度为1.3MPa，吸水率减小（41.2%～22.5%）。随着双氧水掺量（3.5%～6%）的增加，铁尾矿泡沫混凝土的抗压强度的极大值出现在双氧水掺量为30%时，28d抗压强度为1.6MPa，吸水率增大（21.8%～37.8%）。当双氧水掺量为6%时，28d抗压强度出现倒缩。随着水灰比（0.30～0.50）的增加，铁尾矿泡沫混凝土抗压强度的极大值出现在水灰比为0.35%时，28d抗压强度为2.1MPa；

(2) 当促凝剂掺量在0～1.25%范围内时，随着促凝剂掺量的增加，铁尾矿泡沫混凝土的抗压强度增加，吸水率减小；当稳泡剂掺量在0～1%范围内时，随着稳泡剂掺量的增加，铁尾矿泡沫混凝土的凝结时间延长，流动度下降，抗压强度先增加后下降，吸水率减小；当硫酸钠掺量在0～2%范围内变化时，随着硫酸钠掺量的增加，铁尾矿泡沫混凝土的凝结时间缩短，流动度下降，抗压强度先增加后下降，吸水率增大；当纤维掺量在0～0.04%范围内时，随着纤维掺量的增加，铁尾矿泡沫混凝土的凝结时间缩短，流动度下降，抗压强度变化不大，抗折强度明显增加，吸水率增大；当纤维素掺量在0～0.06%范围内时，随着纤维素掺量的增加，铁尾矿泡沫混凝土的凝结时间延长，流动度下降，与空白组相比，3d的抗压强度有所下降，28d的抗压强度先增加后下降，吸水率减小。

(3) 铁尾矿泡沫混凝土较优配比为：铁尾矿粉掺30%、双氧水掺4%、水灰比为0.35、促凝剂掺0.75%、稳泡剂掺0.5%、早强剂掺1%、纤维掺0.02%、纤维素掺0.02%，此时抗压强度为2.6MPa、吸水率为31.3%、28d收缩率为0.219%、导热系数为0.12W/m·K。

3.5 铁尾矿泡沫混凝土收缩性能研究

根据上一节的较优配比，制备铁尾矿泡沫混凝土试件，研究铁尾矿粉、双氧水、水灰比、促凝剂、硬脂酸钙、硫酸钠、纤维和纤维素以及表观密度等对铁尾矿泡沫混凝土收缩性能的影响。

3.5.1 铁尾矿粉对收缩性能的影响

铁尾矿粉掺量对泡沫混凝土收缩性能的影响如图3-38所示。

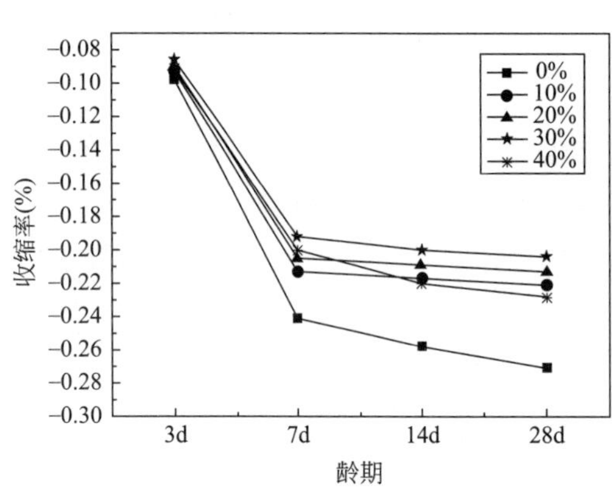

图3-38 铁尾矿粉掺量对泡沫混凝土收缩性能的影响

由图3-38可见，铁尾矿粉掺量一定时，泡沫混凝土的收缩率逐渐增加，在7d龄期内，收缩率的增长率均大于其他龄期的增长率；铁尾矿粉掺量由0增加到30%时，同期收缩率随掺量的增加而减小，但当铁尾矿粉掺量增至40%时，收缩率反而增大。

掺入铁尾矿粉后收缩率下降是因为铁尾矿粉的稳定性非常好，等体积取代胶凝材料后使试件收缩率相应下降，当掺量增加到30%时，颗粒之间相互接触，并形成骨架，起到支撑作用，限制了泡沫混凝土的干缩；但是当掺量超过30%时，由于铁尾矿粉的掺量较大，导致混合后浆体的流动性下降，影响了施工过程，破坏了结构，导致收缩率增大。

3.5.2 双氧水对收缩性能的影响

双氧水掺量对铁尾矿泡沫混凝土收缩性能的影响如图3-39所示。

由图3-39可见，相同龄期下，虽然双氧水掺量变化不大，但对收缩率影响显著，收缩率随着双氧水掺量的增加先降低后增大。

双氧水掺量在 4%～4.5%之间时，双氧水与浆体混合较好，铁尾矿泡沫混凝土发泡过程缓慢，形成的气泡比较完整、稳定，气泡壁成型较好，脱模后，泡沫混凝土没有出现上下层气泡不均的现象。双氧水掺量为 4.5%时，收缩率最低；掺量为 3.5%时，发泡量较少，气泡成型不好，气泡壁不完整，收缩率大；双氧水掺量在 5%～6%之间时，铁尾矿泡沫混凝土的发泡速度很快，且形成的气泡比较多，尺寸也大，易破裂，导致收缩率大。

3.5.3　水灰比对收缩性能的影响

水灰比对铁尾矿泡沫混凝土收缩性能的影响如图 3-40 所示。

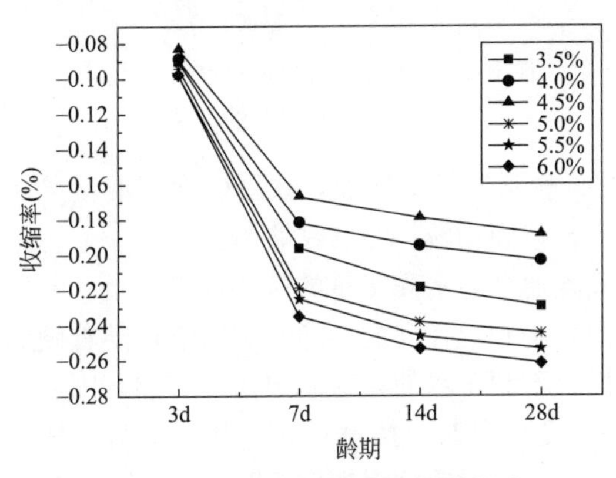

图 3-39　双氧水掺量对铁尾矿泡沫混凝土收缩性能的影响

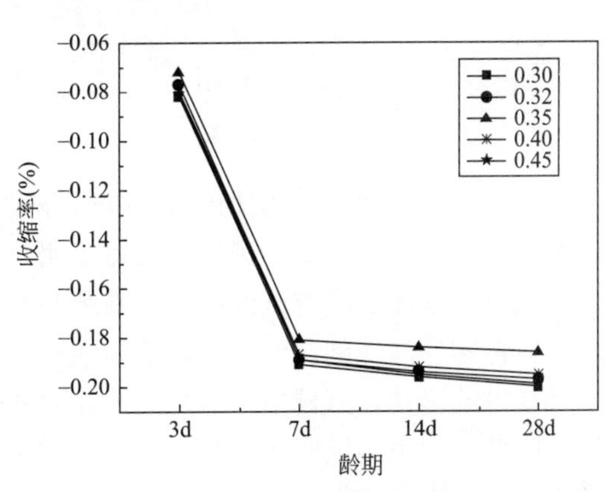

图 3-40　水灰比对铁尾矿泡沫混凝土收缩性能的影响

由图 3-40 可见，相同龄期下，水灰比在 0.30～0.35 之间时，收缩率随着水灰比的增大而减小；继续增大水灰比时，收缩率反而随着水灰比的增大而增大。

当水灰比较小时，流动性较差，浆体的均匀性下降，泡沫混凝土上下层气孔明显不均匀，同时，体系中自由水的含量相对不足，骨架中的胶凝毛细管内缺水，产生自干燥作用，造成自收缩。当水灰比在 0.35 左右时，所用水量基本满足胶凝材料的水化反应，不会发生干缩，因此收缩率低。当水灰比增大时，泡沫混凝土内部的水分随水灰比的增大而增多，此时干缩占主导，所以水灰比增大，收缩率增大。

3.5.4　改性组分对收缩性能的影响

（1）促凝剂的影响

促凝剂掺量对铁尾矿泡沫混凝土收缩性能的影响如图 3-41 所示。

由图 3-41 可见，龄期相同条件下，铁尾矿泡沫混凝土收缩率随着促凝剂掺量的增加而降低。掺入促凝剂后，铁尾矿泡沫混凝土的气泡尺寸变小，稳定性提高，收缩率降低。水泥水化速率较快，化学收缩和自收缩较大，此外，早期铁尾矿泡沫混凝土内外湿度差较大，干缩也较大。自收缩、干缩和化学收缩的综合作用导致铁尾矿泡沫混凝土收缩率的增大速率在 7d 龄期内较快。

（2）硬脂酸钙的影响

硬脂酸钙掺量对铁尾矿泡沫混凝土收缩性能的影响如图 3-42 所示。

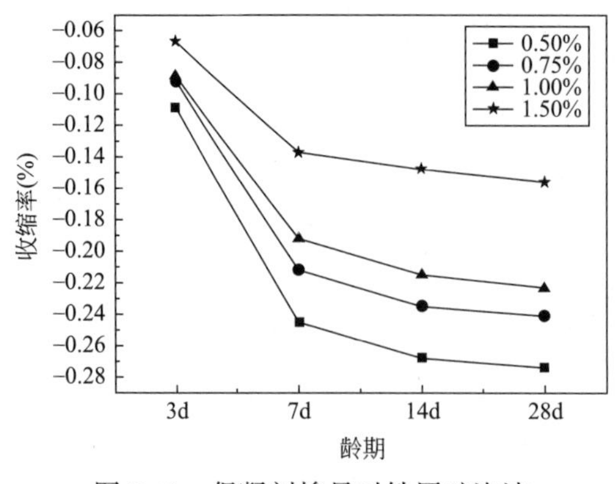

图 3-41 促凝剂掺量对铁尾矿泡沫混凝土收缩性能的影响

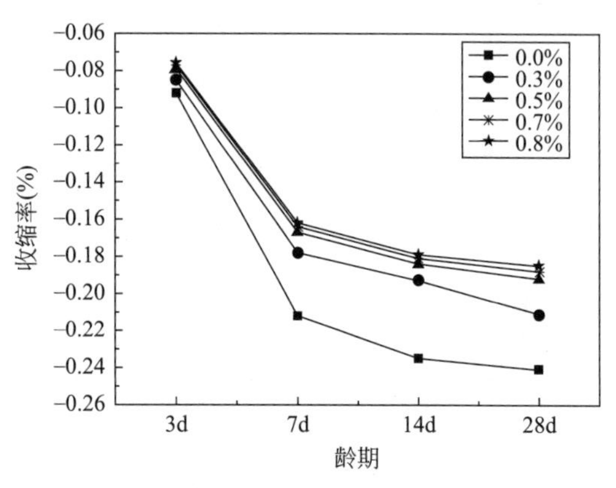

图 3-42 硬脂酸钙掺量对铁尾矿泡沫混凝土收缩性能的影响

由图 3-42 可见，龄期相同条件下，随着硬脂酸钙掺量的增加，铁尾矿泡沫混凝土的收缩率减小。掺入硬脂酸钙后，收缩率明显小于未掺硬脂酸钙时的收缩率。

铁尾矿泡沫混凝土试件内部气泡之间的相互连通会为水和热量的转移提供途径，导致水分非常容易渗入到试件内部。硬脂酸钙对气泡大小和泡孔间的连通率有影响，随着硬脂酸钙掺量的增加，试件中气泡之间的连通率降低，不利于水的转移和热量的传递，因而收缩率降低。但由于硬脂酸钙的憎水性，其掺入量受到限制，掺量过大，其不宜与浆体混合，无法在体系中发挥作用，所以较大的硬脂酸钙掺量时收缩率变化不明显。

铁尾矿泡沫混凝土中的气泡是分散在水泥浆体中的一种粗分散体系，气泡壁上存在着三相界面，因而从热力学角度上分析，该体系并不是一种稳定的体系。铁尾矿泡沫混凝土的气泡之间由一层很薄的液膜分隔开，气泡的稳定与否取决于这层液膜的表面黏度、弹性以及液膜内水泥浆体的黏度。硬脂酸钙可提高气泡液膜的弹性和机械强度，一方面提高了液膜内水泥浆体的黏度，降低了液膜内水泥浆体的排液速度；另一方面其吸附在气体与水泥浆体界面上，增强了液膜的表面黏度与液膜弹性，从而使得气泡的稳定性显著增强。

(3) 硫酸钠对收缩性能的影响

硫酸钠掺量对铁尾矿泡沫混凝土收缩性能的影响如图 3-43 所示。

由图 3-43 可见，硫酸钠对铁尾矿泡沫混凝土的收缩率无明显影响，其原因可能是硫酸钠的掺入，并未对铁尾矿泡沫混凝土的孔径分布产生过大影响。

(4) 纤维对收缩性能的影响

纤维掺量对铁尾矿泡沫混凝土收缩性能的影响如图 3-44 所示。

由图 3-44 可见，龄期条件下，随着纤维掺量的增加，铁尾矿泡沫混凝土的收缩率逐渐减小，水化 3d 后，收缩率之间的差值增大。

纤维表面易吸水，所以掺入纤维后，铁尾矿泡沫混凝土在后期的干燥收缩过程中，必然受到纤维的抑制，降低了其收缩力。加入纤维的铁尾矿泡沫混凝土试件内部形成了一种网状结构，起到桥联作用。纤维在铁尾矿泡沫混凝土中呈无序分布，大量水化产物附着在纤维上，纤维与浆体的化学键合、机械啮合作用强，使得浆体离析、泌水所需克服的摩擦阻力大，从而阻止了浆体的离析与泌水，阻止了试件的收缩，随着纤维掺量的增加，纤维对试件的约束性增加，因此收缩下降，但是当纤维掺量过大时，不利于纤维与浆体混合均

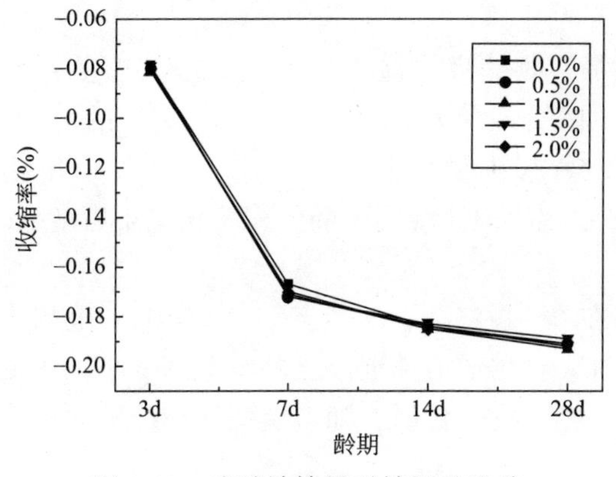

图 3-43　硫酸钠掺量对铁尾矿泡沫混凝土收缩性能的影响

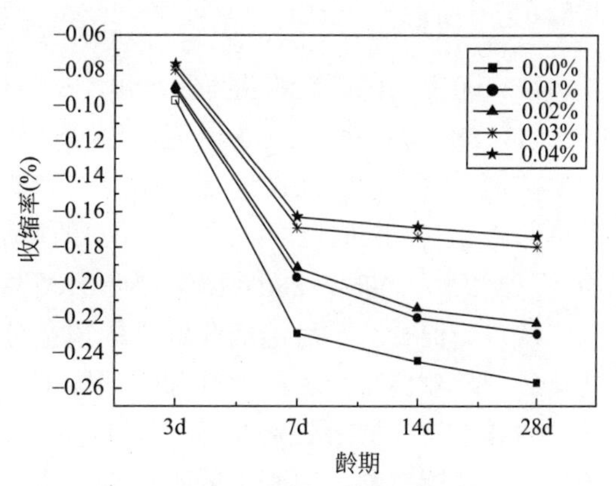

图 3-44　纤维掺量对铁尾矿泡沫混凝土收缩性能的影响

匀，当纤维掺量为 0.04%时，在搅拌机的叶片上会残留许多纤维，在浇筑过程中，纤维也会粘在试模的内壁上，因此，建议纤维掺量不宜超过水泥用量的 0.02%。

(5) 纤维素对收缩性能的影响

纤维素掺量对铁尾矿泡沫混凝土收缩性能的影响如图 3-45 所示。

由图 3-45 可见，纤维素对铁尾矿泡沫混凝土的收缩率无明显影响，随着纤维素掺量的增加，水化 3d 的混凝土的收缩率降低，其余龄期下影响很小。

纤维素可以降低 3d 龄期下的收缩率，可能是增强了液膜的强度，但是，对后期影响不大。

3.5.5　表观密度对铁尾矿泡沫混凝土收缩性能的影响

表观密度对铁尾矿泡沫混凝土收缩性能的影响如图 3-46 所示。

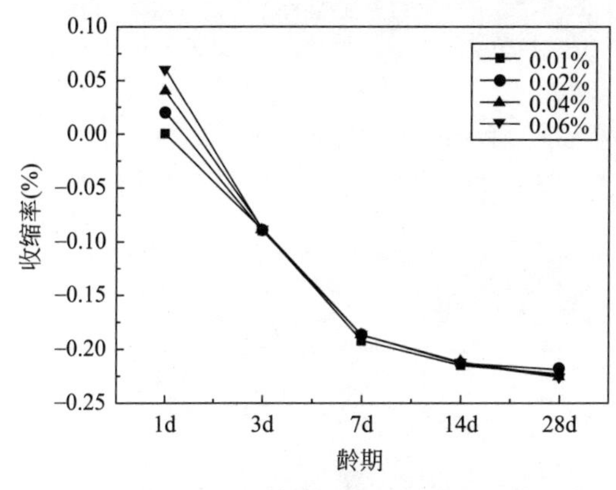

图 3-45　纤维素掺量对铁尾矿泡沫混凝土收缩性能的影响

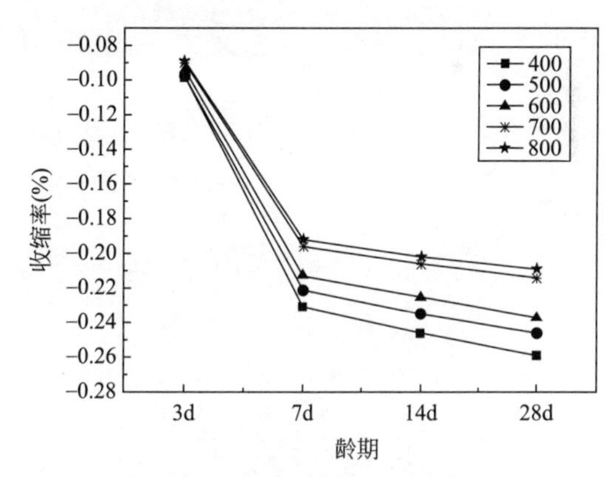

图 3-46　表观密度对铁尾矿泡沫混凝土收缩性能的影响

由图 3-46 可见，龄期相同条件下，随着表观密度的增大，收缩率逐渐减小。

铁尾矿泡沫混凝土的密实度越高，收缩率越小，因为同体积下，试件所含孔隙率越低，表观密度越大，性能上越接近普通混凝土的性能。

3.5.6 小结

（1）随着铁尾矿粉掺量（0～40%）的增加，收缩率先减小后增大。当其掺量达到30%时，28d收缩率达到最小值，为0.204%。随着双氧水掺量（3.5%～6%）的增加，铁尾矿泡沫混凝土的收缩率先减小后增大。当其掺量达到4.5%时，28d收缩率为0.188%。随着水灰比（0.30～0.50）的增加，铁尾矿泡沫混凝土的收缩率先减小后增大。当水灰比为0.35时，28d收缩率为0.186%。

（2）当促凝剂、稳泡剂和纤维的掺量分别在0～1.25%、0～1%和0～0.04%范围内变化时，随着促凝剂、稳泡剂和纤维掺量的增加，铁尾矿泡沫混凝土的收缩率减小；当硫酸钠和纤维素的掺量分别在0～2%和0～0.06%范围内变化时，随着硫酸钠和纤维素掺量的增加，铁尾矿泡沫混凝土的收缩率无明显变化。

3.6 铁尾矿泡沫混凝土的微观结构和孔结构研究

3.6.1 铁尾矿泡沫混凝土的微观结构分析

不同铁尾矿粉、双氧水、促凝剂、硫酸钠以及纤维掺量下，铁尾矿泡沫混凝土水化28d的水化产物的微观结构分别如图3-47～图3-51所示。

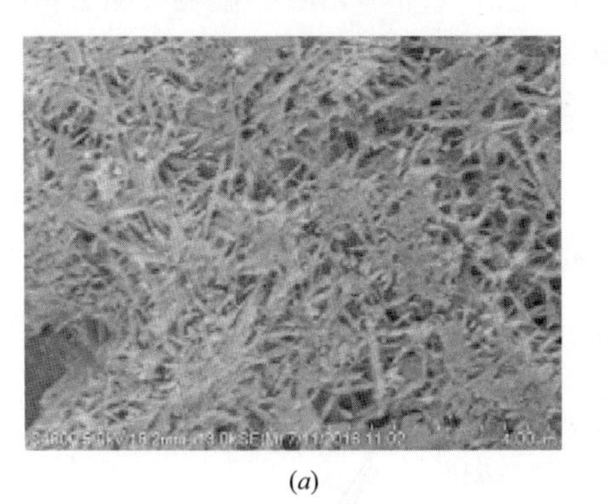
(*a*)

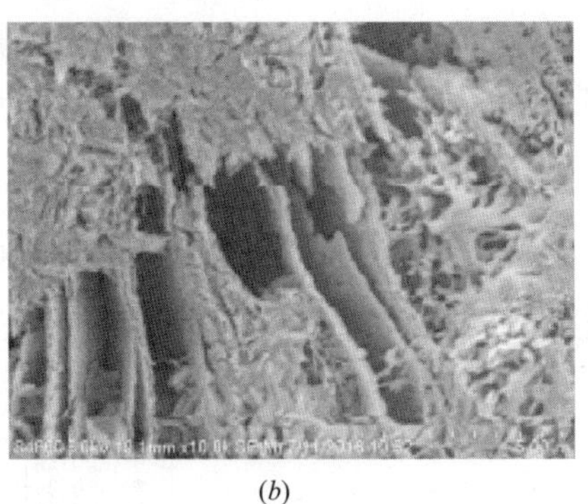
(*b*)

图3-47　不同铁尾矿粉掺量的泡沫混凝土水化产物的微观结构

（*a*）铁尾矿粉掺30%；（*b*）铁尾矿粉掺40%

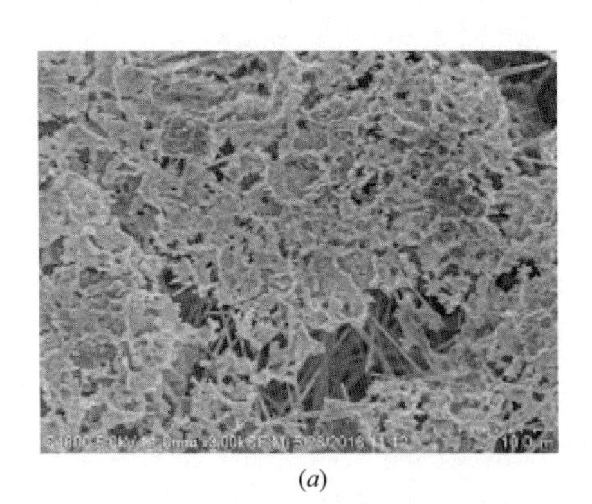
(*a*)

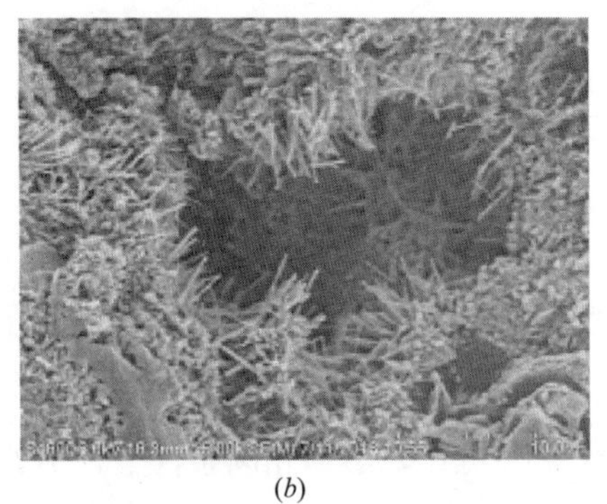
(*b*)

图3-48　不同双氧水掺量的铁尾矿泡沫混凝土水化产物的微观结构

（*a*）双氧水掺4.5%；（*b*）双氧水掺5%

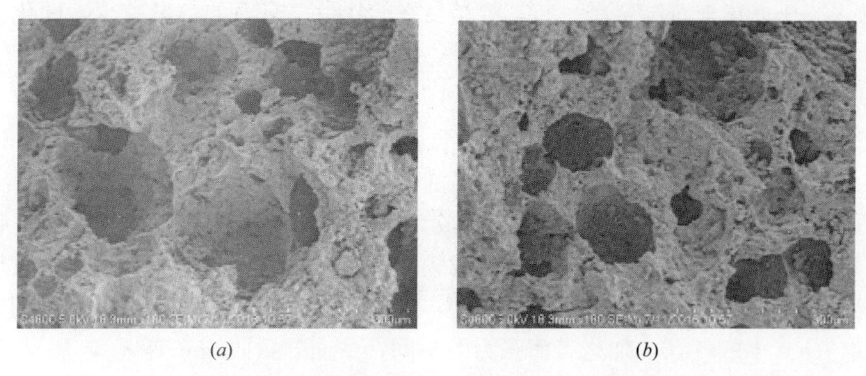

(*a*)　　(*b*)

图 3-49　不同促凝剂掺量的铁尾矿泡沫混凝土水化产物的微观结构

（*a*）未掺促凝剂；（*b*）促凝剂掺 0.75％

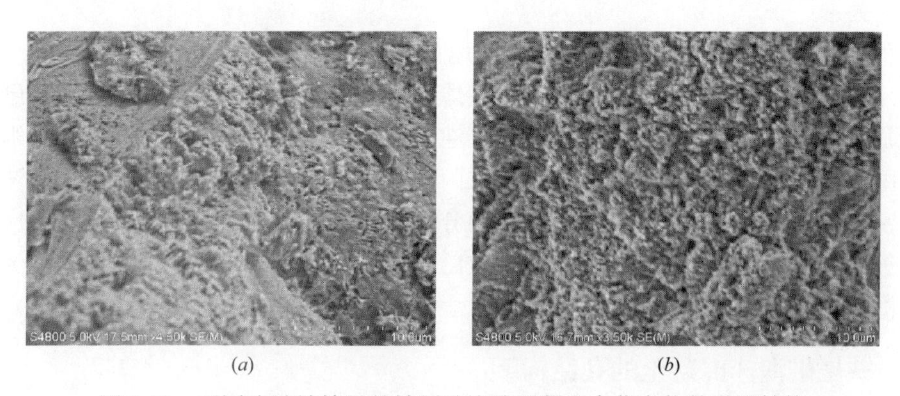

(*a*)　　(*b*)

图 3-50　不同硫酸钠掺量的铁尾矿泡沫混凝土水化产物的微观结构

（*a*）未掺硫酸钠；（*b*）硫酸钠掺 1％

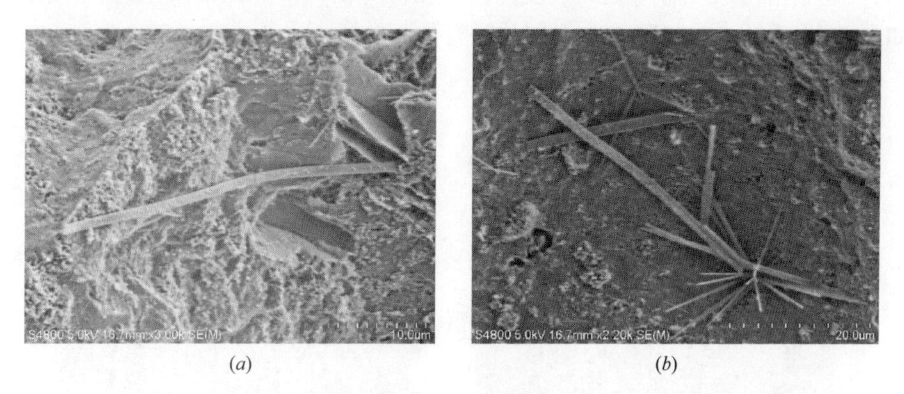

(*a*)　　(*b*)

图 3-51　不同纤维掺量的铁尾矿泡沫混凝土水化产物的微观结构

（*a*）纤维掺 0.01％；（*b*）纤维掺 0.02％

由图 3-47 可见，图 3-47(*a*）的水化产物中存在钙矾石，并形成网状结构，这种结构有利于试件抗压强度提高以及收缩率的降低，阻止裂纹的产生和发展，削弱试件的集中应力，从而降低铁尾矿泡沫混凝土的收缩率；随着铁尾矿粉的增加，结构中托贝莫来石由短纤维状转变为针片状，水化产物也变得松散，水化产物多为 C-S-H 凝胶和少量的纤维状或片状产物，与托贝莫来石结合在一起，结晶良好的托贝莫来石的数量减少，硬化结构中存在较多的铁尾矿粉的聚集现象［图 3-47(*b*)］，影响了抗压强度和收缩率。

图 3-48 中，当双氧水掺量为 4.5％时［图 3-48(*a*)］，水化产物中的钙矾石可以对气泡进行填充，削弱气泡的扩张，以形成稳定的气泡；而当双氧水掺量为 5％时［图 3-48(*b*)］，所形成的钙矾石不足以填充气泡，不利于气泡的稳定存在，故收缩率较大。

由图 3-49 可见，在铁尾矿泡沫混凝土成型过程中，促凝剂的加入可以促进胶凝材料的凝结，有利于防止塌模现象；当凝结时间较长时，由于胶凝材料的水化速度较慢，使泡沫的稳定时间与胶凝材料的凝结时间不协调，影响孔隙尺寸，如图 3-49(*a*) 中的气孔明显大于图 3-49(*b*) 中的气孔，加之表面张力的不同，从而导致收缩率变化。

由图 3-50 可见，图 3-50(*a*) 中絮状产物远少于图 3-50(*b*) 中的量，这种絮状产物对抗压强度起到了提高作用，这可能与硫酸钠的掺入明显加快了铁尾矿泡沫混凝土的早期水化速率有关。

由图 3-51 可以看出，纤维的掺入对铁尾矿泡沫混凝土的结构影响并不是十分显著。当掺入纤维后，就像在铁尾矿泡沫混凝土基体中植入了“钢筋”一样，增强了铁尾矿泡沫混凝土基体的连续性，有效地限制了铁尾矿泡沫混凝土早期裂缝的产生，随着纤维掺量的增加，由图可以看出铁尾矿泡沫混凝土与聚丙烯纤维结合越好，填补了铁尾矿泡沫混凝土中的非密实部分形成的孔隙，同时这些乱向分布的纤维也有效降低了裂纹两端的应力集中程度，进而防止了铁尾矿泡沫混凝土微裂纹的产生和进一步扩大，在宏观上表现为提高了铁尾矿泡沫混凝土的抗折强度。

3.6.2 铁尾矿泡沫混凝土的孔结构

铁尾矿泡沫混凝土作为一种多孔结构的材料，其理想的孔结构应为蜂窝状的封闭孔，这些封闭孔应紧密排列，有一定的强度。利用相机对铁尾矿泡沫混凝土进行拍摄（部分试样），如图 3-52 所示，并利用 IPP 对图片进行处理分析。

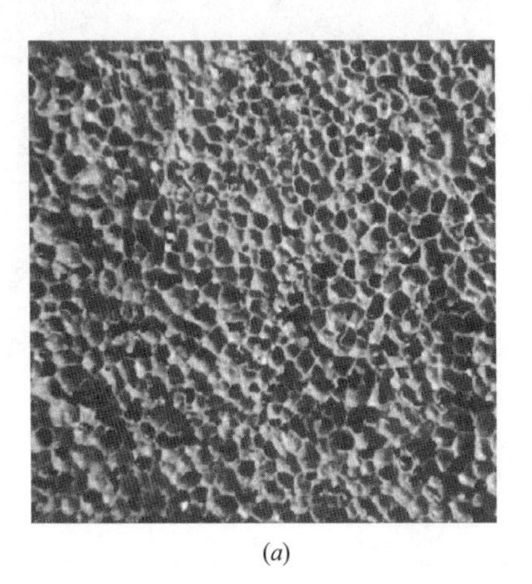

(*a*)

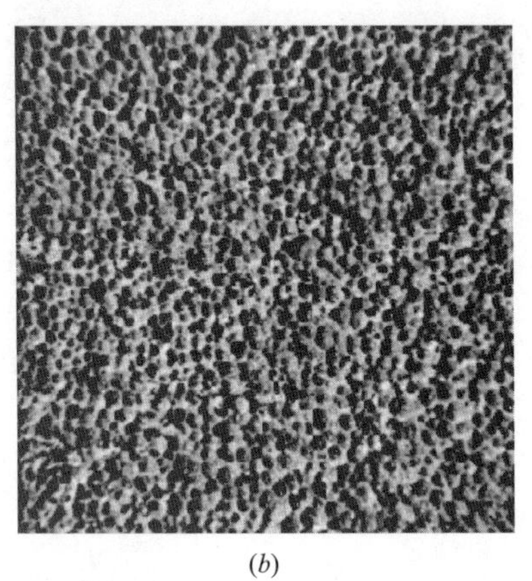

(*b*)

图 3-52　泡沫混凝土截面

(*a*) 试样 A；(*b*) 试样 B

(1) 铁尾矿对孔的影响

不同铁尾矿粉掺量时泡沫混凝土孔隙率和平均孔径见表 3-9。

不同铁尾矿粉掺量时泡沫混凝土孔隙率和平均孔径　　表 3-9

铁尾矿粉掺量(%)	0	10	20	30	40
孔隙率(%)	82.1	78.5	74.3	71.8	67.2
平均孔径(mm)	1.47	1.42	1.36	1.32	1.36

由表 3-9 可见，随着铁尾矿粉掺量由 0 增加到 30%时，铁尾矿泡沫混凝土试件的孔隙率降低，平均孔径逐渐减小，掺量超过 40%后，孔隙率继续下降，但是平均孔径却开始增大。铁尾矿粉可以改善铁尾矿泡沫混凝土试件的孔结构是由于铁尾矿粉具有填充和微集料的作用，部分取代普通硅酸盐水泥时，铁尾矿粉颗粒会填充到水泥水化产物的孔隙中，并起到一定的细化孔隙的作用，降低了平均孔径，从而提高硬化浆体的密实度。

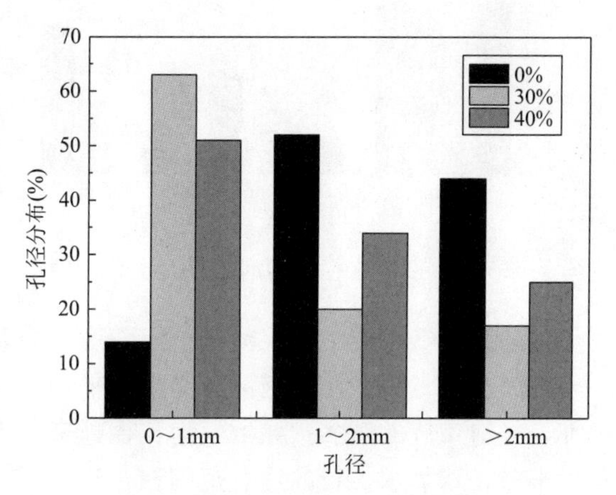

图 3-53　泡沫混凝土孔径分布

铁尾矿粉掺量为 0、30%和 40%的泡沫混凝土孔径分布如图 3-53 所示。

由图 3-53 可见，随着铁尾矿粉掺量的增加，泡沫混凝土中 0～1mm 的小孔所占的比例升高，大于 2mm 的孔所占比例减少。当铁尾矿粉掺量由 0 增加到 30%时，泡沫混凝土内部直径为 0～1mm 的小孔数量增加，大于 2mm 的孔数量减少，继续增加铁尾矿粉到 40%，0～1mm 的小孔数量减少，大于 2mm 的孔数量增加。

未掺铁尾矿粉时，泡沫混凝土中 0～1mm 的小孔所占比例数值约为 14%，大于 2mm 的孔所占比例数值约为 44%，大孔数量较多，抗压强度小，吸水率大，收缩率也很大；当铁尾矿粉掺量为 30%时，泡沫混凝土中 0～1mm 的小孔所占比例达到了 63%，大于 2mm 的孔所占比例降至 17%，此掺量下，铁尾矿粉可以很好的减少大孔的产生，抗压强度增大，吸水率减小，收缩率降低；当铁尾矿粉掺量为 40%时，泡沫混凝土的孔隙率继续降低，但是平均孔径有所增大，0～1mm 的小孔所占比例数值降至 51%，大于 2mm 的孔所占比例数值提升至 25%，因此泡沫混凝土的抗压强度下降，收缩率增大。

(2) 双氧水对孔的影响

不同双氧水掺量时铁尾矿泡沫混凝土孔隙率和平均孔径见表 3-10。

不同双氧水掺量时铁尾矿泡沫混凝土孔隙率和平均孔径　　表 3-10

双氧水掺量(%)	3.5	4	4.5	5	5.5	6
孔隙率(%)	72.8	73.1	73.4	73.8	74.3	74.5
平均孔径(mm)	1.05	1.13	1.24	1.32	1.41	1.49

由表 3-10 可知，随着双氧水掺量的增加，铁尾矿泡沫混凝土的孔隙率和平均孔径均增大。不同双氧水掺量的铁尾矿泡沫混凝土孔径分布如图 3-54 所示。

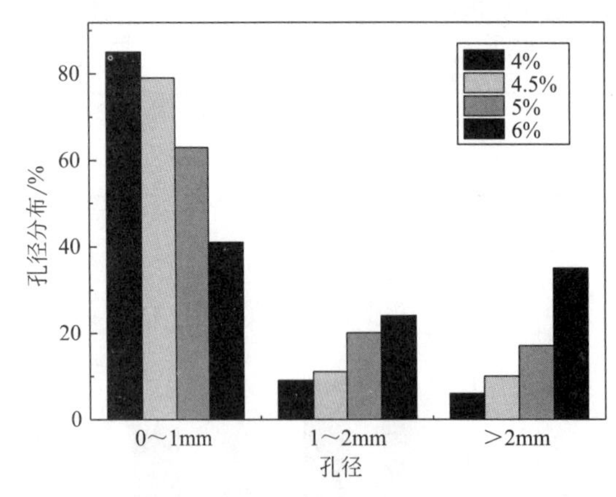

图 3-54 不同双氧水掺量的泡沫混凝土孔径分布

由图 3-54 可见，随着双氧水掺量的增加，铁尾矿泡沫混凝土 0～1mm 的小孔所占的比例减小；大于 2mm 的孔所占比例升高。

当双氧水掺量在 4%～4.5%之间时，0～1mm 的小孔所占的比例数值在 80%左右，孔径大于 2mm 的比例约为为 10%，小孔较多，大孔较少，分布较为均匀；当双氧水掺量为 5%和 6%时，0～1mm 的小孔所占的比例数值分别为 63%和 41%，孔径大于 2mm 的比例分别为 17%和 35%，大孔含量过多且气孔之间的气泡壁形成不完整，因此，铁尾矿泡沫混凝土抗压强度下降，收缩率增大。

双氧水掺量对铁尾矿泡沫混凝土的平均孔径和孔径分布存在一定的影响。双氧水掺量增加，气泡生成的越多，导致气泡孔径越来越大。从最佳孔结构参数和节约双氧水用量的角度来看，双氧水掺量的适宜范围在 4%～4.5%之间。

(3) 水灰比对孔的影响

不同水灰比时铁尾矿泡沫混凝土孔隙率和平均孔径见表 3-11。

不同水灰比时铁尾矿泡沫混凝土孔隙率和平均孔径 **表 3-11**

水灰比	0.30	0.32	0.35	0.40	0.45	0.50
孔隙率(%)	68.3	69.4	70.5	72.8	74.4	73.1
平均孔径(mm)	2.33	2.01	1.84	1.57	1.24	1.13

由表 3-11 可知，随着水灰比的增加，铁尾矿泡沫混凝土的孔隙率先上升后下降，平均孔径则持续下降。

当水灰比为 0.30 时，浆体具有较大的稠度，容易生成大孔，虽然增加了气孔膜的厚度和弹性，气泡更加稳定，但是表面气泡的气泡壁并不完整，因此，铁尾矿泡沫混凝土的抗压强度小，收缩率较高；当水灰比为 0.35 时，铁尾矿泡沫混凝土从制备到成型养护过程中，发展的都比较好，虽然孔径较大，但是气泡壁形成最好；当水灰比在 0.40%～0.50%之间时，铁尾矿泡沫混凝土浆体稠度下降，气泡壁的厚度和弹性下降，气泡越发容易破裂，因此抗压强度下降，收缩率增加。

不同水灰比的铁尾矿泡沫混凝土孔径分布如图 3-55 所示。

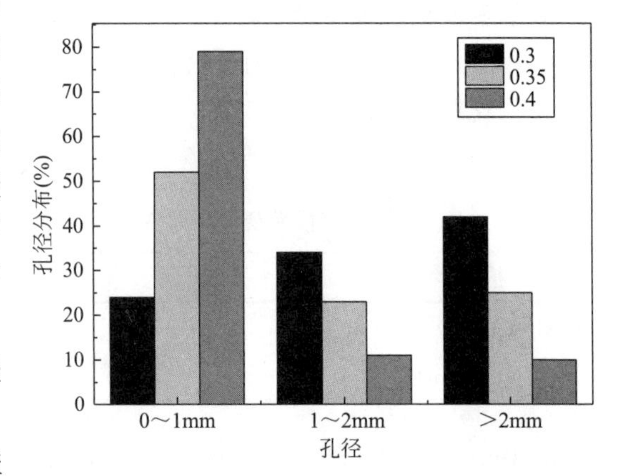

图 3-55 不同水灰比的铁尾矿泡沫混凝土孔径分布

由图 3-55 可见，水灰比为 0.40 的铁尾矿泡沫混凝土中 0～1mm 的小孔所占的比例最高，为79%；当水灰比为0.30时，其大于2mm的孔所占比例最高，为42%。

当水灰比为0.3时，水泥浆体的稠度比较大，相同用量的发泡剂产生气泡克服的阻力增大，产生的气泡尺寸增大，孔径偏大、不够均匀且其孔变形较大；当水灰比从0.3增加至0.35时，水泥浆体的稠度降低，气泡生成需要克服的阻力减小，产生的气泡尺寸减小，气孔逐渐均匀、形貌得到改善；当水灰比超过0.35后，由于浆体稠度下降，气泡到达浆体表面，气体逸出，形成贯通孔，铁尾矿泡沫混凝土吸水率增加。

(4) 促凝剂对孔的影响

不同促凝剂掺量下铁尾矿泡沫混凝土孔隙率和平均孔径见表3-12。

不同促凝剂掺量下泡沫混凝土孔隙率和平均孔径 **表3-12**

凝剂掺量(%)	0.00	0.50	0.75	1.00	1.50
孔隙率(%)	70.5	70.8	71.1	72.3	74.5
平均孔径(mm)	1.84	1.76	1.63	1.55	1.34

由表3-12可知，随着促凝剂掺量的增加，铁尾矿泡沫混凝土的孔隙率逐渐增加，平均孔径逐渐降低。

相同的铁尾矿泡沫混凝土体积下，孔隙率的增加，会导致连通孔出现的几率增加，因此，吸水率会下降。

不同促凝剂掺量的铁尾矿泡沫混凝土孔径分布如图3-56所示。

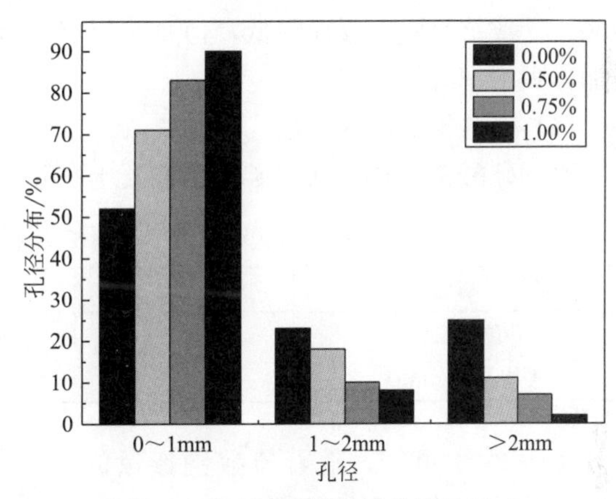

图3-56 不同促凝剂掺量的铁尾矿泡沫混凝土孔径分布

由图3-56可见，随着促凝剂掺量的增加，铁尾矿泡沫混凝土中0~1mm的小孔所占的比例增大，大于2mm的孔所占比例减小。

化学发泡法与物理发泡法制备铁尾矿泡沫混凝土不同，化学发泡法制备铁尾矿泡沫混凝土的关键是发泡剂的发泡速度与水泥浆体的凝结速度是否达到平衡。在反应过程中，如果浆体的凝结速率低于发泡速率，气泡生成的动力就大，所形成的气泡孔径大，气泡壁不完整，导致试件的抗压强度降低；如果浆体的凝结速率高于发泡速率，浆体则会迅速硬化，气泡被全部保留，但是气泡增大的动力小，形成的气泡孔径小，试件的孔隙率增加。在发泡剂的掺量确定时，以铁尾矿泡沫混凝土升起高度恰好可以填满模具且不塌陷为准。

(5) 硬脂酸钙对孔的影响

不同硬脂酸钙掺量时铁尾矿泡沫混凝土孔隙率和平均孔径见表3-13。

不同硬脂酸钙掺量时泡沫混凝土孔隙率和平均孔径 **表3-13**

硬脂酸钙掺量(%)	0.30	0.50	0.70	0.80
孔隙率(%)	68.3	71.1	72.2	73.4
平均孔径(mm)	1.71	1.63	1.60	1.62

由表 3-13 可知，随着硬脂酸钙掺量的增加，铁尾矿泡沫混凝土的孔隙率逐渐增大，平均孔径先减小后增大。适量的硬脂酸钙可以提高发泡的稳定性和气泡的均匀性。

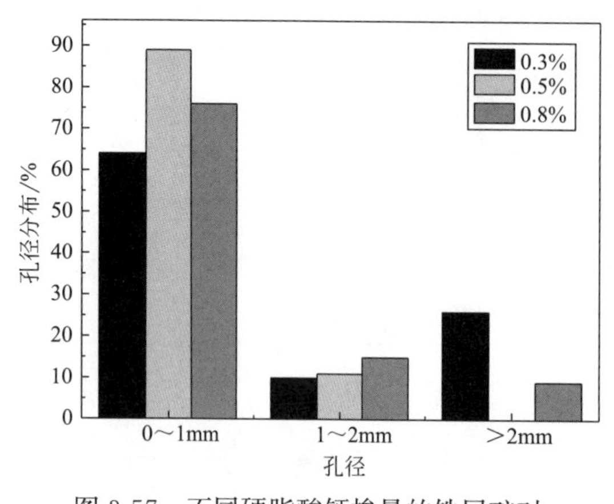

图 3-57　不同硬脂酸钙掺量的铁尾矿对泡沫混凝土孔径分布

不同硬脂酸钙掺量的铁尾矿泡沫混凝土孔径分布如图 3-57 所示。

由图 3-57 可见，随着硬脂酸钙掺量增加，铁尾矿泡沫混凝土 0～1mm 的小孔所占的比例先增加后减少；大于 2mm 的孔所占比例先减少后增加。

当硬脂酸钙掺量为 0.3%时，铁尾矿泡沫混凝土中大于 2mm 的孔所占比例较大，气泡容易发生变形，较多的连通孔导致铁尾矿泡沫混凝土的抗压强度较低，吸水率大；当硬脂酸钙掺量增加到 0.5%时，由于硬脂酸钙改善了气泡的形貌，抑制了气泡之间的连通，铁尾矿泡沫混凝土的内部气泡孔径均小于 2mm，因此铁尾矿泡沫混凝土的抗压强度增大，吸水率降低；当硬脂酸钙掺量继续增加至 0.8%时，由于硬脂酸钙分散气泡能力下降，大于 2mm 的气泡开始增多，导致抗压强度反而降低，但是其仍然具有抑制气泡连通的作用，因此，随着其掺量增加，吸水率继续下降。

（6）硫酸钠对孔的影响

不同硫酸钠掺量下铁尾矿泡沫混凝土孔隙率和平均孔径见表 3-14。

不同硫酸钠掺量下铁尾矿泡沫混凝土孔隙率和平均孔径　　表 3-14

硫酸钠掺量(%)	0	0.50	1.00	1.50
孔隙率(%)	69.1	69.6	69.8	68.1
平均孔径(mm)	1.63	1.63	1.59	1.61

由表 3-14 可知，随着硫酸钠掺量的增加，铁尾矿泡沫混凝土的孔隙率增加；平均孔径减小，但孔隙率和平均孔径的变化均不大。

硫酸钠在一定掺量下可以明显改善铁尾矿泡沫混凝土的孔结构，并细化孔径，但当掺量过大时，硫酸钠也会产生负影响。其原因可能与硫酸钠加快了水泥水化反应的速度有关，相同龄期时会生成相对较多的水化产物，对浆体的孔隙进行填充。

不同硫酸钠掺量的铁尾矿泡沫混凝土孔径分布如图 3-58 所示。

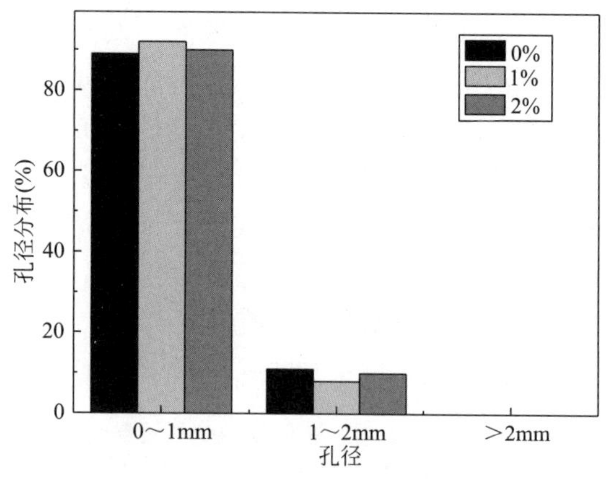

图 3-58　不同硫酸钠掺量的铁尾矿泡沫混凝土孔径分布

由图 3-58 可见，随着硫酸钠掺量增加，铁尾矿泡沫混凝土中 0～1mm 的小孔所占的比例先增多后减少，并未出现大于 2mm 的孔。

(7) 纤维对孔的影响

不同纤维掺量下铁尾矿泡沫混凝土的孔隙率和平均孔径见表 3-15。

不同纤维掺量下铁尾矿泡沫混凝土孔隙率和平均孔径　　表 3-15

纤维掺量(%)	0.00	0.01	0.02	0.03	0.04
孔隙率(%)	67.8	68.7	71.5	71.8	80.1
平均孔径(mm)	1.59	1.64	1.68	1.69	1.69

由表 3-15 可知，随着纤维掺量的增加，铁尾矿泡沫混凝土的孔隙率逐渐增大，平均孔径缓慢增大，直至趋于稳定。纤维有可能导致气泡破裂、孔隙率的增大、连通孔增多，导致吸水率增加。

不同纤维掺量的铁尾矿泡沫混凝土孔径分布如图 3-59 所示。

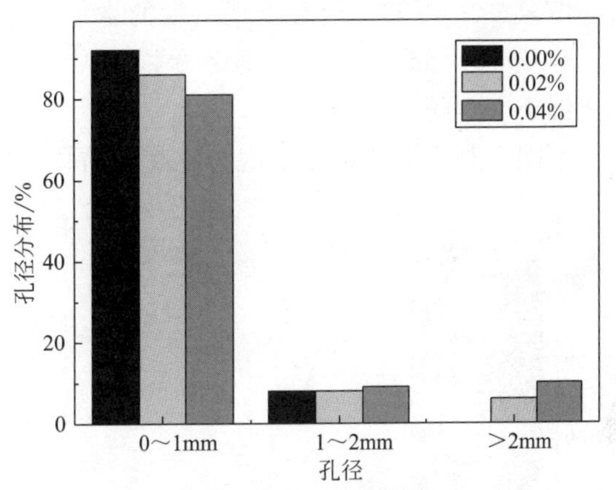

图 3-59　不同纤维掺量的铁尾矿泡沫混凝土孔径分布

由图 3-59 可见，随着纤维掺量增加，铁尾矿泡沫混凝土中 0～1mm 的小孔所占的比例减小，大于 2mm 的孔所占比例逐渐增加。当纤维掺量在 0.02%时，浆体泌水和泡沫稳定性略微改善，成型后的混凝土中的平均孔径较大；当纤维掺量达到 0.04%时，浆体的黏稠度较大，气泡不能均匀的混合在浆体中。由于纤维自身呈线状，其分散在泡沫混凝土中，可能为气泡液膜流动提供路径，因而会在泡沫混凝土中产生粒径较大的气孔，但液膜的流动却可以增加泡沫混凝土的抗折强度，其次，纤维穿插在气孔之间，导致收缩率下降。

不同纤维素掺量下铁尾矿泡沫混凝土的孔隙率和平均孔径见表 3-16。

不同纤维素掺量下铁尾矿泡沫混凝土的孔隙率和平均孔径　　表 3-16

纤维素掺量(%)	0.00	0.02	0.04	0.06
孔隙率(%)	71.5	75.4	79.6	81.5
平均孔径(mm)	1.68	1.32	1.17	1.01

由表 3-16 可知，随着纤维素掺量的增加，铁尾矿泡沫混凝土的孔隙率和平均孔径均减小。纤维素能细化孔径，改善孔径分布。

不同纤维素掺量的铁尾矿泡沫混凝土孔径分布如图 3-60 所示。

由图 3-60 可见，随着纤维素掺量的增加，铁尾矿泡沫混凝土中 0～1mm 的小孔所占的比例减小，大于 2mm 的孔所占比例逐渐增加。纤维素均匀分散在水泥浆体中，进一步增加了泡沫混凝土中气泡液膜的韧性，使其不易破裂，并形成了闭合孔，从而提高了试件的密实性，使其抗压强度增强，但是，当其掺量过大时，浆体稠度过大，混合不均匀，抗压强度下降。

(8) 表观密度对孔的影响

不同表观密度下铁尾矿泡沫混凝土的孔隙率和平均孔径见表 3-17。

不同表观密度下铁尾矿泡沫混凝土孔隙率和平均孔径　　表 3-17

表观密度(kg/m^3)	400	500	600	700	800
孔隙率(%)	75.4	73.1	70.3	66.5	62.2
平均孔径(mm)	1.32	1.32	1.17	1.01	0.97

由表 3-17 可知，随着表观密度的增加，铁尾矿泡沫混凝土的孔隙率逐渐减小，平均孔径也减小。导致表观密度变化的主要原因是在其内部孔隙率减少，且引入的气孔多为均匀、细小、封闭的气泡。

不同表观密度的铁尾矿泡沫混凝土的孔径分布如图 3-61 所示。

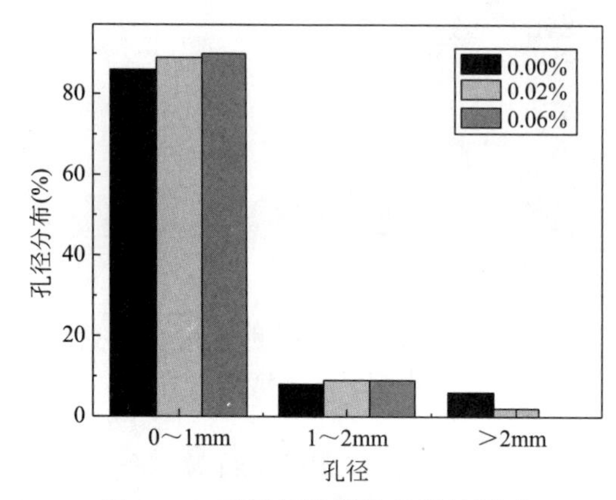

图 3-60　不同纤维素掺量的铁尾矿泡沫混凝土孔径分布

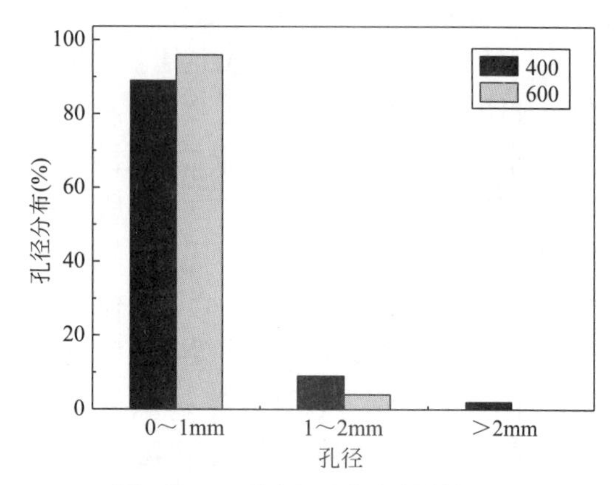

图 3-61　不同表观密度的铁尾矿泡沫混凝土孔径分布

由图 3-61 可见，随着表观密度增加，铁尾矿泡沫混凝土中 0～1mm 的小孔所占的比例增大，大于 2mm 的孔所占比例减小。

随着表观密度的增加，铁尾矿泡沫混凝土的孔结构发生了较大变化：当表观密度为 400kg/m^3 时，孔隙率较大，结构中大孔所占的比例为 2%；表观密度为 600kg/m^3 时，孔隙率较少，结构中大孔很少，气泡更加均匀。这可能是表观密度增加致使试件抗压强度增加、吸水率和收缩率下降的原因。

3.7　小结

通过研究铁尾矿粉、双氧水、水灰比、促凝剂、硬脂酸钙、硫酸钠、纤维和纤维素对铁尾矿泡沫混凝土物理力学性能、收缩性能、微观结构和孔结构特征的影响，总结如下：

(1) 随着铁尾矿粉掺量的增加 (0～40%)，泡沫混凝土的抗压强度先增加后下降，收缩率先减小后增大；随着双氧水掺量的增加 (3.5%～6%)，铁尾矿泡沫混凝土的抗压强度先增加后下降，收缩率先减小后增大；随着水灰比的增加（0.30～0.50），铁尾矿泡沫混凝土的抗压强度先增加后下降，吸水率出现波动性变化，收缩率先减小后增大。

（2）随着促凝剂掺量的增加（0～1.25%），铁尾矿泡沫混凝土的抗压强度增加，吸水率减小，收缩率减小；随着稳泡剂掺量（0～1%）的增加，铁尾矿泡沫混凝土的抗压强度先增加后下降，吸水率减小，收缩率减小。

（3）随着硫酸钠掺量的增加（0～2%），铁尾矿泡沫混凝土的抗压强度先增加后下降，吸水率增大，收缩率不变；随着纤维掺量的增加（0～0.04%），铁尾矿泡沫混凝土的抗压强度变化不大，抗折强度增加，吸水率增大，收缩率减小；随着纤维素掺量的增加（0～0.06%），与空白组相比，铁尾矿泡沫混凝土3d的抗压强度有所下降，28d的抗压强度先增加后下降，吸水率减小，收缩率不变。

（4）铁尾矿泡沫混凝土最佳配比为：铁尾矿粉掺30%、双氧水掺4%、水灰比为0.35、促凝剂掺0.75%、稳泡剂掺0.5%、早强剂掺1%、纤维掺0.02%、纤维素掺0.02%，此时抗压强度为2.6MPa、吸水率为31.3%、28d收缩率为0.219%、导热系数为0.12W/m·K。

（5）当微观结构中存在大量的钙矾石，且钙矾石可以形成网状结构时，铁尾矿泡沫混凝土的抗压强度较高，收缩率较低。铁尾矿泡沫混凝土的宏观性能由孔隙率和孔径分布的共同作用决定。

本章参考文献

[1] 田雨泽，等.铁尾矿粉对碱矿渣泡沫混凝土力学性能的研究 [J].北京工业大学学报，2016（5）：743-747.

[2] Valore R C. Cellular concrete part composition and methods of production [J]. ACIJ，1954，50：773-96.

[3] OTHUMAN M A，WANG Y C. Elevated-temperature thermal propertiesof lightweight foamed concrete [J]. Construction and building Materials，2011，25（2）：705-716.

[4] 刘立华，邢丹.发泡剂掺入量对泡沫混凝土性能的影响 [J].唐山师范学院学报，2014（2）：36-38.

[5] YODUDOAO W，SUWANVITTAYA P. Experimental study on application of electrodeposition method for decreasing carbonation and chloride penetration of cracked reinforced concrete [J]. Asian journal of civil engeering，2011，12（2）：197-204.

[6] 邱军付，等.普通硅酸盐水泥超轻泡沫混凝土的试验研究 [J].混凝土，2014（1）：38-40.

[7] 梁磊.双氧水发泡体系对无机聚合物发泡混凝土硬化性能的影响研究 [J].混凝土，2014（1），49-55.

[8] RYUJS，OTSUKIN. Expertimentalstudyonrepairofconcrete structural members by electrochemical method [J]. Scripta materiali-a，2005（52）：1123-1127.

[9] CHU Hong-qiang，WANG Pei-ming. Influence of additives on the formation of electrodeposits in the concrete cracks [J]. Journal of Wuhan University of Technology（Materials Science Edition），2011，26（2）：366-370.

[10] 陈海彬.化学发泡泡沫混凝土孔结构的调控研究 [D].河北联合大学，2015.

[11] YU R, SPIESZ P, BROUWERS H J H. Mix design and properties assessment of Ultra-High Performance Fibre Reinforced Concrete (UHPFRC) [J]. Cement and Concrete Research, 2014, 56: 29-39.

[12] NARAYANAN J S, RAMAMURTHY K. Identification of setaccelerator for enhancing the productivity of foam concrete block manufacture [J]. Construction and Building Materials, 2012 (37): 144-252.

[13] MAZLOOM M, RAMEZANIANPOUR A A, BROOKS J J. Effect of silica fume on mechanical properties of high-strength concrete [J]. Cement and Concrete Composites, 2004, 26 (4): 347-357.

[14] Cusson D, Hoogeveen T. Internal curing of high-performance concrete with presoaked fine lightweight aggregate for prevention of autogenous shrinkage cracking [J]. Cem. Concr. Res., 2008, 38 (6): 757-765.

[15] Zhukovsky S, Kovler K, Bentur A. Influence of cement paste matrix properties on the autogenous curing of high-performance concrete [J]. Cem. Concr. Compos., 2004, 26 (5): 499-507.

[16] Sahmaran M, Lachemi M, Hossain K M A, et al. Internal curing of engineered cementitious composites for pervention of early age autogenous shrinkage cracking [J]. Cem. Concr. Res., 2009, 39 (10): 893-901.

[17] Wu Z, Sun L, Wan P, et al. In situ foam-gelcasting fabrication and properties of highly porous γ-$Y_2Si_2O_7$ ceramic with multiple pore structures [J]. Scr, Mater., 2015, 103: 6-9.

[18] Rohatgi P K, Gupta N, Schultz B F, et al. The synthesis, compressive properties, and applications of metal matrix syntactic foams [J]. JOM, 2011, 63: 36-42.

[19] Panias D, Giannopoulou I P, Perraki T. Effect of synthesis parameters on the mechanical properties of fly ash-based geopolymers [J]. Coll, Surf. A, 2007, 301: 246-254.

[20] Roziere E, Loukili A, El Hachem R, et al. Durability of concrete exposed to leaching and external sulphate attacks [J]. Cement and Concrete Research, 2009, 39 (12): 1188-1198.

[21] Mohanty, Bhandari T R, Chattopadhyay V P K. Role of calcium stearate as adispersion promoter for new generation carbon black-organoclay based rubber nanocomposites for tyre application [J]. Polymer Composites, 2013, 34 (2): 214-224.

[22] RONG Z D, SUN W, XIAO H J, et al. Effect of silica fume and fly ash on hydration and microstructure evolution of cement based composites at low water-binder ratios [J]. Construction and Building, Materials, 2014, 51: 446-450.

[23] 叶青. 纳米复合水泥结构材料的研究与开发 [J]. 新型建筑材料, 2001 (9): 4-6.

[24] 贺彬, 黄海鲲, 杨江金, 等. 轻质泡沫混凝土的吸水率研究 [J]. 新型墙材, 2007, (12): 24-28.

[25] Ple O. Preliminary study of multiscale analysis in fiber reinforced concrete [J]. Materials and Structures, 2002, 5: 279-284.

[26] 蒋俊, 卢忠远, 牛云辉, 等. 外加组分对泡沫混凝土收缩性的影响研究 [J]. 混凝土, 2013, 8: 47-54.

[27] 林兴胜. 纤维增强泡沫混凝土的研制与性能 [D]. 合肥: 合肥工业大学, 2007.

[28] Chen T C. Shrinkage measurement in rials concrete materials using cure reference method [J].

Experimental M echanics，2010，50：999-1012.

[29] 丁向群，董越，邢进，等. 水性环氧树脂对铁尾矿加气混凝土力学性能及抗冻性的影响 [J]. 沈阳建筑大学学报（自然科学版），2015，5：492-499.

[30] 张巨松，邓嫔. 掺合料混凝土干缩开裂的 Cl^- 扩散系数实验 [J]. 沈阳建筑大学学报：自然科学版，2010，26（1）：130-134.

[31] De Schutte G. Influence of hydration reaction on engineering properties of hardening concrete [J]. CCR，2002，23（5）：447-452.

[32] Wu Yu，Yi Nan，Qiao Huijuan，et al. Constitutive relation model by strain compensation of high temperaturedeformation NbloZr alloy [J]. Rare Metal Mater Eng，2013，42（10）：2117.

[33] Lin Y C，Chen X M. A critical review of review of experimental results and constitutive description for metals and alloys in hot working [J]. Mater Des，2011，32：1733.

[34] Jensen O M，Hansen P F. Influence of temperature on autogenous deformation and relative humidity change in hardening cement paste [J]. Cement and Concrete Reseach，1999，29（4）：567 -575.

[35] Kadlek S，Modry S. Size effect of test specimens on tensile splitting strength of concrete：general relation [J]. Materials and Structures，2002（3）：28-34

第4章 铁尾矿加气混凝土的制备工艺

4.1 概述

加气混凝土一般是以钙质材料和硅质材料为主要原料，以铝粉作为发气剂，石膏作为调节剂，搅拌均匀、浇注成型、发气膨胀、静养切割，再经过恒温恒压的蒸汽养护而制成的轻质多孔硅酸盐制品。加气混凝土砌块主要分为B03、B04、B05、B06、B07、B08六个密度等级，立方体抗压强度在1.0～10.0MPa，热导率在0.10～0.21W/(m·K)。主要应用于工业和民用建筑的现浇混凝土结构以及建筑的外墙填充、内墙隔断，同时也可用于抗震圈梁构造、多层建筑的外墙或屋面保温隔热、复合墙体。加气混凝土的分类见表4-1。

加气混凝土分类 **表4-1**

分类	类别	特性	应用
不同原材料	单一钙质材料	石灰-砂加气混凝土	现浇混凝土结构，建筑外墙填充、内墙隔断，抗震圈梁构造，多层建筑外墙或屋面保温隔热、复合墙体
		石灰-粉煤灰加气混凝土	
	混合原材料	水泥-石灰-砂加气混凝土	
		水泥-石灰-尾矿加气混凝土	
用途	承重	密度一般在700kg/m^3～800kg/m^3	
	非承重	密度一般在500kg/m^3～600kg/m^3	
	保温	密度一般在300kg/m^3～400kg/m^3	

4.1.1 加气混凝土的结构及强度形成原理

加气混凝土的各种物理力学性能取决于蒸压养护后的混凝土结构，包括孔结构及孔壁的组成。加气混凝土的结构形成包括两个过程：一是由于铝粉与碱性水溶液之间反应产生气体使浆料膨胀以及水泥和石灰的水化凝结而形成多孔结构的物理化学过程；二是蒸压条件下钙质材料和硅质材料发生水热合成反应使强度增长的物理化学过程。

(1) 发气膨胀及气孔结构的形成

加气混凝土浆料在搅拌浇注过程中即开始化学反应，水泥、生石灰与水反应均生成$Ca(OH)_2$，整个浆料迅速变成碱性饱和溶液（pH值约12），铝粉随即与之发生反应，产生氢气。当产生的氢气量足够多时，导致浆料体积膨胀。

在浆料发气膨胀过程中一直伴随着水泥、生石灰的水化反应，直至发气结束后，水化仍然在发生。随着水化产物在液相中不断地积累，体系中的自由水分由于水化作用的进行逐渐减少，这就使溶液中水化产物的浓度逐渐增加，并很快达到饱和，继而析出微晶胶粒，随着微晶胶粒的不断增多和长大，随后形成凝聚结构。同时，料浆逐渐丧失流动性并产生能支撑自重的结构强度，此时气孔结构基本形成。从浆料浇注到失去流动性且具有支撑自重强度的过程称为稠化过程。料浆稠化是水泥和石灰水化凝结过程的初期阶段的表现。浆料稠化失去流动性，稳住以形成的气孔结构。随着水化的继续进行，孔壁会不断增厚，不断紧密，固相越来越多，液相越来越少，达到凝结。

加气混凝土能否形成良好的多孔结构，关键在于发气速度能否与浆料稠化速度相适应。这些都与实验中浇注温度、铝粉、物料的最佳掺量有着密切的关系。因此在加气混凝土的制备过程中，需要对物料的掺量以及浇注温度进行研究。

(2) 蒸压硬化

料浆凝结后，整个体系基本稳定，成为坯体。静停后的坯体由于具有一定的结构强度，进行切割。但是由于静停时间一般较短，静养环境湿度低，使水化产物少，结晶度差，坯体强度很低，这种初期形成的坯体尚属于半成品。因此，为了使反应充分的进行，而获得满足国家标准的加气混凝土成品，常采用蒸压养护。在高温蒸压养护过程中，坯体会进行一系列的物理化学反应，实质上是石灰和水泥水化产物 $Ca(OH)_2$ 或水泥中的硅酸二钙，硅酸三钙水化析出 C-S-H 凝胶和 $Ca(OH)_2$ 与硅质材料中的 SiO_2、Al_2O_3 以及水之间的化合反应生成托贝莫来石。随着托贝莫来石、C-S-H(B) 不断析出，新晶体数量不断增加，原来晶体不断生长，最后形成具有空间结构的结晶连生体，使加气混凝土具有足够的强度。

加气混凝土能否具有较高的强度，关键在于蒸压过程中工艺参数的制订。

4.1.2　加气混凝土的优点

(1) 重量轻

加气混凝土的孔隙达 70%～85%，体积密度一般为 400～900kg/m^3，为普通混凝土的 1/5，黏土砖的 1/4，空心砖的 1/3，与木质材料密度相差不多，能浮于水。可减轻建筑物自重，进而可减小建筑物的基础及梁、柱等结构件的尺寸，大幅度降低建筑物的综合造价，并且提高建筑物的抗震能力。

(2) 防火

加气混凝土的主要原材料大多为无机材料，而无机材料不易燃，故具有良好的耐火性能，并且遇火不会产生有害气体。耐火高达 650℃，为一级耐火材料，9cm 厚墙体耐火性能达 245min，30cm 厚墙体耐火性能达 520min。

(3) 保温、隔声

加气混凝土属于多孔材料，由于材料内部具有大量的气孔和微孔，因而具有良好的保温隔热性能和吸声能力。导热系数通常为 0.09～0.22W/(m·K)，仅是黏土砖的 1/5～1/4。通常 20cm 厚的加气混凝土墙的保温隔热效果，相当于 49cm 厚的普通实心黏土砖墙。10mm 厚墙体可达到 41dB。

(4) 抗渗、耐久

因材料内部由许多独立的小气孔组成，吸水导湿缓慢，同体积吸水至饱和所需时间是黏土砖的 5 倍。用于卫生间时，墙面进行界面处理后即可直接粘贴瓷砖。材料强度稳定，在对试件大气暴露一年后测试，强度提高了 25%，十年后仍保持稳定。

(5) 抗震

同样的建筑结构，比黏土砖提高 2 个抗震级别。

(6) 环保

制造、运输、使用过程无污染，可以保护耕地、节能降耗，属绿色环保建材。

(7) 加工方便

制备加气混凝土时不需要粗骨料，具有良好的可加工性，可锯、刨、钻、钉，并可用适当的粘结材料粘结，为建筑施工创造了有利条件。

(8) 经济

加气混凝土可以用砂子、矿渣、粉煤灰、尾矿、煤矸石及生石灰、水泥等原材料生产，可以大量的利用工业废渣，综合造价比采用实心黏土砖降低 5%以上，并可以增大使用面积，大大提高建筑面积利用率。而且生产效率高，耗能较低，单位制品的生产耗能仅为同体积黏土砖能耗的一半。

4.1.3 加气混凝土的国内外研究现状

(1) 国外的发展与应用

自 1881 年，德国利用石灰和硅砂在高温水热反应条件下制备出灰砂砖之后为了降低混凝土的容重，在 1889 年，捷克霍夫曼利用了盐酸和碳酸钠制造出了加气混凝土；1919 年，柏林格罗海用金属粉末作发泡剂，生产出加气混凝土；1923 年瑞典人埃里克森独创了用铝粉作为发泡剂制备加气混凝土，铝粉发气量大，并且来源广，从而为加气混凝土的大规模生产提供了条件。此后，随着工艺、技术以及设备的改进，工业化生产日益成熟，在 1929 年瑞典就进行了大规模工业化的生产并有了世界上最早的加气混凝土厂，生产出来的加气混凝土具有良好的保温性，其产品在瑞典、德国等国家得到了广泛应用。

至今不到 70 年的时间里，加气混凝土得到了前所未有的发展，瑞典相继形成了“伊通”和“西波列克斯”两大专利及相应的一批工厂。“伊通”技术已在 23 个国家建立了 44 条生产线，每年生产规模高达 1184 万 km^3，许多国家都开始引进生产技术，并自主研发新的加气混凝土制备技术，获得新的发明专利，例如德国的海波尔、荷兰的求劳克斯、波兰的乌尼泊尔、丹麦的司梯玛。二战前，生产加气混凝土的国家主要集中在北欧，总产量也不过 100 万 m^3，至今，无论是寒冷地区还是炎热地带，生产和应用加气混凝土的国家大约有 70 多个。加气混凝土砌块主要应用于低层建筑，如个人住宅和少数一些公共设施中，在应用过程中也形成了相应的应用规程和标准。

N. Narayanan，K. Ramamurthy 等制备了水泥基加气混凝土，并以砂子或粉煤灰为填料，通过对加气混凝土抗压强度和干缩变化解释微观结构的变化，得到高温蒸压氧化对粉煤灰加气混凝土水化反应不利。HÜlya Kus，Thomas Carlsson 等对蒸压加气混凝土的显微结构变化进行了研究，特别是化学降解以及碳化过程，为加气混凝土耐久性的研究提供了依据。N. Y. Mostafa 等研究了水淬高炉渣对蒸压加气混凝土物理化学性能的影响，利用水淬高炉渣代替石灰和砂子，通过对不同的蒸养时间制品抗压强度以及水化产物的研究，得到用 50%水淬高炉渣代替低钙石灰以及 10%取代高钙石灰制备高强度加气混凝土的方法。Fumiaki Matsushita 等对蒸压加气混凝土碳化程度进行了研究。Ioannis Ioannou 等对加入正癸烷制备加气混凝土毛细吸水率进行了研究。André Hauser 等利用纤维素行业中的粉煤灰作为第二原料制备加气混凝土，并用粉煤灰取代石灰，但是导致生产的制品强度降低，证明了这种类型的粉煤灰在实践中不适用。

(2) 国内的发展与应用

我国在 20 世纪 30 年代，由上海地区最先制备和使用加气混凝土，其建筑沿用至今，在 1965 年北京建立了属于我国的最早加气混凝土厂，在 20 世纪 70 年代中期以来中央和各省市有关部门开始纷纷投资建设加气混凝土厂。截至 2007 年底，我国已经建成投产的加气混凝土厂为 596 个，加气混凝土在我国有了初步的发展。通过不断引进国外先进的设备和技术，健全理论与实践相结合，不断有学者对加气混凝土的工艺流程、原料进行创新，并通过理论研究，逐渐总结出了属于我国自己的制备加气混凝土技术，其技术水平已达到了一定的高度。但我国仍主要停留在粉煤灰、灰砂、矿渣加气混凝土的领域。

国内许多高校和研究院对加气混凝土做了不少研究，例如王舫等对程潮低硅铁尾矿运用人工手段进行激活，以低硅尾矿作为主要原料，加入磨细的石英砂、石灰、水泥和水，并选择不同的外加剂制备加气混凝土，最终在 205℃，蒸养 9h，制备的加气混凝土符合国家标准中 A3.5B06 合格品的要求；陈杰等利用硅质固体废弃物制备 B05 级加气混凝土，并对硅质材料的细度，物料掺量，养护制度进行研究以及对制品进行热工分析，为以后学者的研究提供了理论依据；袁誉飞等主要选用石灰、水泥、粉煤灰以及铝粉膏与物理引气材料共同作用成功制备出 B07-A7.5 蒸压加气混凝土，并应用 matlab 数字处理研究其孔结构；马磊霞等成功利用水镁石纤维加入加气混凝土提高了加气混凝土的强度；清华大学研究含水率对矿渣砂加气混凝土强度的影响，并得出在最大应力强度时的早期变形较小，后期的变形较大的结论；王秀芳将硅油和脂肪酸盐作为防水剂分别对加气混凝土进行憎水处理，发现掺脂肪酸盐效果好，并制备出表观密度为 639kg/m^3，抗压强度为 4.43MPa，饱和吸水率为 44.6%的加气混凝土。

国内的发展主要体现在南方地区，东北地区加气混凝土的生产还处于低潮期。

(3) 研究内容

尾矿的综合利用水平已然成为一个国家科技水准与经济发达程度的衡量标志。我国为了保护环境和增加能源的利用率，对黏土砖的生产采取了限制措施，鼓励使用具有节能、节土、轻质的新型墙体材料。随着我国经济的发展和钢铁行业的需求，每年都会产生大量的铁尾矿废渣，不仅危害环境，而且尾矿大量的堆积占用大量土地，如何将这些废弃物得以充分合理应用显得尤为重要。

加气混凝土砌块具有诸多优良性能，在节能和环保方面符合国家的相关政策要求，同时在建筑市场又具备广阔应用前景。因此，将尾矿和加气混凝土相结合，实为两全其美。随着经济发展，对环境保护提出了更高的要求，为了满足环境的要求，迫切需要尾矿利用相关技术的进一步突破。

研究利用尾矿制备加气混凝土的生产工艺参数，通过对尾矿的化学成分、矿物成分的分析，选取水泥、石灰作为胶凝材料，铝粉作为发泡剂以及掺加外加剂、稳泡剂制备加气混凝土。重点研究物料配合比，水料比，蒸压养护制度，发泡剂掺量对铁尾矿加气混凝土性能的影响，并进一步通过 XRD、SEM 对试样进行微观测试，研究加气混凝土制备的内部微观结构和水化产物成分的变化。结合加气混凝土力学性能的研究，通过物料配比、工艺制度的正交分析总结得到制备加气混凝土的最优配比。具体内容为：

1）对铁尾矿进行试验分析，包括化学成分、粒径级配等；

2）原料预处理。对铁尾矿粉磨，使粒径在 0.08mm 以上的铁尾矿不大于 20%；

3）宏观试验。通过不同石灰、水泥、石膏的掺量制备加气混凝土的实验，结合物料配比的正交实验，以及力学性能的测试，确定最佳物料配比。通过不同的浇注温度、静养温度，静养时间，蒸养温度、蒸养时间制备加气混凝土实验，结合工艺制度的正交实验，以及力学性能的测试，确定最佳工艺制度。通过不同的水料比，铝粉掺量，稳泡剂掺量，制备加气混凝土实验，结合正交实验，以及力学性能的测试，确定制备各种等级加气混凝土；

4）微观分析。通过对不同水泥和石灰掺量，不同钙硅比、不同蒸养时间以及蒸养温度制备加气混凝土的 XRD、SEM 的测试，探讨制备材料微观结构；

5）理论分析。通过试验数据，结合 XRD 和 SEM 对加气混凝土力学性能影响进行总结分析。

4.2 试验材料及方法

4.2.1 试验原材料

（1）铁尾矿粉

铁尾矿粉取自辽宁省本溪市歪头山，其表观密度为 2.77g/cm^3，为加气混凝土提供 SiO_2，其化学成分见表 4-1，XRD 分析如图 4-1 所示，并对铁尾矿粉的粒度进行了分析，结果见表 4-3，粒径级配曲线如图 4-2 所示。

铁尾矿粉的化学组成（%） 表 4-2

组成	SiO_2	Al_2O_3	Fe_2O_3	CaO	MgO	烧失	总计
含量	63.39	3.49	18.56	7.14	4.25	1.93	98.76

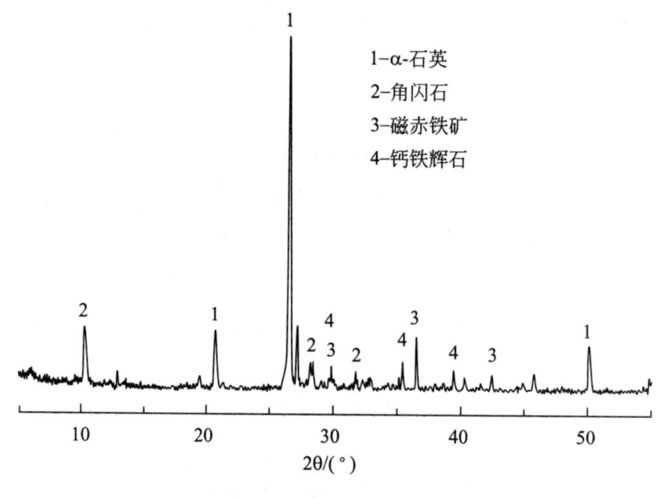

图 4-1 铁尾矿粉 XRD

由表 4-2 可知，铁尾矿粉的主要成分包括 SiO_2、Al_2O_3 和 Fe_2O_3 等，共占 86%左右（质量比），而 SiO_2 的含量为 63.39%。XRD 分析表明，在铁尾矿粉中，SiO_2 主要以α-石英的形式存在，在 26.6°左右，其衍射峰值最强，Al_2O_3 主要以普通角闪石的形式存在，Fe_2O_3 和 MgO 主要以磁赤铁矿的形式存在，CaO 主要以钙铁辉石的形式存在。

铁尾矿粉颗粒分析　　**表 4-3**

筛孔孔径(mm)	0.075	0.15	0.3	0.6	1.18	2.36	4.75
通过百分率(%)	3.2	19.3	48.3	77.7	93.4	100	100

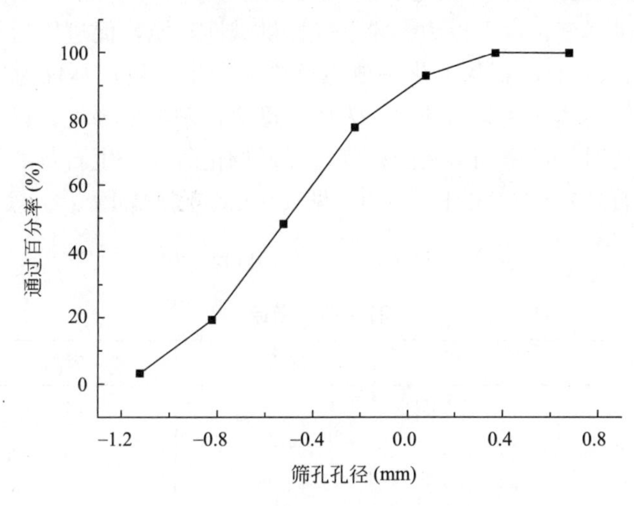

图 4-2　铁尾矿粉颗粒级配曲线

铁尾矿粉的粒径全都小于 5mm，在 0.3～0.6mm 之间的占大多数，约占 29.4%（质量比），细度模数由式(4-1) 计算，通过计算，本试验所用铁尾矿粉的细度模数为 1.623，按照砂的分类属于细砂。对于加气混凝土制备时原材料细度的要求，细骨料细度经 0.08mm 方孔筛的筛余不大于 20%。因此本实验所需的铁尾矿粉需要进行粉磨处理。

$$M_f = \frac{(A_{2.36} + A_{1.18} + A_{0.60} + A_{0.30} + A_{0.15}) - 5A_{4.75}}{100 - A_{4.75}} \tag{4-1}$$

式中　M_f—砂的细度模数；$A_{4.75}$，$A_{2.36}$，$A_{1.18}$，$A_{0.60}$，$A_{0.30}$，$A_{0.15}$ 分别为 4.75mm，2.36mm，1.18mm，0.60mm，0.30mm，0.15mm 各筛的累计筛余百分率。

(2) 水泥

选用沈阳冀东水泥有限公司的 P·O42.5 水泥，化学成分见表 4-4，性能指标见表 4-5，其主要作用是为 C-S-H 的形成提供 CaO，以及水化生成氢氧化钙提供碱性环境，保证浇筑稳定，减少坯体硬化时间，为坯体提供早期强度。

水泥化学组成（%）　　**表 4-4**

组成	SiO_2	Al_2O_3	Fe_2O_3	CaO	MgO	SO_3	R_2O	烧失量
含量	21.84	5.69	4.38	62.36	1.76	2.53	0.50	1.47

水泥性能指标　　表 4-5

细度(0.08mm 筛余)(%)	凝结时间(min)		安定性	抗折强度(MPa)		抗压强度(MPa)	
	初凝	终凝		3d	28d	3d	28d
3.4	133	212	合格	4.8	8.6	22.1	50.8

(3) 石灰

市售生石灰，有效钙含量大于 70%，消化时间 8～10min，消化温度 87℃，细度 0.08mm 筛筛余量不大于 10%。石灰作为生产加气混凝土的主要钙质材料，提供实验所需的有效 CaO，并在水热条件下与铁尾矿和水泥中的 SiO_2、Al_2O_3 相互作用，生成水化硅酸钙，并为制品提供强度，也可以为铝粉发气提供碱性环境，促进铝粉与碱进行发气反应生成氢气，见反应式(4-2)，石灰消化是放热反应，产生热量，不仅为加气混凝土浆料提供了热源，而且促使坯体加速凝结硬化，为坯体迅速带来早期强度，以便于切割；同时石灰也是水硬性胶凝材料，可增加料浆的稠度，降低稠化时间。生石灰的要求指标参照《硅酸盐建筑制品用生石灰》JC/T 621—2009，见表 4-6。

$$Al + H_2O \xrightarrow{OH^-} Al(OH)_3 + H_2 \tag{4-2}$$

石灰性能指标　　表 4-6

		优等品	一等品	合格品
A(CaO+MgO)(%)	≥	90	75	65
MgO(%)	≤	2	5	8
SiO_2(%)	≤	2	5	8
CO_2(%)	≤	2	5	7
消化速度(min)	≤	15	15	15
消化温度(℃)	≥	60	60	60
未消化残渣(%)	≤	5	10	15
0.080mm 方孔筛筛余量(%)	≤	10	15	20

(4) 调节剂

选用脱硫石膏为调节剂，脱硫石膏的化学式为 $CuSO_4 \cdot 2H_2O$，含游离水为 10%～15%，呈较细颗粒状，平均粒径为 30～70μm。化学成分见表 4-7，粒径分布见表 4-8。作为本实验制备铁尾矿加气混凝土的调节剂，既可以降低石灰的消化速度，也可对延缓水泥的水化，并且在制品静停养护时促进 C-H-S 凝胶和水化硫酸钙的生成，为坯体提供早期强度，有利于拆模和切割。在蒸养过程中，石膏还可以促使 C-S-H(B) 向叶片状的托贝莫来石转化，使制品的强度提高。

脱硫石膏的化学组成 (%)　　表 4-7

组成	SiO_2	Al_2O_3	Fe_2O_3	CaO	MgO	SO_3	烧失量
含量	2.3	0.8	0.6	32.6	1.1	41.4	19.1

脱硫石膏颗粒分析 表4-8

粒度(μm)	80	60	50	40	30	20	10	5
筛余(%)	5.0	15.5	8.3	21.9	31.0	15.7	1.7	1.4

(5) 发气剂

发气剂是生产加气混凝土的关键原料，它不仅应能在浆料中发气形成大量细小而均匀的气泡，同时对混凝土性能不会产生不良影响。可以作为发气剂的材料主要有铝粉、过氧化氢、漂白剂等。采用市售铝粉为发气剂。铝是很活泼的金属，它能与酸作用置换出酸中的氢，也能与碱作用生成铝酸盐和氢气。金属铝在空气中很容易被氧化生成氧化铝，氧化铝在空气中和水中是稳定的，但是在酸碱作用下生成新的盐，使保护层破坏。我们所使用的铝粉往往颗粒表面已经氧化，因此铝粉需要在碱性环境下使用。反应化学方程式见式（4-3）和式（4-4）。

无石膏存在时：

$$2Al+3Ca(OH)_2+6H_2O \longrightarrow C_3A \cdot H_2O+3H_2\uparrow \tag{4-3}$$

有石膏存在时：

$$2Al+3Ca(OH_3)_2+3CaSO_4 \cdot 2H_2O+25H_2O \longrightarrow C_3A \cdot CaSO_4 \cdot 31H_2O+3H_2\uparrow \tag{4-4}$$

所选铝粉的产品质量及各项指标符合我国加气混凝土用铝粉的国家标准《镍及镍合金板》GB/T 2054—2013，见表4-9。

加气混凝土用铝粉技术指标 表4-9

代号	细度80μm筛余(%)	活性铝含量(%)	盖水面积(m^2/g)	油脂含量(%)
FL01	<1	≥85	0.42～0.60	2.8～3.0
FL02	<1	≥85	0.42～0.60	2.8～3.0
FL03	<0.5	≥85	0.42～0.60	2.8～3.0

注：1. 活性铝含量为铝粉中能在碱性介质中反应放出氢气的铝占铝粉总质量的百分比。
2. 盖水面积是用来反映铝粉细度和粒形的指标，是1g铝粉按单层颗粒无间隙排列在水面上所能覆盖水面的面积。

(6) 稳泡剂

经发气膨胀后的浆料很不稳定，形成的气泡很容易逸出或破裂，影响了浆料中气泡的数量和气泡尺寸的均匀性。为了减少这些现象的发生，在浆料配制时掺入一些可以降低表面张力，改变固体润湿性的表面活性剂物质来稳泡气泡。在我国加气混凝土生产中，常用的稳定剂有可溶油、氧化石蜡皂等。

氧化石蜡皂稳泡剂是石油工业的副产品，以石蜡为原料，在一定温度下通过空气进行氧化，再用苛性钠加以皂化后制得的一种饱和脂肪酸皂。使用时用水溶解成8%～10%的溶液。

4.2.2 仪器

（1）球磨机：无锡建仪仪器机械有限公司，型号：SM-500。

（2）分析电子天平：最大称量：200g，精度：0.001g。

(3) XY 系列精密电子天平：最大称量为 5kg，精度为 0.1g。

(4) 恒温干燥箱。

(5) 水热反应釜：YZF-2S 型蒸压釜。

4.2.3 测试方法

(1) 干密度测试

根据《蒸压加气混凝土性能试验方法》GB/T 11969—2008 中的规定，试件尺寸为 100mm×100mm×100mm，放入电热鼓风干燥箱内，在(60±5)℃下保温 24h，然后在(80±5)℃下保温 24h，再在(105±5)℃下烘至恒质(M_0)，记下每块试块的质量。恒质指在烘干的过程中间隔 4h，前后两次质量差不超过试件质量的 0.5%。逐块测量试块的长、宽、高三个方向的轴线尺寸，精确到 1mm，计算试块的体积 V_0。由式(4-5)进行干密度计算。

$$r_0 = \frac{M_0}{V_0} \times 10^6 \tag{4-5}$$

式中 r_0——试件的干密度(kg/m³)；

M_0——试件烘干后的质量(g)；

V_0——试件体积(mm³)。

(2) 抗压强度测试

根据《蒸压加气混凝土性能试验方法》GB/T 11969—2008 中的规定，压力机符合现行《液压式万能试验机》GB/T 3159—2008 及《试验机通用技术要求》GB/T 2611—2007 中的要求，测量精度为±1%，同时压力机加载速率可以有效控制在(2.0±0.5) kN/s。

将养护至龄期的 100mm×100mm×100mm 试块放在材料试验下压板的中心位置，试件的受压方向应垂直于制品的发起方向，开动试验机，当上压板与试件接近时，调整球座，使接触均衡，保持加载速率为(2.0±0.5) kN/s 均匀加载，记录试件破坏时的最大压力 P_1，由式(4-6)进行抗压强度计算。

$$f_{cc} = \frac{p_1}{A_1} \tag{4-6}$$

式中 f_{cc}——试件的抗压强度(MPa)；

p_1——试件破坏载荷(N)；

A_1——试件的受压面积(mm²)。

由于加气混凝土的绝干强度与试块的干密度紧密相关，所以本论文中采用比强度对各因素进行评价。比强度(R_h)定义为试块绝干抗压强度和干密度的比值，按式(4-7)进行计算：

$$R_h = R_c / \rho_0 \tag{4-7}$$

式中 R_c——试样抗压强度(MPa)；

ρ_0——绝干密度(kg/m³)。

(3) 微观分析

研究中采用粉末法将对不同钙硅比、不同蒸养时间以及蒸养温度制备加气混凝土试样在(100±5)℃温度下烘干，磨细颗粒平均粒径控制在 5μm 左右，通过 320 目的筛子，压片（制/压成薄片）后，利用DX-2000型X射线衍射仪，采用铜靶作为X射线产生物质，X=1.5406nm，起始角度为5℃，终止角为80℃，步长为0.025℃。

SEM扫描电子显微镜是利用聚焦电子束在样品上扫描时激发的某种物理信号来调制一个同步扫描的显像管在相应位置的亮度而成像的显微镜。主要特点：①焦深大，图像富有立体感，适合于物质表面形貌的研究；②放大倍数范围广，几乎覆盖了光学显微镜和TEM的范围；③固体制样一般非常方便，只要样品尺寸适合就可以放到仪器中去观察，样品的电子损伤小。利用日立S4800扫描电子显微镜，将不同物料掺量、不同钙硅比、不同蒸养时间以及蒸养温度制备加气混凝土试样破碎后，测试观察试样中间断面的微观结构特征。

(4) 试验参照的基本标准

《蒸压加气混凝土砌块》GB 11968—2006中对加气混凝土密度和抗压强度做出的规定见表4-10、表4-11。

加气混凝土砌块干密度（kg/m³）　　**表4-10**

干密度级别		B03	B04	B05	B06	B07	B08
干密度/(kg/m³)	优等品(A)≤	300	400	500	600	700	800
	合格品(B)≤	325	425	525	625	725	825

加气混凝土砌块强度级别　　**表4-11**

干密度级别		B03	B04	B05	B06	B07	B08
强度等级	优等品(A)	A1.0	A2.0	A3.5	A5.0	A7.5	A10.0
	合格品(B)			A2.5	A3.5	A5.0	A7.5

4.2.4 实验方案

试验流程图如图4-3所示。

粉磨铁尾矿粉，使其过0.08mm筛，筛余量不超过20%，根据加气混凝土的配合比计算，确定最初配比。通过正交实验，分析各主要因素对铁尾矿泡沫混凝土性能影响的规律，确定制备加气混凝土的最佳配比、最优工艺方案。并通过XRD、SEM的微观测试手段，以及试样干密度和抗压强度的测试，分析各个因素对加气混凝土力学性能的影响。

工艺流程具体如下：

(1) 将粉磨后的铁尾矿、水泥、石灰、脱硫石膏按配比计量置于搅拌锅内搅拌混合均匀；

(2) 将温水计量后，倒入搅拌锅，与物料混匀，打浆形成浆体；

(3) 加入稳泡剂，搅拌2min，再加入铝粉，搅拌1min后浇注入模；

(4) 将浇注好的模具移入70℃恒温干燥箱内静停养护2h，成型；

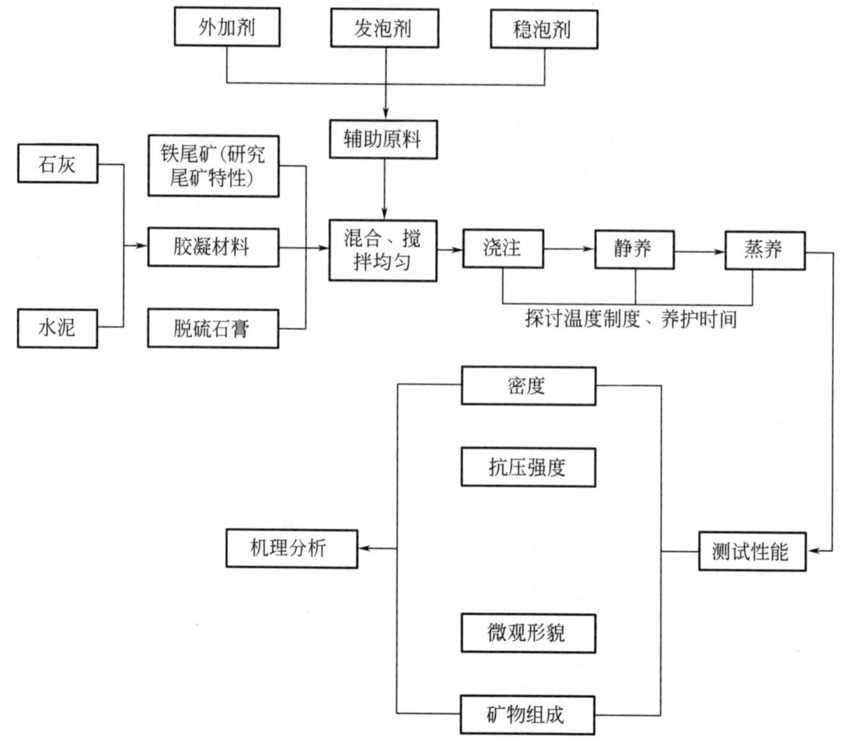

图 4-3　试验流程图

(5) 拆模，切割，送入水热反应蒸压釜中进行最后的恒温蒸压养护 7h。

4.3　物料配比对加气混凝土力学性能的影响

4.3.1　水泥掺量对加气混凝土力学性能的影响

研究水泥掺量对加气混凝土强度、比强度的关系。试验方案见表 4-12。将计量后的物料搅拌均匀加入发泡剂、外加剂、稳泡剂，在浇注温度为 45℃的水中搅拌成浆料，浇注静养成型（静养温度 70℃，静养 2h），切割后置于蒸养釜中养护（升温 2h，恒温 8h，降温 3h）。冷却后，送入养护室。

试验方案　　**表 4-12**

实验编号	原材料配比(%)				Al 粉掺量(%)	水料比
	铁尾矿	水泥	石灰	石膏		
1	60	4	25	5	0.06	0.6
2	60	7	25	5	0.06	0.6
3	60	10	25	5	0.06	0.6
4	60	13	25	5	0.06	0.6
5	60	16	25	5	0.06	0.06

基于以上方案制备加气混凝土，养护 3d、7d、28d 后，分别放入干燥箱内，在（60±

5)℃下保温 24h，然后在（80±5)℃下保温 24h，再在（105±5)℃下烘至恒质（M_0），记下每块试块的质量。计算试块的干密度，测试制品的抗压强度，并计算其比强度。水泥掺量对铁尾矿加气混凝土性能的影响如图 4-4～图 4-6 所示。

由图 4-4 可见，随着水泥掺量的增加，铁尾矿加气混凝土的密度变化不明显，当水泥掺量为 4%时，干密度为 787kg/m³，为最小值；当水泥掺量 16%时，干密度为 824kg/m³，其绝干强度先增加后减少，当水泥掺量为 13%时，绝干强度为 11.43MPa 达到最大，在水泥掺量为 10%时，制品的绝干强度为 9.6MPa。虽然在水泥掺量为 13%时加气混凝土强度最高，但考虑到经济的原因，优选水泥掺量为 10%，水泥在加气混凝土中对早期强度有很大影响，而且水泥的水化为铝粉发泡提供碱性环境。当水泥掺量过大时，反应产生过多的钙矾石，易导致加气混凝土开裂，强度降低。由图 4-5 可见，随着水泥掺量的增加，加气混凝土的比强度先增加后减小。

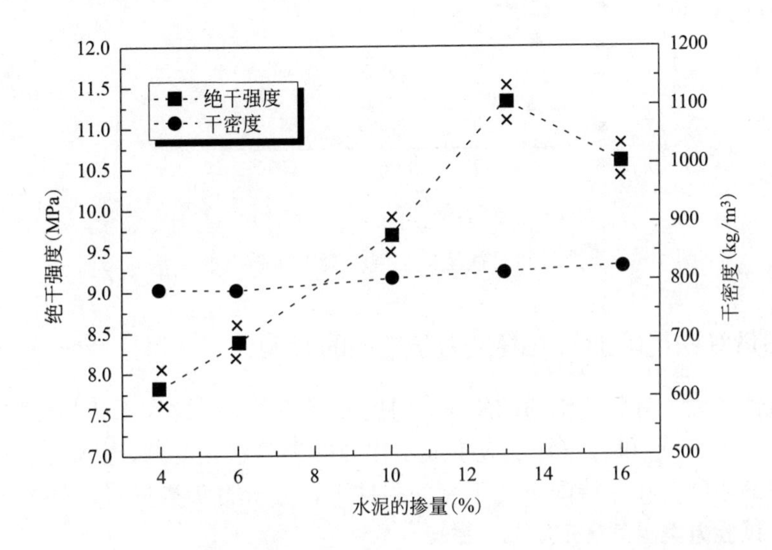

图 4-4　水泥掺量对铁尾矿加气混凝土 28d 绝干强度和密度的影响

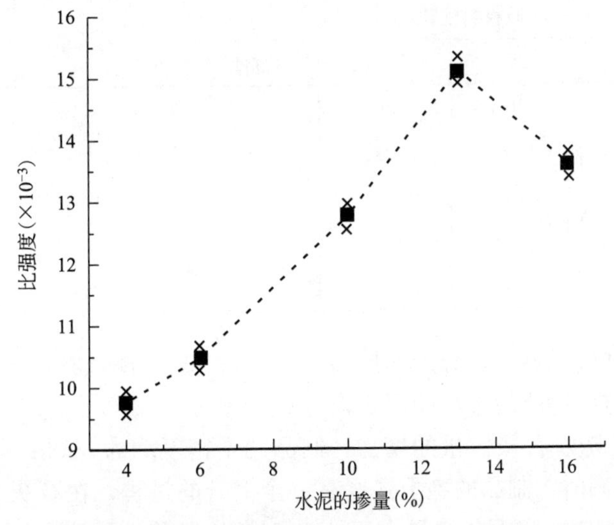

图 4-5　水泥掺量对铁尾矿加气混凝土 28d 比强度的影响

由图 4-6 可见，随着养护龄期的延长，不同水泥掺量的铁尾矿加气混凝土的比强度都呈增长的趋势。当水泥掺量为 13%，制品比强度的增长趋势最大，水泥掺量为 16%时，加气混凝土的 3d 强度降低，7d 之后强度增长速率降低。水泥掺量较小时，铁尾矿加气混凝土的早期强度增长较快，水泥掺量较大时，其后期强度增加较快。

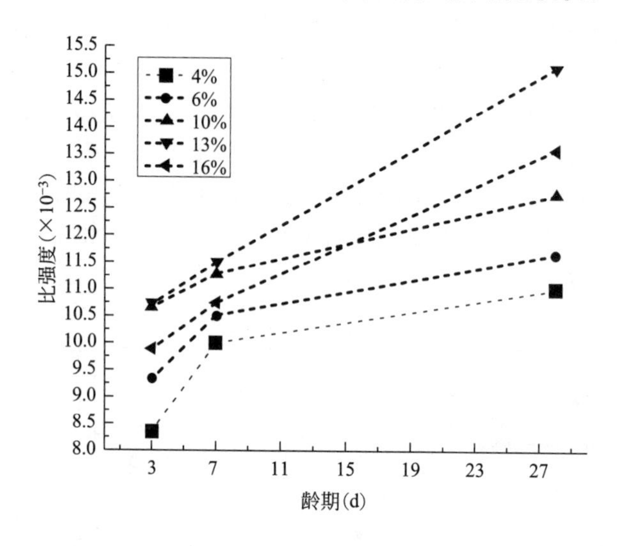

图 4-6　养护时间对铁尾矿加气混凝土比强度的影响

4.3.2　石灰掺量对铁尾矿加气混凝土力学性能的影响

石灰提供碱性环境，有利于铝粉的反应，进行良好的发气，并在水化热作用下，与硅质材料中逐渐溶解的 SiO_2 和 Al_2O_3 反应生成水化硅酸钙等水化产物，从而使铁尾矿加气混凝土获得较好的强度。在保持配合比不变的条件下，分析石灰掺量对加气混凝土强度、比强度的关系，试验方案见表 4-13。

试验方案　　**表 4-13**

实验编号	原材料配比(%)				Al 粉掺量(%)	水料比
	铁尾矿	水泥	石灰	石膏		
1	60	10	20	5	0.06	0.6
2	60	10	22	5	0.06	0.6
3	60	10	25	5	0.06	0.6
4	60	10	28	5	0.06	0.6
5	60	10	30	5	0.06	0.06

制备的铁尾矿加气混凝土，分别养护 3d、7d、28d 后，测试其干密度、抗压强度和比强度，石灰掺量对这些性能的影响如图 4-7～图 4-9 所示。

由图 4-7 可见，随着石灰掺量的增加，制品的干密度均为 800kg/m³。随着石灰的掺量从 20%增加到 22%时，制品的绝干强度有一个上升的过程，在石灰掺量为 25%时，达到最大值，为 9.61MPa。当石灰掺量大于 25%时，制品绝干强度急剧降低。由于石灰掺

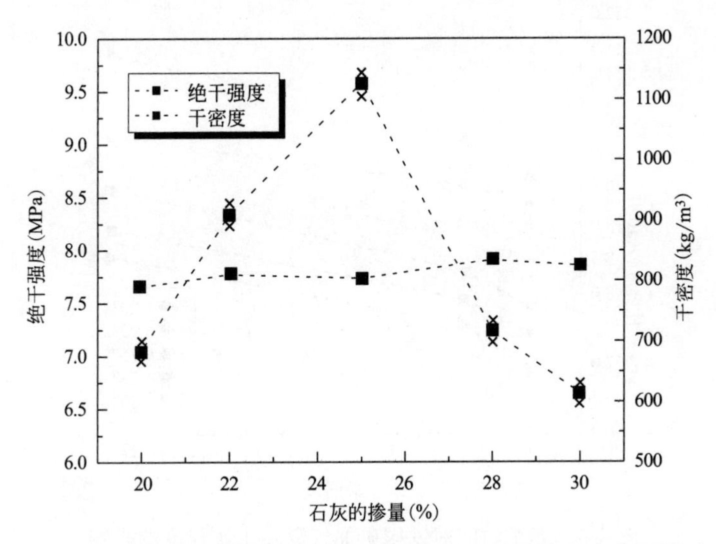

图 4-7　石灰掺量对铁尾矿加气混凝土 28d 绝干强度和密度的影响

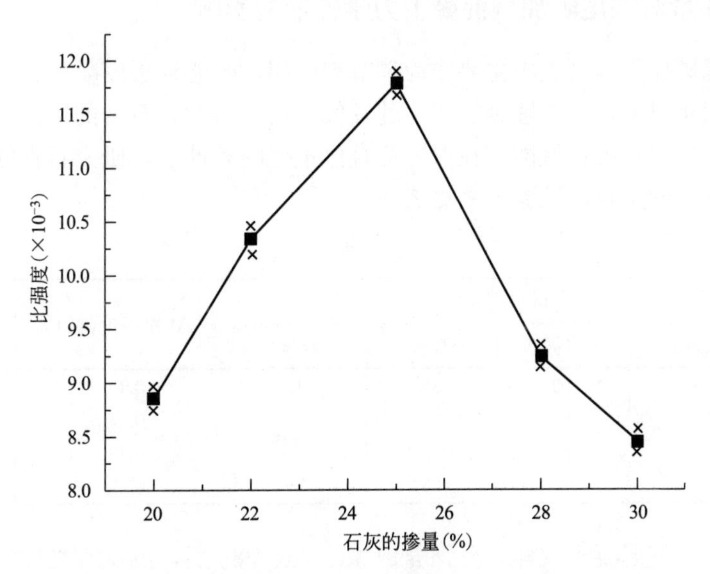

图 4-8　石灰掺量对铁尾矿加气混凝土 28d 比强度的影响

量过大，反应放热量增加，使得铁尾矿加气混凝土内部温度上升，结构内部可能产生更多的裂纹，使混凝土的强度降低。

由图 4-8 可见，随着石灰掺量的增加，铁尾矿加气混凝土的比强度呈先增加后减小的趋势。当石灰掺量为 25%时，达到最大值。石灰掺量的继续增加，导致体系中 CaO 富余，使体系中水化反应生成较多的高碱水化硅酸钙，高碱水化硅酸钙的强度低于低碱水化硅酸钙，导致混凝土强度降低。

由图 4-9 可见，随着养护时间的增长，不同石灰掺量的铁尾矿加气混凝土的比强度都增加，其早期强度增长速率较后期强度增长速率大。

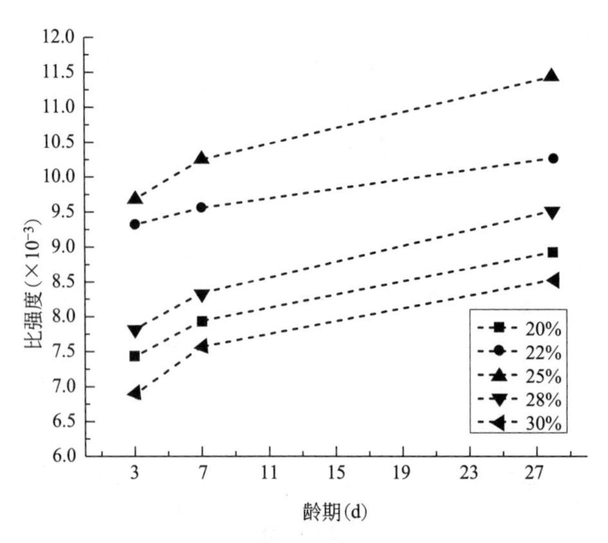

图 4-9 养护时间对铁尾矿加气混凝土比强度的影响

4.3.3 石膏掺量对铁尾矿加气混凝土力学性能的影响

石膏在铁尾矿加气混凝土中主要作为调节剂使用，既能延缓胶凝材料的水化以及石灰的消化，降低消化温度，又能够延缓铝粉的发气过程。因此，石膏的用量是否合适，影响到混凝土的发气过程及硬化性能。在保持配合比不变的条件下，研究石膏的掺量对加气混凝土强度、比强度的影响，试验方案见表 4-14。

试验方案 **表 4-14**

实验编号	原材料配比(%)				Al 粉掺量(%)	水料比
	铁尾矿	水泥	石灰	石膏		
1	60	10	25	1	0.06	0.6
2	60	10	25	3	0.06	0.6
3	60	10	25	5	0.06	0.6
4	60	10	25	8	0.06	0.6

制备铁尾矿加气混凝土试样，分别养护 3d、7d、28d 后，测试其性能，石膏掺量对性能的影响如图 4-10～图 4-12 所示。

由图 4-10、图 4-11 可见，随着石膏掺量的增加，铁尾矿加气混凝土的绝干强度和比强度都是先增加后减小，在石膏掺量为 3%时，达到最大值，其绝干强度为 10.36MPa，比强度为 13.87N/tex。随后加气混凝土的绝干强度和比强度降低，而且皆小于 1%石膏掺量的混凝土强度。而随着石膏的掺量增加，铁尾矿加气混凝土的干密度先减小后增加，在石膏掺量为 3%时，其干密度为 740kg/m^3。随着石膏掺量增大，在静停养护过程中料浆硬化速度减慢，导致坯体内部的气孔结构不均匀，孔壁变厚，加气混凝土的密度增大，在蒸养过程时容易产生开裂，降低加气混凝土的强度。石膏掺量减少时，石灰消化温度过高，坯体硬化较快，铝粉发气形成的气孔结构受到破坏，加气混凝土的密度增大，同时不利于强度的发展。因此，适当的石膏掺量有利于制品均匀气孔的形成，以及在养护过程中 C-S-H

向托贝莫来石的转变。由图4-12可见，低石膏掺量的制品早期强度增长速率高于高石膏掺量的制品早期强度增长速率，对后期强度增长速率影响不大。

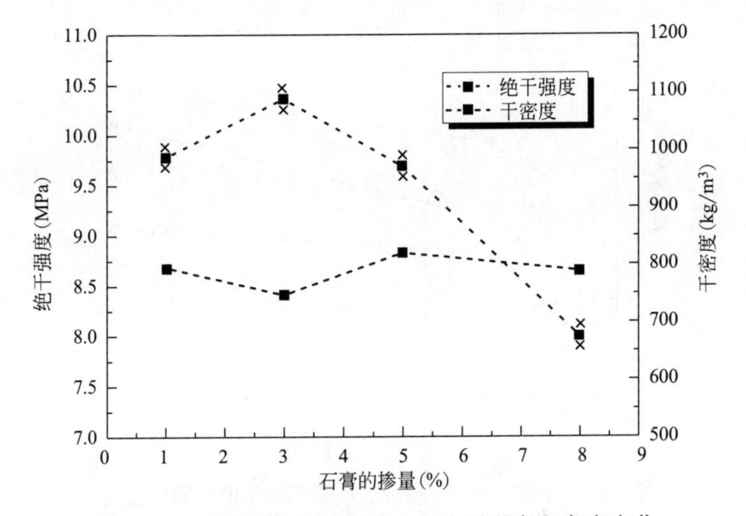

图4-10　不同石膏掺量制品28d绝干强度和密度变化

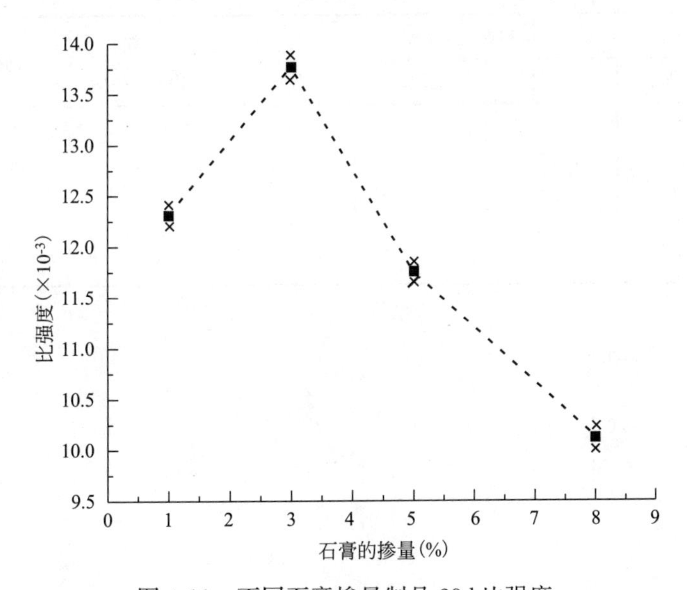

图4-11　不同石膏掺量制品28d比强度

4.3.4　钙硅比对加气混凝土力学性能的影响

原料中的钙质材料与硅质材料在蒸压养护条件下相互作用，在水热合成反应过程中，CaO与SiO_2发生水化反应生成新的水化产物，为加气混凝土提供了强度，水化产物的结晶度和数量对加气混凝土的强度有重要影响。因此，应使原材料中的CaO与SiO_2保持在一定的比例，并能充分有效的反应，从而使加气混凝土制品获得较高强度。本文研究钙硅比对加气混凝土力学性能的影响，试验方案见表4-15，影响规律如图4-13所示。

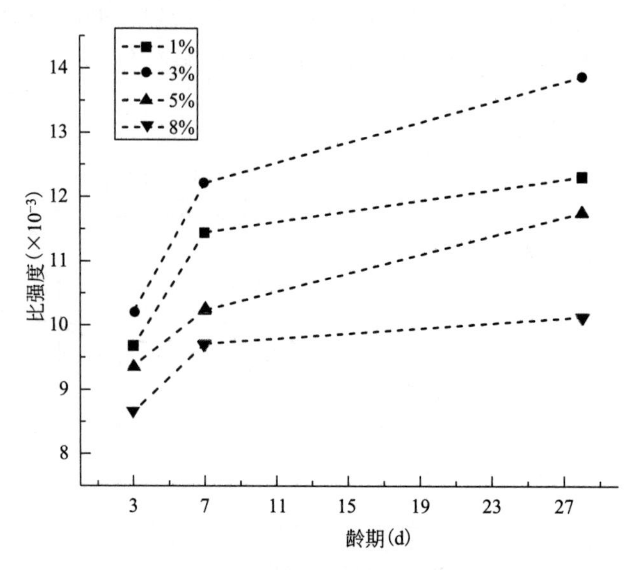

图 4-12　不同石膏掺量制品比强度随养护时间的变化

钙硅比对加气混凝土制品性能影响试验配方　　表 4-15

实验编号	原材料配比(%)				Al 粉掺量(%)	钙硅比	水料比
	铁尾矿	水泥	石灰	石膏			
1	72	5	20	3	0.09	0.5	0.6
2	67	7.5	22.5	3	0.09	0.58	0.6
3	62	10	25	3	0.09	0.65	0.6
4	57	12.5	27.5	3	0.09	0.72	0.6
5	52	15	30	3	0.09	0.8	0.6

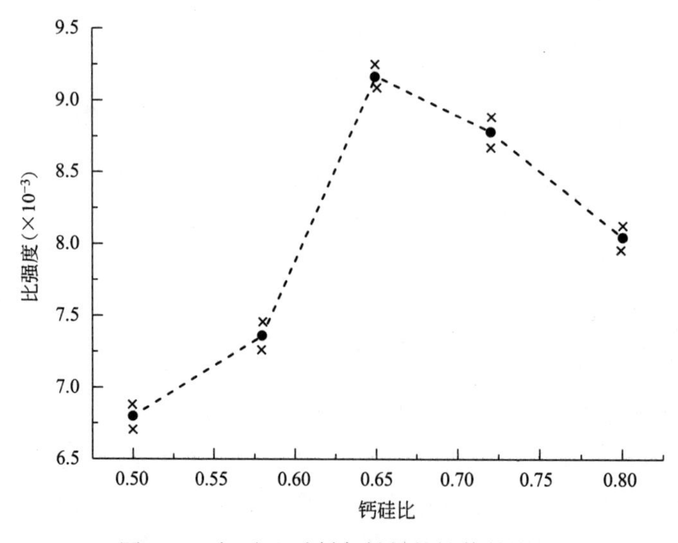

图 4-13　钙硅比对制备材料的性能的影响

由图 4-13 可见，随着钙硅比的提高，铁尾矿加气混凝土的比强度呈先上升后下降的趋势。在钙硅比为 0.5 时，加气混凝土制品的比强度为 6.8×10^{-3}N/tex；随着钙硅比增加到 0.65 时，加气混凝土制品的比强度达到最大为 9.17×10^{-3}N/tex；当钙硅比大于 0.65 时，加气混凝土制品的比强度减小。体系中碱度取决于体系的钙硅比，碱度过高，钙硅比大，制品强度低；碱度低，钙硅比小，不利于水化产物的生成，强度低。因此，本文钙硅比选为 0.65。

4.3.5　物料配比的正交设计

在物料配比优化过程中，选择了水泥、石灰、石膏 3 个因素，考核指标为比强度，如表 4-16 所列。选择 $L_9(3^4)$ 正交表进行试验，计算方差分析。方案及试验结果见表 4-17。

因素水平表　　**表 4-16**

因素	A 水泥(%)	B 石灰(%)	C 石膏(%)
水平 1	5	20	1
水平 2	10	25	3
水平 3	15	30	5

试验结果分析　　**表 4-17**

序号	因素				比强度 ($\times10^{-3}$N/tex)
	A	B	C	空列	
1	1(5%)	1(20%)	1(1%)	1	6.422
2	1(5%)	2(25%)	2(3%)	2	7.675
3	1(5%)	3(30%)	3(5%)	3	5.961
4	2(10%)	1(20%)	2(3%)	3	9.042
5	2(10%)	2(25%)	3(5%)	1	9.328
6	2(10%)	3(30%)	1(1%)	2	7.583
7	3(15%)	1(20%)	3(5%)	2	8.782
8	3(15%)	2(25%)	1(1%)	3	9.129
9	3(15%)	3(30%)	2(3%)	1	7.972
K_{1j}	20.06	24.25	23.13	23.72	
K_{2j}	25.95	26.13	24.689	24.04	
K_{3j}	25.88	21.52	24.071	24.13	
$\overline{K_{1j}}$	6.68	8.08	7.71	7.91	
$\overline{K_{2j}}$	8.65	8.71	8.23	8.01	
$\overline{K_{3j}}$	8.33	7.17	8.02	8.04	
R_j	1.97	1.54	0.51	0.14	

注：表中 $K_{ij}(i=1, 2, 3)$ 为每个因素对应的 3 水平实验结果之和；$\overline{K_{1j}}$ 为平均值，R 为极差。

由表 4-16 可得，第 5 组的比强度最高（9.328×10^{-3}N/tex），其组成 $A_2B_2C_3$，即水泥的掺量为 10%，石灰掺量为 25%，石膏掺量为 5%。通过极差分析可知各因素的影响主次为 A→B→C。通过进一步的计算可以进一步的确定最佳组合。方差分析如表 4-18 所列。

方差分析表 表 4-18

方差来源	平方和	自由度	均方	F 值	显著性	临界值
A	7.632	2	3.816	247.352	* *	$F_{0.01}(2,2)=99.0$
B	3.591	2	1.795	116.38	* *	$F_{0.05}(2,2)=19.0$
C	0.409	2	0.204	13.245	*	$F_{0.10}(2,2)=9.0$
误差	0.031	2	0.015			
总和	11.662	8				

由方差分析表 4-18 可知，各因素的影响主次与极差分析 A→B→C，水泥和石灰的掺量对制品的比强度有显著的影响，而石膏的掺量对制品的比强度有一定影响。

以各因素的水平为横坐标，以比强度的平均值为纵坐标，绘制各因素的趋势图，如图 4-14 所示。由图可见，各因素都有个最佳值。经计算得最优组合为 $A_2B_2C_2$，即水泥的掺量为 10%，石灰的掺量为 25%，石膏的掺量为 3%。

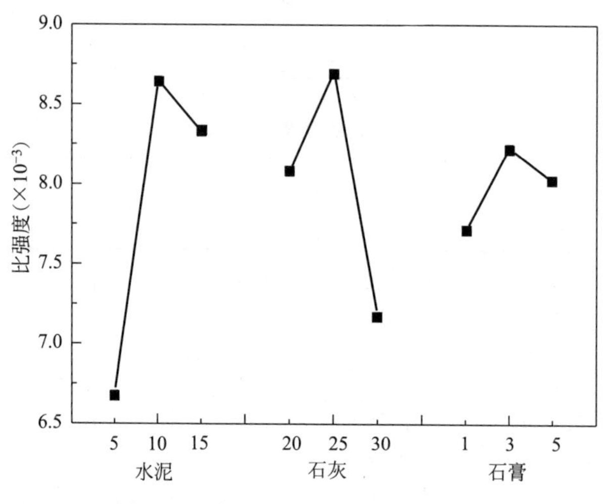

图 4-14 各因素与考核指标的关系

4.3.6 XRD 分析

采用 XRD 衍射对不同条件下制备的加气混凝土进行水化产物的种类进行了分析，不同水泥掺量的制品 XRD 图谱如图 4-15 所示，不同石灰掺量的制品 XRD 图谱如图 4-16 所示，不同钙硅比的制品 XRD 图谱如图 4-17 所示。

由图 4-15 可见，当水泥掺量为 4%时，主要矿物成分是 C-S-H 凝胶、石英和少量的托贝莫来石。随着水泥掺量的增加，C-S-H 和托贝莫来石的结晶度以及数量增加，制品强度增加。当掺量为 10%时，C-S-H 的数量减少，钙矾石的数量增加，铁尾矿加气混凝土在蒸压养护过程中膨胀开裂，强度降低。水泥过多时，体系中 CaO 的含量过量，碱度增加，多余的水泥水化后不会生成低碱硅酸盐 C-S-H 而生成强度较低的高碱度的水化硅酸钙，$CaCO_3$ 以及 $Ca(OH)_2$，加气混凝土的强度降低。

由图 4-16 可见，石灰掺量在 20%时，铁尾矿加气混凝土中的主要矿物组成是 C-S-H、少量的托贝莫来石、未反应的石英。随着石灰掺量的增加，体系中生成的 C-S-H 转化为托

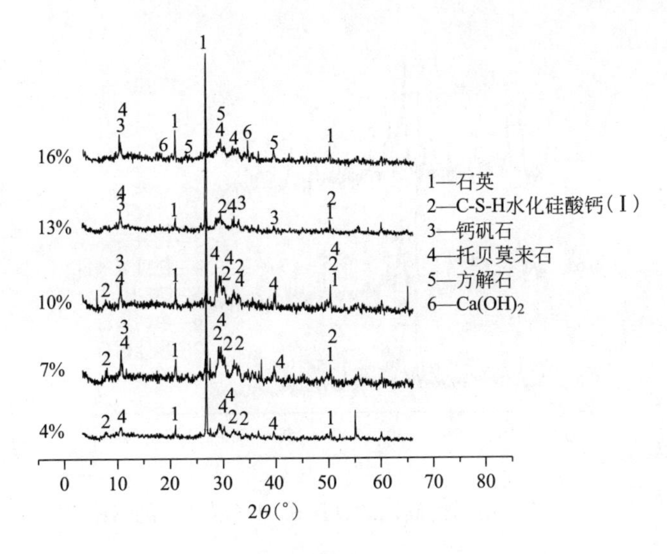

图 4-15　不同水泥掺量的加气混凝土的 XRD

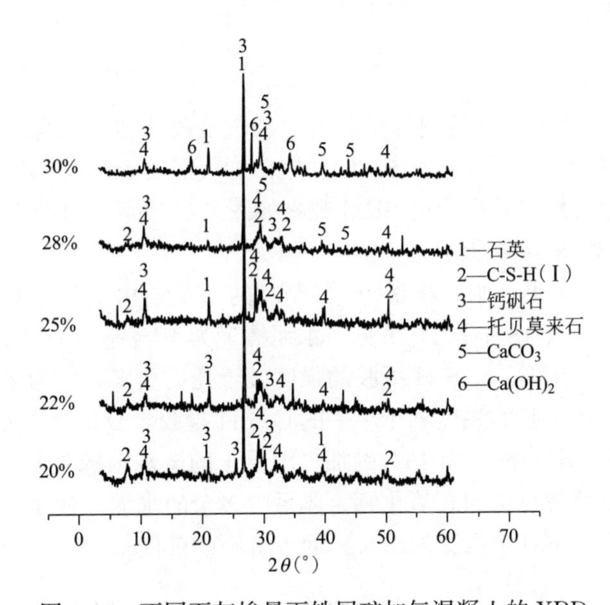

图 4-16　不同石灰掺量下铁尾矿加气混凝土的 XRD

贝莫来石，在 25％掺量时，加气混凝土的强度达到最大值。当石灰掺量增加到 30％时，结构中有方解石和 $Ca(OH)_2$ 晶体生成，方解石和 $Ca(OH)_2$ 晶体的强度小于托贝莫来石，制品强度降低。

由图 4-17 可见，体系中的碱度水化产物的晶形，在 $C/S=0.5$ 时，制备材料的主要矿物组成为石英，托贝莫来石、白钙沸石，C-S-H（Ⅰ）。当 $C/S=0.65$ 时，制备材料的主要矿物组成为石英、托贝莫来石、C-S-H（Ⅰ）。随着钙质材料掺量的增加，$C/S=0.8$ 时，制备材料的主要矿物组成为石英、托贝莫来石、C-S-H（Ⅰ）、水硅钙石。即随着钙硅比的增加，体系中 CaO 的含量远多于体系所需要的含量，水热反应生成高碱水化产物，加气混凝土的强度降低。当钙硅比偏小时，由于 Si 的含量较多，水化产物主要是白钙沸

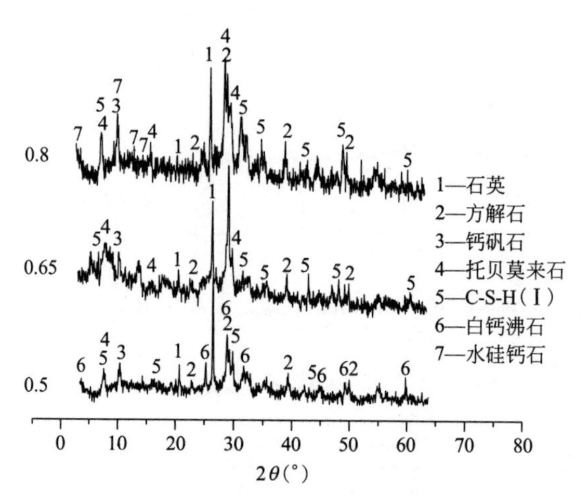

图 4-17　不同钙硅比的铁尾矿加气混凝土的 XRD

石结晶，而钙硅比偏高时，由于 Ca 的含量较多，则反应生成的水化产物主要是水硅钙石和 C-S-H（Ⅰ）结晶。

4.3.7　SEM 分析

采用 SEM 扫描电镜对不同物料掺量制备的加气混凝土进行水化产物的微观结构进行分析，不同水泥掺量为 4%、10%、16%的铁尾矿加气混凝土的 SEM 观察如图 4-18 所示，不同石灰掺量的铁尾矿加气混凝土的 SEM 观察如图 4-19 所示，不同钙硅比的铁尾矿加气混凝土的 SEM 观察如图 4-20 所示。

由图 4-18 中（1）可见，水泥掺量为 4%制品的微观结构主要是 C-S-H 凝胶和铁尾矿中未反应的 SiO_2。由图 4-18 中（2）可见，水泥掺量为 10%制品的微观结构主要是 C-S-H 凝胶和薄片状的托贝莫来石。C-S-H 凝胶的强度大于托贝莫来石，但是 C-S-H 凝胶和薄片状的托贝莫来石交织在一起的强度高于单一的 C-S-H 凝胶，故加气混凝土的强度增大。由图 4-18 中（3）可见，水泥掺量为 16%的加气混凝土的微观结构主要是呈柱状晶体的钙矾石、块状的方解石以及薄片状的氢氧化钙。体系中多余的水泥，使水化产物中钙矾石的含量增加，在蒸养过程中不利于强度的增长，而方解石的强度低于托贝莫来石，致使加气混凝土的强度降低。

由图 4-19 中（1）可见，石灰掺量为 20%制品的微观结构主要是 C-S-H 凝胶和铁尾矿中未反应的 SiO_2。由图 4-19 中（2）可见，随着石灰掺量增加到 25%时，制品的微观结构主要是 C-S-H 凝胶和薄片状的托贝莫来石。由图 4-19 中（3）可见，石膏掺量增加到 30%时，体系中碱度增加，薄片状表面的托贝莫来石分解转化为颗粒状的方解石，多余石灰水化成纤维状的 $Ca(OH)_2$ 晶体，石灰过量会导致加气混凝土膨胀开裂，对强度发展不利，加气混凝土的强度降低。

由图 4-20 中（1）可见，在 $c/s=0.5$ 时，体系中硅质材料的含量较大，制备材料主要是由鳞片的白钙沸石以及少量托贝莫来石被纤维状的 C-S-H（Ⅰ）交织在一起，结构疏松；由图 4-20 中（2）可见，$c/s=0.65$ 时，制备材料主要是大量的叶片状托贝莫来石和 C-S-H 凝胶，结构密实，使得试样强度增加；由图 4-20 中（3）可见，当 $c/s=0.8$ 时，制

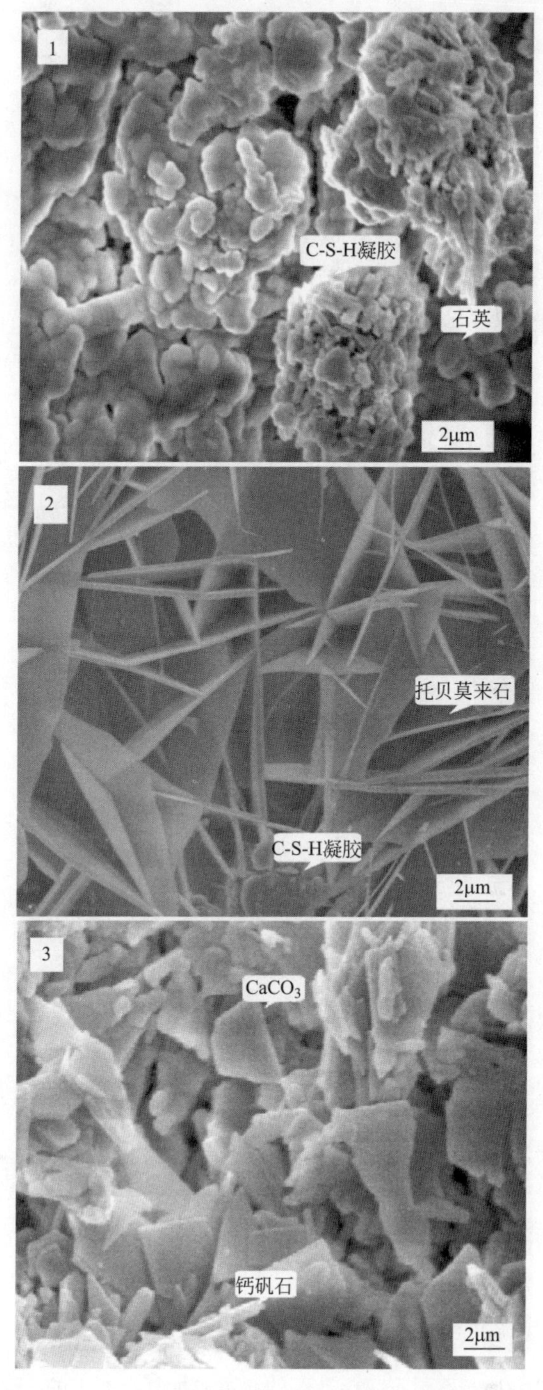

图 4-18　不同水泥掺量的铁尾矿加气混凝土的 SEM

备材料主要是少量片状的托贝莫来石和纤维状水硅钙石，以及长片状的 C-S-H（Ⅰ），结构疏松。钙质材料的增加使体系中钙的含量增加，体系碱浓度增加，使薄片状托贝莫来石转化强度较低的纤维状水硅钙石，试样强度降低。

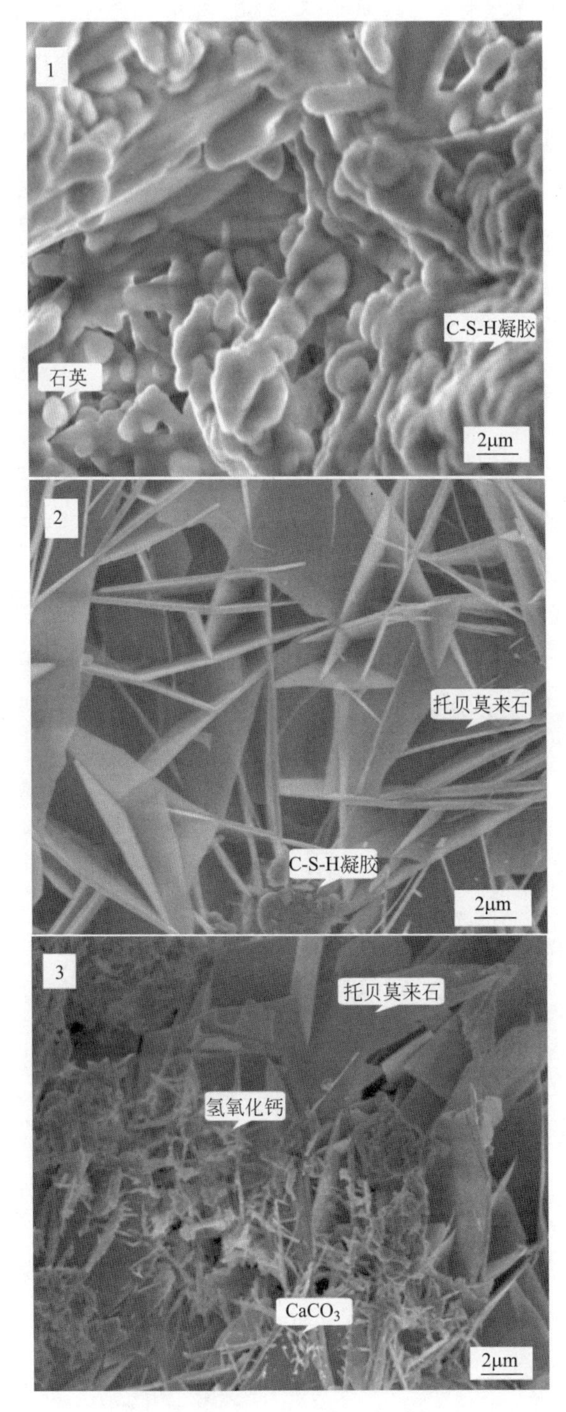

图 4-19　不同石灰掺量下的铁尾矿加气混凝土的 SEM

4.3.8　小结

（1）水泥作为单一变量变化时，随着水泥掺量从 4%增加到 16%，制品密度变化不大，抗压强度先增加后减少，在 13%最大。

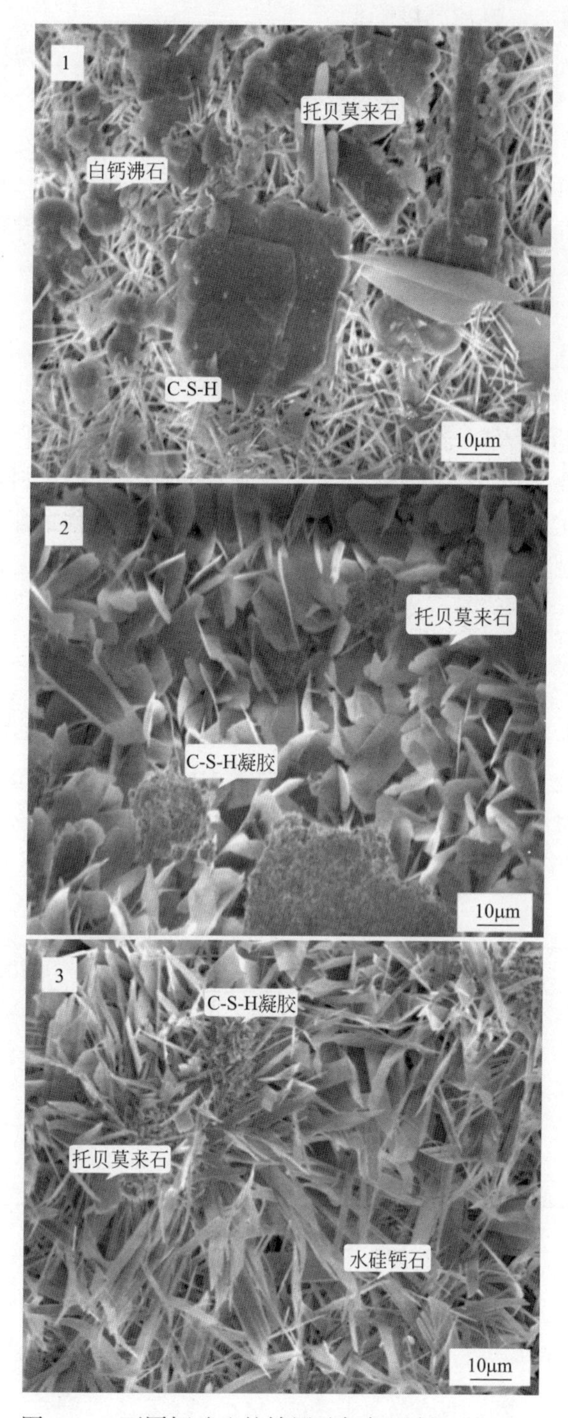

图 4-20　不同钙硅比的铁尾矿加气混凝土的 SEM

（2）石灰作为单一变量变化时，随着石灰掺量从 20％增加到 30％，制品密度变化不大，抗压强度先增加后减少，掺量为 25％时最大。

（3）石膏作为单一变量变化时，随着石膏掺量从 1％增加到 5％，铁尾矿加气混凝土的密度先减小后增大，抗压强度先增加后减少。在 3％最大。掺量继续增加到 8％，铁尾矿加气混凝土的密度增加，抗压强度降低。

（4）通过4因素3水平的物料正交设计优化。水泥，石灰，石膏掺量对制品强度都呈显著性，水泥>石灰>石膏，最优配比为铁尾矿：水泥：石灰：石膏=62：10：25：3。

（5）随着钙硅比从0.5增加到0.8，铁尾矿加气混凝土的比强度先增加后减小，制备加气混凝土的最佳钙硅比为0.65。

（6）微观结构中结晶度良好的纤维状C-S-H与薄片状的托贝莫来石相互交织，是铁尾矿加气混凝土的获得高强度的保证。

4.4 工艺制度对加气混凝土力学性能的影响

基于配比正交分析以及工艺参数正交分析的研究，确定物料配比：铁尾矿掺量为62%，水泥掺量为10%，石灰掺量为25%，石膏掺量为3%；水料比为0.6，钙硅比为0.65，铝粉掺量为0.06%。研究工艺参数对加气混凝土力学性能的影响，工艺参数主要包括：浇注温度，静养温度，静养时间，蒸养温度，蒸养时间。通过工艺制度的正交分析确定最佳工艺参数。

4.4.1 工艺制度正交设计

加气混凝土坯体强度的发展主要取决于原料中CaO、SiO_2在蒸压条件下的水化反应。因此，在制备加气混凝土时，工艺参数同样重要。本文选择浇注温度、静养温度、静养时间、蒸压温度、蒸压时间5个因素，考核指标为比强度，因素水平设计见表4-19。选择$L_{16}(4^5)$正交表进行试验，计算方差分析。方案及结果见表4-20。

因素水平表 **表4-19**

因素	A浇注温度(℃)	B静养温度(℃)	C静养时间(h)	D蒸氧温度(℃)	E蒸氧时间(h)
水平1	常温	50	1	120	6
水平2	40	60	1.5	150	8
水平3	50	70	2	180	10
水平4	60	80	2.5	210	12

试验结果分析 **表4-20**

序号	A	B	C	D	E	比强度	密度	强度
1	1(常温)	2(60)	3(2)	2(150)	3(10)	6.695	781	5.23
2	2(40)	4(80)	1(1)	2(150)	2(8)	4.86	791	3.85
3	3(50)	4(80)	3(2)	3(180)	4(12)	10.537	792	8.35
4	4(60)	2(60)	1(1)	3(180)	1(6)	8.289	782	6.49
5	1(常温)	3(70)	1(1)	4(210)	4(12)	7.138	827	5.9
6	3(50)	1(50)	3(2)	4(210)	1(6)	12.295	792	9.74
7	2(40)	1(50)	1(1)	1(120)	3(10)	2.252	807	1.82
8	4(60)	3(70)	3(2)	1(120)	2(8)	1.718	804	1.38
9	1(常温)	1(50)	4(2.5)	3(180)	2(8)	12.171	792	9.64

续表

序号	A	B	C	D	E	比强度	密度	强度
10	3(50)	3(70)	2(1.5)	3(180)	3(10)	10.857	770	8.37
11	2(40)	3(70)	4(2.5)	2(150)	1(6)	2.223	747	1.66
12	4(60)	1(50)	2(1.5)	2(150)	4(12)	8.78	802	7.04
13	1(常温)	4(80)	2(1.5)	1(120)	1(6)	0.557	779	0.43
14	3(50)	2(60)	4(2.5)	1(120)	4(12)	3.957	786	3.11
15	2(40)	2(60)	2(1.5)	4(210)	2(8)	11.966	781	9.34
16	4(60)	4(80)	4(2.5)	4(210)	3(10)	8.323	697	5.8
K_{1j}	26.561	35.498	22.539	7.484	23.364			
K_{2j}	26.978	29.907	32.159	22.558	30.715			
K_{3j}	30.968	21.935	31.245	41.853	28.126			
K_{4j}	27.11	24.277	25.674	39.722	29.412			
$\overline{K_{1j}}$	6.640	8.875	5.635	1.871	5.841			
$\overline{K_{2j}}$	6.7445	7.477	8.039	5.639	7.679			
$\overline{K_{3j}}$	7.742	5.484	7.811	10.463	7.031			
$\overline{K_{4j}}$	6.778	6.069	6.419	9.931	7.353			
R_j	1.102	3.391	2.405	8.592	1.837			

注：表中 K_{ij}（$i=1$，2，3，4）为每个因素对应的 4 水平实验结果之和；$\overline{K_{1j}}$ 为平均值，R 为极差。

通过表 4-19 直观分析可以看出，第 6 组的绝干强度最高为 9.74MPa，比强度最高为 12.295×10^{-3}N/tex，且密度为 792kg/m^3，其试验条件组合为 A3B1C3D4E1，即工艺条件为：浇注温度为 50℃、静养温度 50℃、静养时间 2h、蒸压温度 210℃、蒸压时间 6h。第 9 组的绝干强度最高为 9.64MPa，比强度最高为 12.171×10^{-3}N/tex，且密度为 792kg/m^3，其试验条件组合为 A1B1C4D3E2，即工艺条件为：浇注温度为 20℃，静养温度 50℃，静养时间 2.5h，蒸压温度 180℃，蒸压时间 8h。第 6 组和第 9 组相差不大。通过极差分析可知各因素的影响主次为 D→B→C→E→A。通过方差的计算可以进一步确定最佳组合，方差分析的结果如表 4-21 所列。

由方差分析表 4-21 可知，各因素的影响主次与极差分析 D→B→C→E→A 一样，蒸养温度和静养温度对制品的比强度有显著的影响，而蒸养时间、浇注温度、静养时间对制品的比强度有一定影响。以各因素的水平为横坐标，以比强度的平均值为纵坐标，绘制各因素的趋势图，如图 4-21 所示。

方差分析表　　**表 4-21**

方差来源	平方和	自由度	均方	F 值	显著性	临界值
B	27.62	3	9.207	8.713	*	$F_{0.01}(3,3)=29.5$
C	15.76	3	5.253	4.972		$F_{0.05}(3,3)=9.28$
D	194.95	3	64.983	61.498	* *	$F_{0.1}(3,3)=5.39$
E	7.71	3	2.57	2.432		
误差	3.17	3	1.057			
总和	249.21	15				

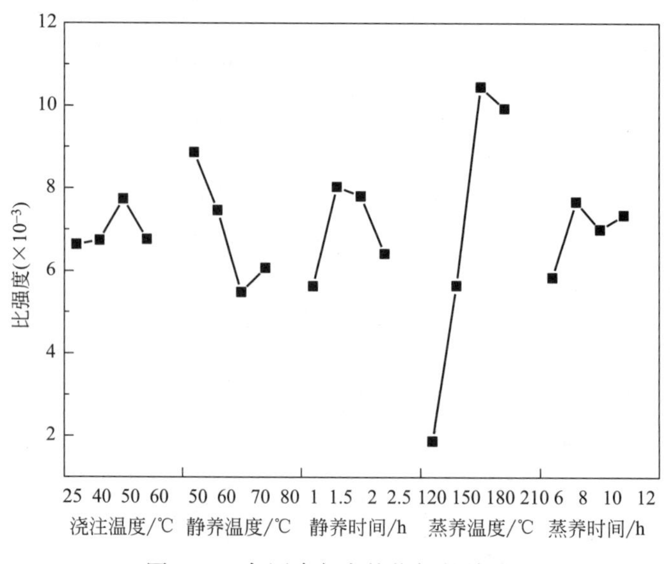

图 4-21 各因素与考核指标的关系

由图 4-21 可见，各因素都有个最佳值。经计算的最优组合为 $A_3B_1C_2D_3E_2$，即浇注温度为 50℃，静养温度为 50℃，静养时间为 1.5h，蒸养温度为 180℃，蒸养时间为 8h。通过验证试验，取最优工艺制备的试样，密度为775kg/m^3，绝干强度为 10.13MPa，比强度为 13.071×10^{-3}N/tex。该结果高于前文第 6 组和 9 组两组试验结果。因此，试验的最佳工艺为浇注温度为 50℃、静养温度为 50℃、静养时间为 1.5h、蒸压温度为 180℃、蒸压时间为 8h。

4.4.2 蒸养温度对加气混凝土力学性能的影响

为研究蒸养温度对加气混凝土强度的影响，设定浇注温度为 50℃、静养温度为 50℃、静养时间为 1.5h、蒸养时间为 8h。选择 120℃、150℃、180℃、210℃ 四种蒸养温度。实验方案见表 4-22。不同蒸养温度制品的比强度关系如图 4-22 所示。

试验方案 表 4-22

温度(℃)	压力(MPa)	时间(h)	干密度(kg/m^3)
120℃	0.1	8h	804
150℃	0.4	8h	791
180℃	0.9	8h	792
210℃	1.8	8h	781

由图 4-22 可见，在相同的蒸养时间条件下，随着蒸养温度的增加，试样的比强度先增加后减小。在 120℃、150℃时，比强度分别为 1.7×10^{-3}N/tex，4.87×10^{-3}N/tex，均小于标准要求，当蒸养温度在 180℃以上时，比强度达到 12.17×10^{-3}N/tex。说明在相同蒸养时间下，随着温度的升高，铁尾矿加气混凝土的比强度先增加后减小，当温度达到 180℃时，比强度达到极值。

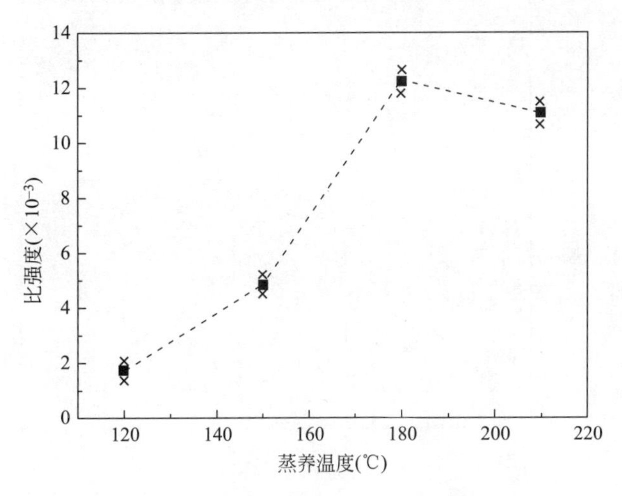

图 4-22　不同蒸养温度制品的比强度关系

4.4.3　蒸养时间对加气混凝土力学性能的影响

蒸养时间是制品能够进行充分水热反应，并获得良好结晶度水化产物的必要过程，从正交实验中可以看出，蒸养温度比蒸养时间对制品的性能影响更大，但是蒸养时间也起到很大的作用，使制品具有实际使用所需的各项物理力学性能。在其他工艺参数相同条件下，在 120℃、150℃、180℃、210℃四种蒸养温度下，分别选择 6h，8h，10h，12h 进行加气混凝土的制备。在四种温度下不同蒸养时间的试验结果如图 4-23～图 4-26 所示。

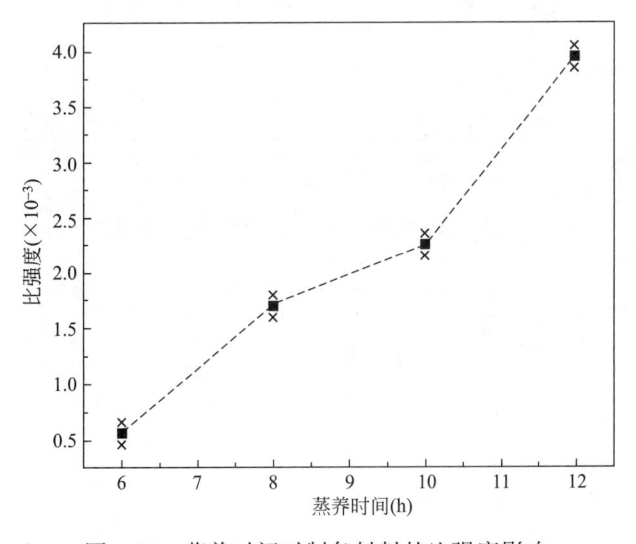

图 4-23　蒸养时间对制备材料的比强度影响

由图 4-23 和图 4-24 可见，在蒸养温度为 120℃和 150℃时，随着蒸养时间的延长，制品通过水热反应所生成的水化产物的数量以及结晶度都会增加，致使制备材料的比强度逐渐增大。由图 4-25 可见，在蒸养温度为 180℃时，随着蒸养时间的延长，制备材料的比强度在 8h 时达到最大，大于 10h 的试样强度降低。由图 4-26 可知，蒸养温度为 210℃时，

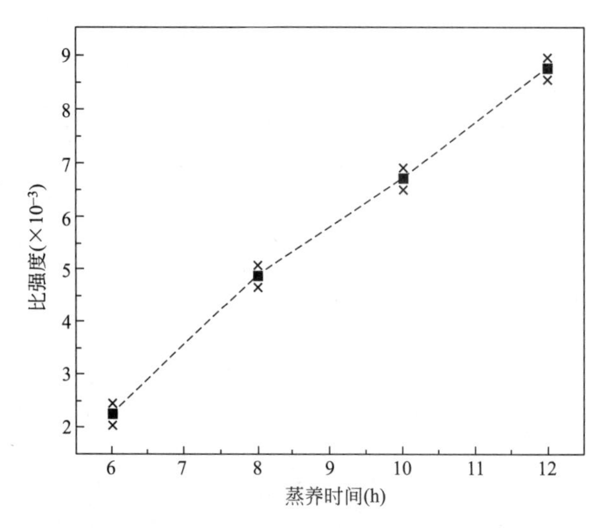

图 4-24 蒸养时间对制备材料的比强度影响

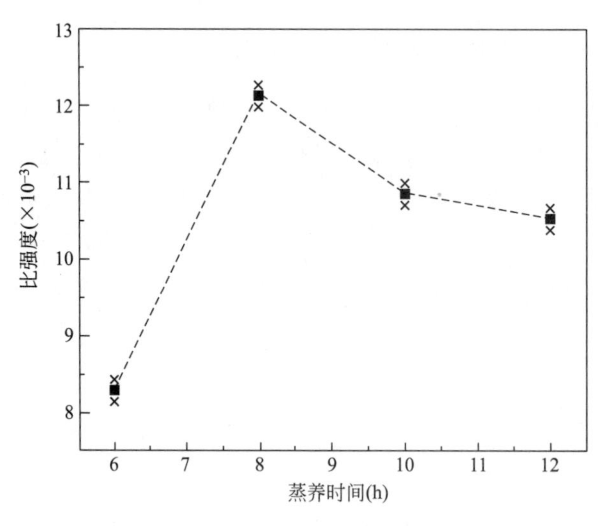

图 4-25 蒸养时间对制备材料的比强度影响

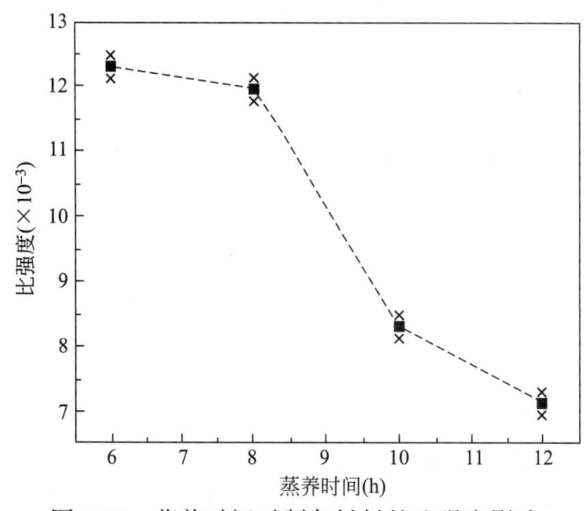

图 4-26 蒸养时间对制备材料的比强度影响

随着蒸养时间的延长，铁尾矿中的非活性的 SiO_2 溶解参与水化反应生成强度低于托贝莫来石的白钙沸石，铁尾矿加气混凝土的比强度逐渐减小。

4.4.4　XRD 分析

利用 XRD 衍射对不同蒸养时间、蒸养温度制备的加气混凝土进行水化产物的种类进行了分析，试样样品见表 4-22。不同蒸养温度的制品 XRD 图谱如图 4-27 所示，不同蒸养时间的制品 XRD 图谱如图 4-28 所示。

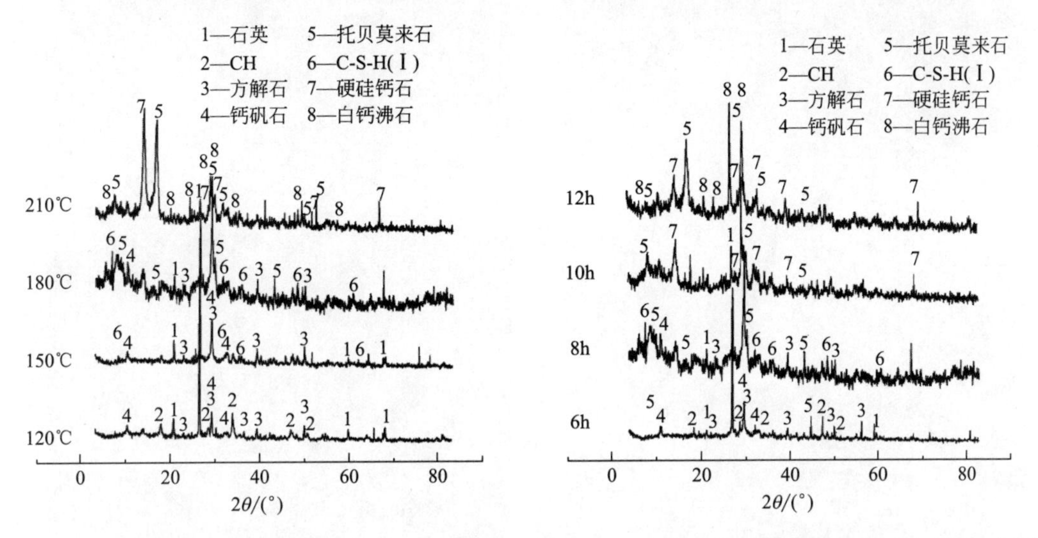

图 4-27　不同蒸养温度下制备材料的 XRD 分析　图 4-28　不同蒸养时间下制备材料的 XRD 分析

由图 4-27 可知，在 120℃时，试样的特征峰为方解石、钙矾石、氢氧化钙（CH）、石英。随着蒸养温度从 120℃上升到 150℃，石英和 CH 的衍射峰强度明显减弱，随着蒸养温度升高，铁尾矿中结晶态的 SiO_2 在高温水下较快的溶解，并与石灰、水泥水化 CH 以及尾矿中的 Al_2O_3 反应生成钙矾石和 C-S-H（Ⅰ）。在 180℃时，随着液相中 SiO_2 的浓度的增加，C-S-H（Ⅰ）将转化为碱度更低的水化硅酸钙，出现特征峰托贝莫来石。在 210℃时，石英、CH、方解石的衍射峰消失，部分托贝莫来石转化为硬硅钙石和白钙沸石，生成新的结晶相。

由图 4-28 可知，蒸养温度恒定为 180℃，蒸养时间为 6h 时，试样的特征峰为方解石、钙矾石、氢氧化钙（CH）、石英、托贝莫来石。随着蒸养时间从 6h 上升到 8h，石英和 CH 的衍射峰强度明显减弱，随着蒸养时间增加，石灰、水泥水化产生的 CH 及尾矿中的 Al_2O_3 和 SiO_2 反应生成钙矾石和 C-S-H（Ⅰ），部分 C-S-H（Ⅰ）转化为结晶度更好的托贝莫来石。在 10h 时，随时间的延长 C-S-H（Ⅰ）完全将转化为碱度更低的托贝莫来石，托贝莫来石的衍射峰峰高宽变宽，水化产物发生晶型转变，结晶度下降，随着液相中 SiO_2 的浓度的增加，部分托贝莫来石转化为硬硅钙石，生成新的结晶相。当蒸养时间为 12h 时，托贝莫来石发生晶型转变，结晶度降低，出现白钙沸石的特征峰。

4.4.5　SEM 分析

利用 SEM 扫描电镜对不同蒸养温度、蒸养时间制备的铁尾矿加气混凝土进行水化产物的微观结构进行了观察，不同蒸养温度的铁尾矿加气混凝土的SEM观察如图4-29所示，不同蒸养时间的铁尾矿加气混凝土的SEM观察如图4-30所示。

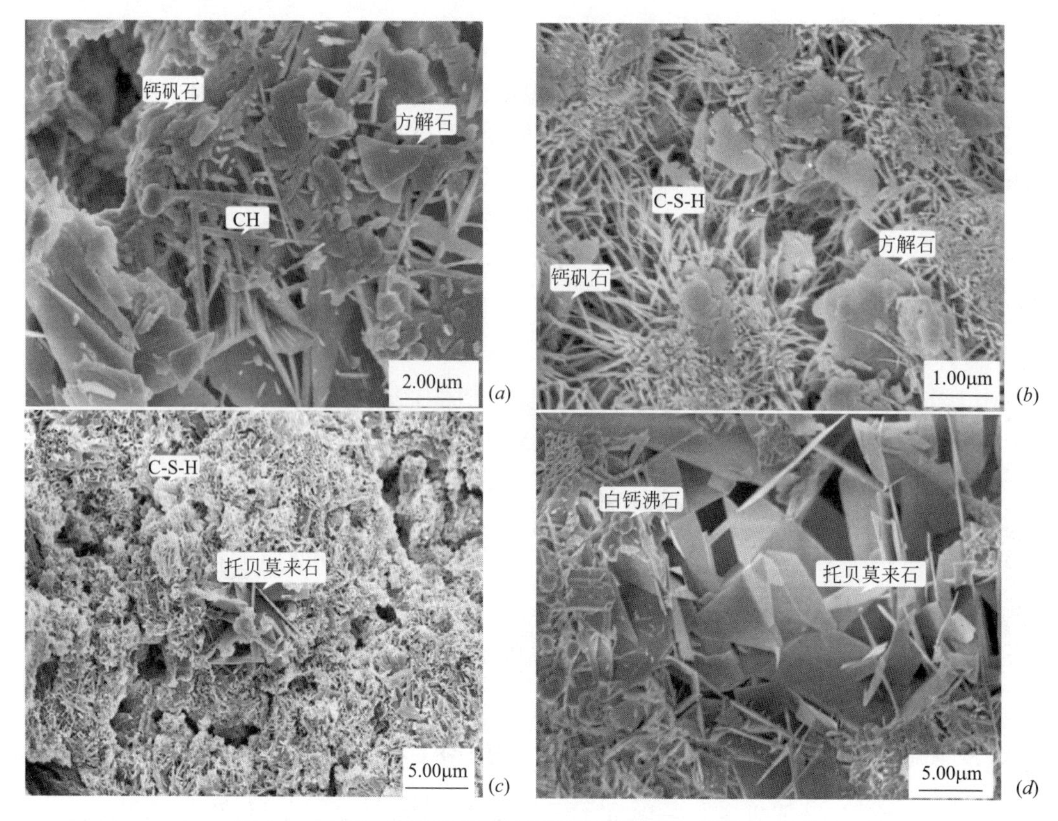

图4-29 不同蒸养温度下铁尾矿加气混凝土结构的SEM

(*a*) 120℃；(*b*) 150℃；(*c*) 180℃；(*d*) 210℃

由图4-29可见，制备材料在蒸养温度为120℃时，加气混凝土的结构中有针状钙矾石和CH，以及片状的方解石相互交叉；当蒸养温度升至150℃时，结构中出现纤维状的C-S-H（Ⅰ），将钙矾石和方解石链接在一起，使试样的强度增长；当蒸养温度升至180℃时，部分纤维状的C-S-H（Ⅰ）转化为片状的托贝莫来石，相互交织使试样的强度达到最高；当蒸养温度为210℃，部分片状的托贝莫来石转化为纤维状的硬硅钙石和鳞片状的白钙沸石。而硬硅酸钙是一种含水量低的单碱水化硅酸钙，其强度低于C-S-H（Ⅰ）及托贝莫来石，导致随着蒸养温度的增加，铁尾矿加气混凝土的抗压强度先增加后减小，在180℃时，强度达到最高。

由图4-30可见，铁尾矿加气混凝土在蒸养时间为6h时，其结构中出现纤维状的C-S-H（Ⅰ），扭曲薄片状的托贝莫来石以及针状的钙矾石相互交叉，当蒸养时间延长至8h时，结构中出现纤维状C-S-H（Ⅰ），将钙矾石和方解石链接在一起，部分纤维状的C-S-H（Ⅰ）转化为结晶度更好的片状托贝莫来石，相互交织使试样的强度达到最高；当蒸养时间为10h时，部分片状的托贝莫来石转化为纤维状的硬硅钙石；当蒸养时间延长为12h时，转化进行较为彻底，出现鳞片状的白钙沸石，纤维状的硬硅钙石将托贝莫来石和白钙沸石交织在一起，但是缺少骨架，使得强度降低。这说明随着蒸养时间的延长，托贝莫来

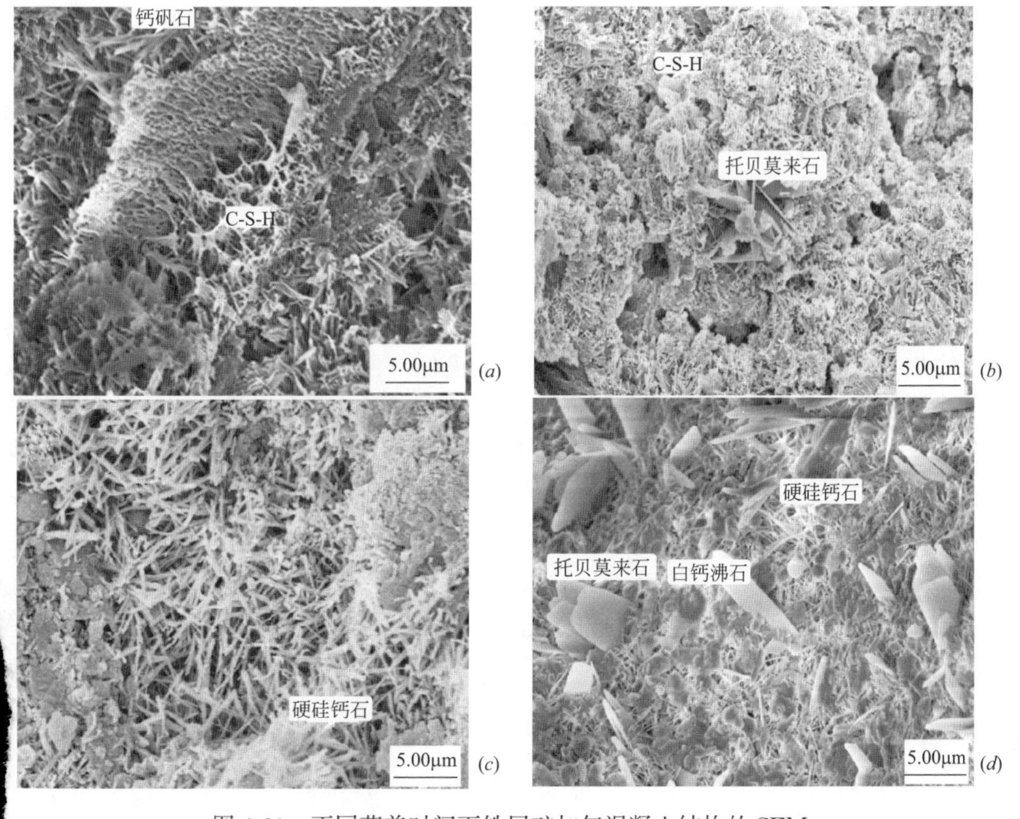

图 4-30　不同蒸养时间下铁尾矿加气混凝土结构的 SEM

(*a*) 6h; (*b*) 8h; (*c*) 10h; (*d*) 12h

石的结晶度先增加后减少，结晶良好的托贝莫来石数量减少，结构中骨架减少，导致制品的抗压强度降低。

4.4.6　小结

（1）通过 5 因素 4 水平的工艺正交分析。静养温度，蒸养温度呈显著性，蒸养温度＞静养温度；最优工艺：浇注温度 50℃，静养温度 50℃，静养时间 1.5h，蒸养温度 180℃，蒸养时间 8h。

（2）在相同的蒸养时间条件下，随着蒸养温度的增加，制备材料的强度先增加后减小，在 180℃时达到最大；当蒸养温度小于 180℃时，试样强度随时间的延长而增加，180℃时先增加后减小，大于 180℃时，呈降低趋势。

（3）随着蒸养温度的升高，C-S-H（Ⅰ）转化为碱度更低的水化硅酸钙，片状托贝莫来石含量先增加后减少。在 180℃时，纤维状的 C-S-H（Ⅰ）与片状托贝莫来石相互交织，紧密结合，有利于提高制备材料的强度。

（4）在蒸养温度为 180℃时，随着蒸养时间的延长，托贝莫来石的衍射峰强度先增加后减少，在大于 8h 时，托贝莫来石的晶粒变粗，鳞片状白钙沸石以及纤维状硬硅钙石的出现使结构中骨架减少、制品的性能下降。

4.5 发气性能研究

基于上述研究，确定最优物料配比：铁尾矿掺量为62%，水泥掺量为10%，石灰掺量为25%，石膏掺量为3%；最佳工艺参数：浇注温度为50℃，静养温度50℃，静养时间1.5h，蒸养温度180℃，蒸养时间8h。进一步研究水料比、铝粉掺量以及稳泡剂掺量对铁尾矿加气混凝土制备的影响。

4.5.1 水料比试验

水料比不仅会影响加气混凝土的强度，更对密度有较大的影响。水料比越小强度越高且密度也增加。如果水料比选择过大，浆料的稠度低，相应的稠化时间变长，容易导致气孔结构破裂造成塌模现象。水料比过小时，浆料的稠度高，稠化时间较短，影响铝粉的发气，导致气孔结构不均匀，形成的孔壁较厚，若此时铝粉的发起速度不足，导致出现憋气、沉模现象。因此，水料比的选择十分重要。水料比影响的研究方案见表4-23，结果如图4-31所示。

实验方案　　表4-23

水料比	铝粉(%)	稳泡剂(%)	干密度(kg/m^3)	绝干强度(MPa)
0.5	0.09	0.045	690	5.124
0.54	0.09	0.045	645	5.567
0.58	0.09	0.045	598	6.756
0.62	0.09	0.045	615	6.034
0.66	0.09	0.045	640	5.025

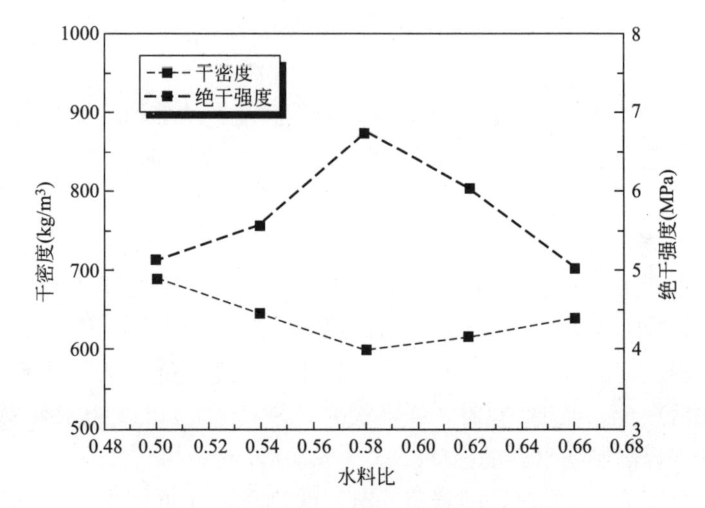

图4-31　不同水料比制品干密度和绝干强度

由图4-31可见，随着水料比的增加，铁尾矿加气混凝土的密度先减小后增大，绝

强度随着水料比的增加先增加后减小。在水料比为 0.58 时其绝干强度达到最大，为 6.76MPa。当水料比较小时，浆料的稠度大，流动性差，致使制品发气受阻，制品密度大；水料比增加，浆料流动性变大，制品发气得到改善，密度降低；当水料比为 0.58 时，浆料的稠化速度和铝粉的发气速度相当，使得制品发气效果最好，气孔结构均匀，密度达到最小。当水料比继续增加时，浆料的流动度继续增大，稠化时间变长，稠化速度小于铝粉的发气速度，铝粉发气生成的 H_2 溢出，铝粉上浮，导致制品气孔不均匀，密度变大。

4.5.2　铝粉发泡试验

加气混凝土的表观密度取决于制品的孔隙率，而孔隙率与加气量有着密切的关系，加气量又决定于铝粉的掺量，铝粉的掺量对制品的密度和强度起重要的作用。因此，本文研究铝粉掺量对铁尾矿加气混凝土的孔结构以及密度的影响。研究方案见表 4-24，铝粉掺量对密度的影响如图 4-32 所示，取不同铝粉掺量的铁尾矿加气混凝土试样的截面拍照，通过 photoshop 处理反相取图，其孔结构如图 4-33 所示。

不同铝粉掺量具体实验方案　　　　表 4-24

水料比	铝粉(%)	稳泡剂(%)	干密度(kg/m^3)
0.58	0.03	0.015	889
0.58	0.08	0.04	685
0.58	0.13	0.065	528
0.58	0.18	0.09	421

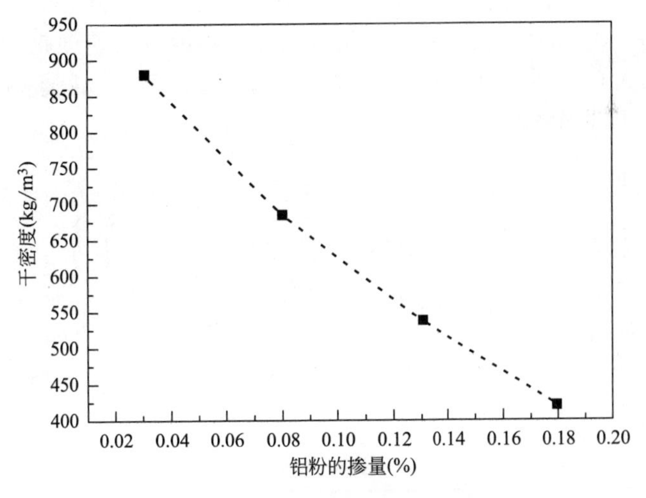

图 4-32　不同铝粉掺量的制品干密度

由图 4-32 可以看出，随着铝粉掺量的增加，制品的干密度一直减小。当铝粉掺量为 0.03%时，制品的干密度为 889kg/m^3。当铝粉掺量为 0.13%时，制品的干密度为 528kg/m^3。

由图 4-33 可见，随着铝粉掺量的逐渐增加，铁尾矿加气混凝土的气孔变大。当铝粉掺量为 0.03 时，铝粉掺量过小，浆料的稠化速度远大于铝粉的发气速度，气孔呈现细长

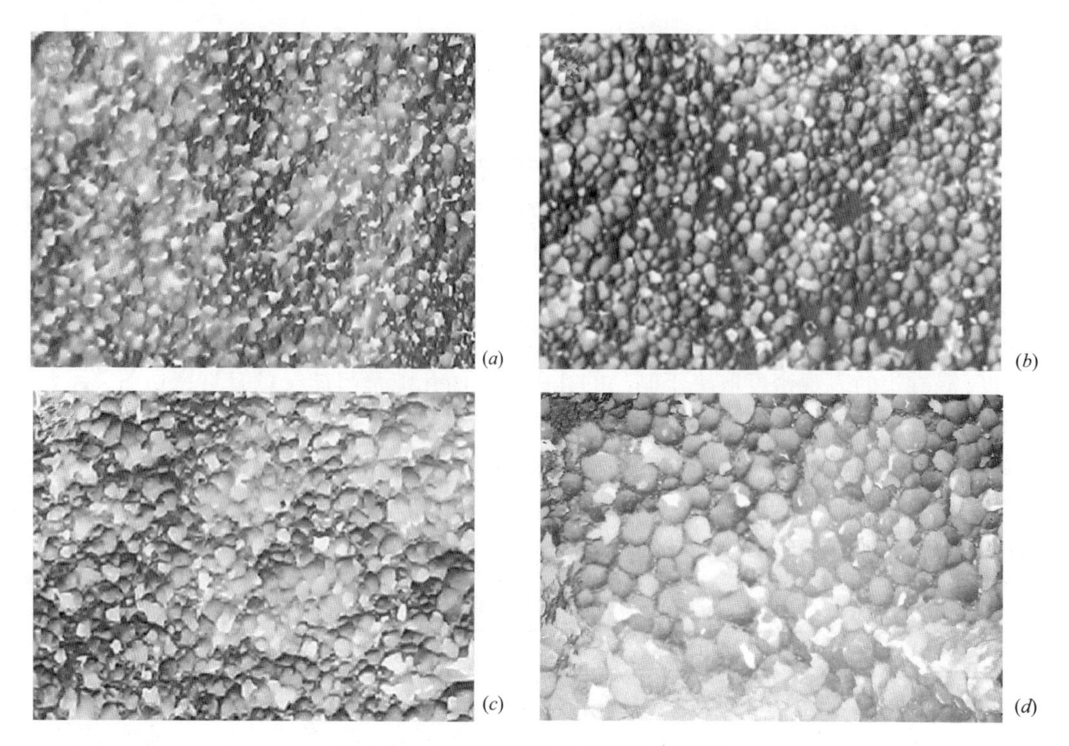

图 4.33 不同铝粉掺量制品的孔结构

(*a*) 0.03%；(*b*) 0.08%；(*c*) 0.13%；(*d*) 0.18%

状，导致制品的密度大；当铝粉掺量为 0.08 时，铝粉的发气速度增大，气孔的结构呈现为小、密集，制品的密度降低。随着铝粉掺量的继续增加，气孔大小逐渐变大，密度降低，当铝粉掺量为 0.18%时，由于铝粉掺量过大，铝粉的发气速度超过浆料的稠化速度，制品的气孔呈现为大孔，甚至由于铝粉反应剧烈，使铁尾矿加气混凝土中出现了裂纹，并对其抗压强度产生不利的影响。

4.5.3 稳泡剂试验

在加气混凝土制备中，经发气膨胀后，浆料不稳定，容易使形成的气泡逸出或破裂，影响浆料中气泡的数量和气泡尺寸的均匀性。因此，稳泡剂使用在制备加气混凝土中。稳泡剂掺量对铁尾矿加气混凝土的孔结构以及密度的影响实验方案见表 4-25，稳泡剂与密度的关系如图 4-34 所示，取不同铝粉掺量的制品截面拍照，通过 photoshop 处理反相取图，制品的孔结构如图 4-35 所示。

实验方案 **表 4-25**

水料比	铝粉(%)	稳泡剂(%)	干密度(kg/m^3)
0.58	0.13	0	485
0.58	0.13	0.065	525
0.58	0.13	0.13	702
0.58	0.13	0.195	754

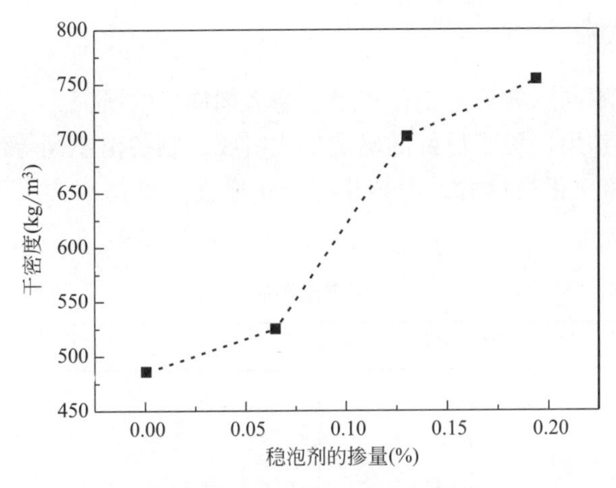

图 4-34　不同稳泡剂掺量的制品干密度

由图 4-34 可见，随着稳泡剂掺量的增大，铁尾矿加气混凝土的干密度增大，不掺稳泡剂时，密度最小，为 485kg/m^3；当稳泡剂的掺量为铝粉的 50%时，铁尾矿加气混凝土的干密度增加，为 525kg/m^3，继续增加稳泡剂，其干密度降低。

由图 4-35 可见，不掺加稳泡剂时，制品的孔结构呈现为气孔大，孔壁薄，制品密度小；当稳泡剂掺量为 0.065%时，浆料的稠化速度和铝粉发气速度一致，使得铁尾矿加气混凝土的气孔变小且呈圆形，密集，孔壁变厚，密度增加；当稳泡剂继续增加时，破坏了浆料稠度速度与铝粉发气速度的平衡，铁尾矿加气混凝土放入气孔不均匀，密度变大。当稳泡剂掺量为铝粉掺量 1.5 倍时，浆料变稠，不利于制品的发气，铁尾矿加气混凝土的气孔小、孔壁厚，密度变大。

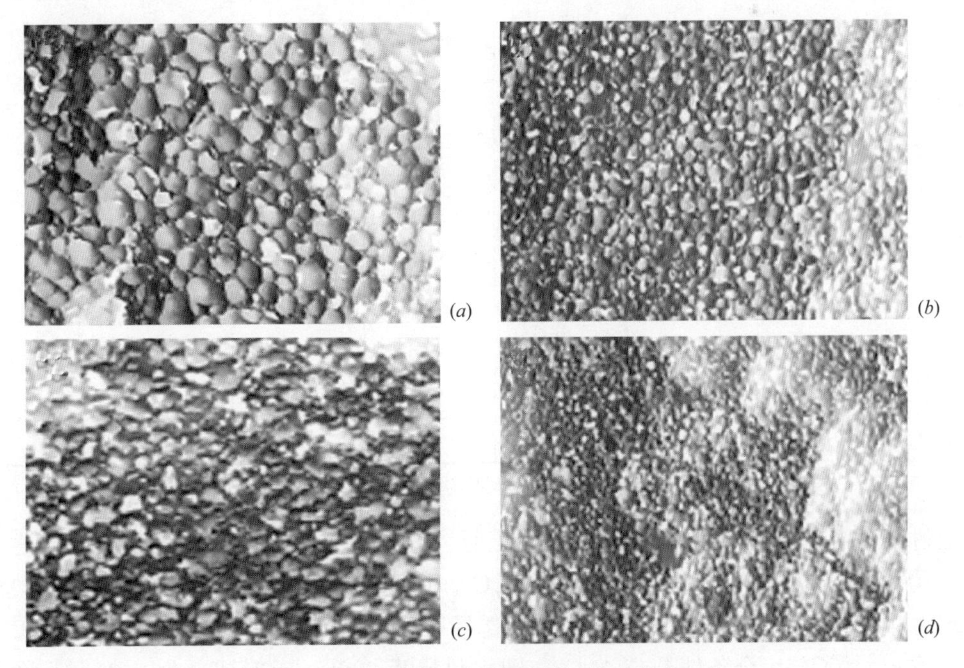

图 4.35　不同铝粉掺量制品的孔结构

(*a*) 0；(*b*) 0.065%；(*c*) 0.13%；(*d*) 0.195%

4.5.4 正交分析试验

通过单一变量对不同水料比、铝粉掺量、稳泡剂掺量的研究，三个因素对加气混凝土密度起到了决定性的作用，为了更好的确定配比组成，制备出不同等级的加气混凝土，选择三个因素设计 $L_9(3^4)$ 正交试验，考核指标是干密度。具体因素水平见表 4-26，试结果见表 4-27。

因素水平表　　表 4-26

因素	A 水料比	B 铝粉	C 稳泡剂
水平 1	0.50	0.06%	0.03%
水平 2	0.58	0.09%	0.06%
水平 3	0.66	0.12%	0.09%

试验结果的计算　　表 4-27

序号	因素				干密度 (kg/m³)	7d 绝干强度 (MPa)	比强度 (×10⁻³)
	A	B	C	空列			
1	1(0.50)	1(0.06%)	1(0.03%)	1	800	7.849	9.81
2	1(0.50)	2(0.09%)	2(0.06%)	2	689	5.756	8.35
3	1(0.50)	3(0.12%)	3(0.09%)	3	567	3.614	6.37
4	2(0.58)	1(0.06%)	2(0.06%)	3	868	8.484	9.77
5	2(0.58)	2(0.09%)	3(0.09%)	1	706	6.354	9
6	2(0.58)	3(0.12%)	1(0.03%)	2	558	3.583	6.45
7	3(0.66)	1(0.06%)	3(0.09%)	2	819	8.001	9.77
8	3(0.66)	2(0.09%)	1(0.03%)	3	640	6.034	9.43
9	3(0.66)	3(0.12%)	2(0.06%)	1	560	3.612	6.43
K_{1j}	2056	2487	1998	2066			
K_{2j}	2019	2035	2092	2066			
K_{3j}	2132	1685	2117	2075			
$\overline{K_{1j}}$	685.33	829	666	688.67			
$\overline{K_{2j}}$	673	678.33	697.33	688.67			
$\overline{K_{3j}}$	710.67	561.67	705.67	691.67			
R_j	25.33	267.34	39.67	3			

注：表中 K_{ij} $(i=1, 2, 3)$ 为每个因素对应的 3 水平实验结果之和；$\overline{K_{1j}}$ 为平均值，R 为极差。

通过表 4-27 可知，在制备 B08 级混凝土时，选择第 1 组最优，比强度最高，达到了 9.81×10^{-3}N/tex，其工艺组合条件是 $A_1B_1C_1$。即水料比为 0.50，铝粉掺量为 0.06%，稳泡剂为 0.03%。在制备 B07 级混凝土时，选择第 8 组最优，比强度最高，达到了 9.43×10^{-3}N/tex，其工艺组合条件是 $A_3B_2C_1$，即水料比为 0.66，铝粉掺量为 0.09%，稳泡剂为 0.03%。在制备 B06 级混凝土时，选择第 6 组最优，比强度最高，达到了 6.45×

10^{-3}N/tex，其工艺组合条件是 $A_2B_3C_1$，即水料比为 0.58，铝粉掺量为 0.12%，稳泡剂为 0.03%。通过极差分析可知各因素的影响主次为 B→C→A。通过进一步的计算可以进一步的确定最佳组合。方差分析的结果见表 4-28 所列。

方差分析表 **表 4-28**

方差来源	平方和	自由度	均方	F 值	显著性	临界值
A	2212.67	2	1106.333	122.93	**	$F_{0.01}(2,2)=99.0$
B	107778.7	2	53889.33	5987.7	**	$F_{0.05}(2,2)=19.0$
C	2624.67	2	1312.333	145.82	**	$F_{0.10}(2,2)=9.0$
误差	18	2	9			
总和	112634	8				

由方差分析表 4-28 可知，各因素的影响主次与极差分析一样：B→C→A，水料比和铝粉的掺量以及稳泡剂的掺量对制品的比强度有显著的影响。以各因素的水平为横坐标，以干密度的平均值为纵坐标，绘制各因素的趋势如图 4-36 所示，由图可见，各因素干密度的变化规律与单一变量分析的影响一致，制备各个等级的最优方案与直观分析一致。

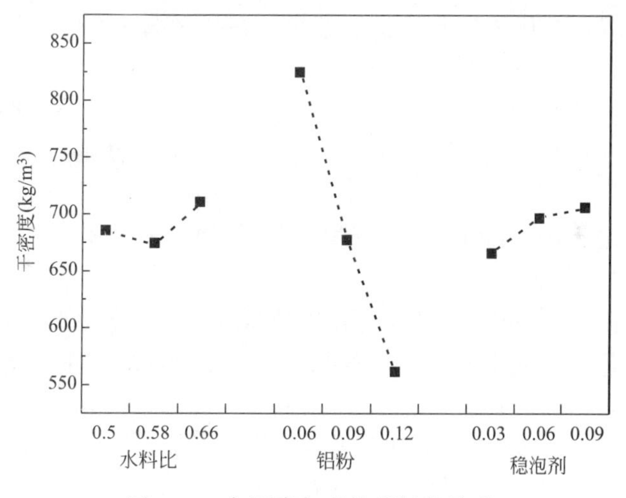

图 4-36　各因素与考核指标的关系

4.5.5　小结

（1）水料比作为单一变量变化时，随着水料比从 0.5 增加到 0.66，制品密度先减小后增大，抗压强度先增加后减少。在水料比为 0.58 时强度最大。对于制备固定等级的加气混凝土时，水料比有最佳值。

（2）铝粉掺量作为单一变量变化时，随着铝粉掺量从 0.03%增加到 0.18%，制品密度一直减小，制品的气孔大小逐渐变大。当铝粉掺量过小时，气孔结构呈细长状；铝粉掺量过大时，气孔结构呈大泡状；只有当铝粉掺量适当时，气孔结构呈圆形，均匀分布。

（3）稳泡剂掺量作为单一变量变化时，随着稳泡剂掺量从 0 增加到 0.195%，制品密度一直增加，制品的气孔大小逐渐变小。

（4）通过4水平3因素的正交实验。铝粉，水料比，稳泡剂呈显著性。对于因素影响的显著程度，水料比>稳泡剂>铝粉，铝粉掺量0.12%（占总物料），水料比0.58，稳泡剂0.03%（占总物料），制品密度强度满足标准B06的要求；铝粉掺量0.09%（占总物料），水料比0.66，稳泡剂0.03%（占总物料），制品密度强度满足标准B07的要求；铝粉掺量0.06%（占总物料），水料比0.66，稳泡剂0.09%（占总物料），制品密度强度满足标准B08的要求。

4.6 总结

在研究了物料配比，工艺制度，以及发气剂等对铁尾矿加气混凝土密度和力学性能的影响后总结如下：

（1）水泥作为单一变量变化时，随着水泥掺量从4%增加到16%，铁尾矿加气混凝土的密度变化不大，抗压强度先增加后减少，在掺量为13%时最大；

（2）石灰作为单一变量变化时，随着石灰掺量从20%增加到30%，铁尾矿加气混凝土的密度变化不大，抗压强度先增加后减少，在掺量为25%时最大；

（3）石膏作为单一变量变化时，随着石膏掺量从1%增加到5%，铁尾矿加气混凝土的密度先减小后增大，抗压强度先增加后减少，在掺量为3%时最大。掺量继续增加到8%，制品密度增加，抗压强度降低；

（4）通过4因素3水平的物料正交设计优化。水泥、石灰、石膏掺量对铁尾矿加气混凝土的抗压强度都呈显著性，水泥>石灰>石膏。最优配比：铁尾矿∶水泥∶石灰∶石膏＝62∶10∶25∶3；

（5）随着钙硅比从0.5增加到0.8，铁尾矿加气混凝土比强度先增加后减小，其最佳钙硅比为0.65；

（6）通过5因素4水平的工艺正交分析。静养温度，蒸养温度呈显著性，蒸养温度>静养温度；最优工艺：浇注温度50℃，静养温度50℃，静养时间1.5h，蒸养温度180℃，蒸养时间8h；

（7）在相同的蒸养时间条件下，随着蒸养温度的增加，铁尾矿加气混凝土的抗压强度先增加后减小，在180℃时达到最大；当蒸养温度小于180℃时，试样强度随时间的延长而增加，180℃时先增加后减小，大于180℃时，呈降低趋势；

（8）随着蒸养温度的升高，C-S-H（Ⅰ）转化为碱度更低的水化硅酸钙，片状托贝莫来石含量先增加后减少。在180℃时，纤维状的C-S-H（Ⅰ）与片状托贝莫来石相互交织，紧密结合，有利于提高铁尾矿加气混凝土的抗压强度；

（9）在蒸养温度为180℃时，随着蒸养时间的延长，托贝莫来石的衍射峰强度先增加后减少，在大于8h时，托贝莫来石的晶粒变粗，鳞片状白钙沸石以及纤维状硬硅钙石的出现使结构中骨架减少、铁尾矿加气混凝土的性能下降；

（10）水料比作为单一变量变化时，随着水料比从0.5增加到0.66，铁尾矿加气混凝土的密度先减小后增大，抗压强度先增加后减少。在水料比为0.58时强度最大。对于制备固定等级的加气混凝土时，水料比有最佳值；

（11）铝粉掺量作为单一变量变化时，随着铝粉掺量从0.03%增加到0.18%，铁尾矿加气混凝土的密度一直减小，制品的气孔大小逐渐变大。当铝粉掺量过小时，气孔结构呈细长状；铝粉掺量过大时，气孔结构呈大泡状；只有当铝粉掺量适当时，气孔结构呈圆形，均匀分布；

（12）稳泡剂掺量作为单一变量变化时，随着稳泡剂掺量从0增加到0.195%，铁尾矿加气混凝土的密度增加，气孔逐渐变小；

（13）通过4水平3因素的正交实验。铝粉，水料比，稳泡剂呈显著性。对于因素影响的显著程度，水料比>稳泡剂>铝粉，铝粉掺量0.12%（占总物料），水料比0.58，稳泡剂0.03%（占总物料）铁尾矿加气混凝土的密度强度满足标准B06的要求；铝粉掺量0.09%（占总物料），水料比0.66，稳泡剂0.03%（占总物料）铁尾矿加气混凝土的密度强度满足标准B07的要求；铝粉掺量0.06%（占总物料），水料比0.66，稳泡剂0.09%（占总物料）铁尾矿加气混凝土的密度强度满足标准B08的要求。

本章参考文献

［1］张继能，顾同曾. 加气混凝土生产工艺［M］. 武汉：武汉工业大学出版社，1994.

［2］张巨松. 混凝土学［M］. 哈尔滨：哈尔滨工业大学出版社，2011.

［3］П. И. 波任诺夫. 蒸压材料工艺学［M］. 北京：中国建筑工业出版社，1985.

［4］蒲心诚，赵镇浩. 灰砂硅酸盐建筑制品［M］. 北京：中国建筑工业出版社，1980.

［5］Franklin，H. A. Nonlinear Analysis of Rein foreed Conerete Frames and Panels，Ph. D. Dissertation，Division of Struetural Engineering and Struetural Meehanies，University of California，Berkeley. 1970，3：29-38

［6］Nilsson，Arthur H. Nonlinear Analysis of Reinforeed Conerete by the Finite Element Method，ACI Journal. 1968，65（9）：77-82

［7］张浩. 海南昌江铁尾矿加气混凝土砌块的制备及加气砖在热带地区耐久性分析［M］. 海南：海南大学

［8］N. Narayanan，K. Ramamurthy. Microstrural investigations on aerated concrete［J］. Cement and Concrete Research，2000，30：457-464.

［9］Hulya Kus，Thomas Carlsson. Microstructural investigations of naturally and artificially weathered autoclaved aerated concrete［J］. Cement and Concrete Research，2003，33：1423-1432.

［10］Fumiaki Matsushita，Yoshimichi Aono，Sumio Shibata. Carbonation degree of autoclaved aerated concrete［J］. Cement and Concrete Research，2000，30：1741-1745.

［11］N. Y. Mostafa. Influence of air-cooled slag on physicochemical properties of autoclaved aerated concrete［J］. Cement and Concrete Research，2005，35：1349-1357.

［12］Ioannis Ioannou，Andrea Hamilton，Christopher Hall. Capillary absorption of water and n-decane by autoclaved aerated concrete［J］. Cement and Concrete Research，2008，38：766-771.

［13］André Hauser，Urs Eggenberger，Thomas Mumenthaler. Fly ash from cellulose industry as secondary raw material in autoclaved aerated concrete［J］. Cement and Concrete Research，1999，29：297-302.

［14］朱风明. 干养护加气混凝土反应机理与物理性能研究［D］. 黑龙江：大庆石油学院硕士学位论文.

[15] 王舫.低硅尾矿加气混凝土蒸养条件下反应机理的研究 [D].武汉：武汉理工大学.2003
[16] 陈杰.B05 级加气混凝土制备及其热工分析 [D].武汉：武汉理工大学.2009.
[17] 袁誉飞.外墙用轻质高强节能保温加气混凝土的研制 [D].广州：华南理工大学硕士学位论文，2011.
[18] 清华大学抗震抗暴工程研究室. 加气混凝土构件的计算及其试验基础 [M]. 北京：清华大学出版社，1980.
[19] 王秀芬.加气混凝土性能及优化的试验研究 [D]. 西安：西安建筑科技大学，2006.
[20] 王长龙，倪文，乔春雨，王爽，吴辉，李媛.铁尾矿加气混凝土的制备和性能 [J].材料研究学报，2013，27 (4)：157-162.
[21] 陈吉春. 矿业尾矿微晶玻璃制品的开发利用 [J]. 中国矿业，2005，14 (5)：83-85.

第5章 铁尾矿加气混凝土的耐久性能

5.1 概述

5.1.1 国内外铁尾矿综合利用现状

近年来，经济发展与资源环境保护的矛盾日益突出，国内外都在发展经济的同时，对资源进行整合与集约化管理，以减少对自然环境的破坏。随着我国经济的快速发展和矿产资源的不断开采，每年都会有大量的工业尾矿产生，就我国的矿山企业而言，每年就约有26.5亿t的尾矿产生，而其综合回收利用率还不到7%，尚未被利用的尾矿与每年新增的尾矿经过常年堆积，不仅占用了国家大量的土地，还给当地的土地资源环境带来了不可逆转的损害。

(1) 国内综合利用现状

国内对工业尾矿综合利用的起步相对较晚，但近二三十年来针对尾矿的理论研究及应用都有了长足的发展。随着国家政策上的鼓励与支持，国内的很多高校、科研院所及诸多企业针对不同种类工业尾矿的化学组成、结构及物理特性研发了多种具备高附加值的新型建筑材料，如通过激发其活性制备的常温水合型材料（尾矿蒸压砖），有些种类的尾矿组分与水泥基材料比较相近而制备胶结型材料（利用尾矿制备的水泥制品），以及考虑尾矿在高温条件下具备的优良性能而制备的建筑材料和工业材料（尾矿玻璃，尾矿陶瓷，尾矿烧结砖）等。国内的利用现状主要分为回收有价金属和提纯非金属矿物两部分，在整体利用中主要用于制备水泥、陶瓷、砌块、微晶玻璃、地砖、加气混凝土、混凝土细骨料等，但大多数工业尾矿的处理仍以堆存为主。

关于尾矿的利用，主要集中在以下几个方面：

1）制备建筑用砖

我国对尾矿的应用研究比较多的一个方向是利用尾矿制备建筑用砖，如蒸压砖、免烧砖等。减少黏土的使用，利用尾矿及粉煤灰等制备墙体用砖，可以具备良好的力学性能。

陈建波等以低硅尾矿为主要原料，选用适宜的活性激发剂，充分混合，在一定压力条件下，在模具中成型，加热至200℃左右，并利用蒸汽养护，制备建筑用砖，该砖体具备较好的力学性能。

尾矿以其粒径偏小的特征可尝试作为细骨料应用于混凝土砌块中。中国地质科学院与寿王坟铜矿合作开发铜尾矿，利用其制备混凝土小型空心砌块及彩色光亮地坪砌块等一系列产品，均以工业的废弃物为制备原料，在国家相关政策的支持下尝试应用，其制品具有节约能源、施工方便、自重轻及减震等特点，还具备一定的美化效果。

宋守志等对鞍山式铁尾矿的化学组成、相组成及物理特性等性能进行测试分析，认为铁尾矿可制成烧结砖。以煤粉为燃料，添加适当的烧结助剂，在高温条件下，制备多孔砖，但其体积密度偏大，不易控制气孔的孔径及分布，隔热性能较弱。

利用尾矿主要原料可制备多种建筑产品，尤其是以石英为主要矿物组成的工业尾矿，可以制备免烧砖、蒸压砖、烧结砖等，其制品一般抗压强度较高、体积密度较大。

2）在陶瓷工业中的应用

制备尾矿陶瓷可以节省黏土的消耗，且利用尾矿制备成的陶瓷材料具备优良的性能。

黄英利用珍珠岩尾矿及助剂，在1200℃下制备全晶质多孔结构陶瓷，其具备明显的性能优势，如吸附性、耐腐蚀性、透气性及环境相容性等。

用高岭土、尾砂为原料在1100℃制备外墙砖坯料，其性能良好。

石棉尾矿的主要化学成分为 SiO_2、CaO、Fe_2O_3 及 MgO 等，其物相组成主要为石英、蛇纹石及滑石等，可以作为陶瓷材料，但因其含钛杂质及铁杂质常用于地砖的生产，经过适当的工艺处理后，也可以用作优良的日用陶瓷材料。

国内的尾矿陶瓷制品尚处于实验室研究阶段，目前还没有大规模生产应用。

3）在微晶玻璃中的应用

尾矿中含有制备微晶玻璃所需的 CaO、MgO、Al_2O_3、SiO_2 等基本成分。陈吉春尝试利用硅尾矿制备微晶玻璃。以铁尾矿为主要原料，加入适量的 MgO，使其成 CaO-Al_2O_3-MgO-SiO_2 系统，能制备高性能、低成本的微晶玻璃。

廖其龙以石棉尾矿为主要原料，在高温条件下，制成微晶玻璃建筑装饰板材。

4）在水泥工业中的应用

在水泥制品中，尾矿可以起到矿化剂的作用，节省水泥用量，减少制备水泥时热量的消耗，减轻这一过程中对环境的污染。

目前，国内有研究表明可以利用铅锌尾矿及铁尾矿制备水泥。铅锌尾矿其 SiO_2、CaO 及 Fe_2O_3 的含量较高，可以制备水泥熟料。利用铅锌尾矿配料还可以显著降低生料的烧成温度，减少熟料的能耗。山东省乐县特种水泥厂利用铜尾矿制备水泥，可节约生产成本。

除铅锌尾矿及铁尾矿外，金尾矿（含有较高含量的 Fe_2O_3 及较低含量的 Al_2O_3）也可以制备普通硅酸盐水泥，尤其是道路水泥。以硅锰尾矿及锡尾矿为主要原料，添加助溶剂等，可以制备早期强度较高的熟料。尾矿的属性不同，制备的水泥的类型也不同，高铝尾矿适合生产铝酸盐水泥，而白色水泥原料则可以选择铁含量较低的尾矿。利用石英含量高的尾矿做为水泥原料成本较高，不适合大规模的工业化生产。

综上所述，我国尾矿的建筑材料与工业材料的开发仍在起步与探索阶段，没有较为系统的理论，实践中成功的案例不多。

(2) 国外综合利用现状

国外对于尾矿的利用研究相对较早。美国及很多欧洲国家在开采矿产的同时，已经可以大量高效的消耗伴生的工业废弃物。很多发达国家早在20世纪中期就开始了对尾矿进行回收利用的研究工作。其利用尾矿制备材料的主要途径有以下几个方面：

1）在建筑墙体材料中的应用

加拿大利用铁尾矿制备建筑材料的技术已经较为成熟，尤其是制备墙体材料。科林斯等人利用铁尾矿制备灰砂砖。魁北克矿山把粒径小于 74μm 粒级的铁尾矿粉与1%的木质磺酸钙充分混合，并在一定的压力下制备成砖坯，然后在高温下烧制成强度较高的硅砖。

日本的 Yagi 和 Seihci 等人利用尾矿及硅藻土按一定比例混合后，制成坯体，对其进行高温烧制，研制了低密度墙体骨料。

在美国随着高品位铁矿储量减少，低品位的铁隧岩被大量开采以提供钢铁企业生产所用，铁隧岩的尾矿可以用来制备密度可调的轻质砖。

2）在微晶玻璃上的应用

国外利用尾矿制备微晶玻璃的研究较早。利用尾矿取代石英砂，添加长石等原料生产工艺玻璃制品，配方中加入经过简单加工过的尾砂及其助剂，在坩埚窑内熔融后，可吹制各种造型的杯子、花瓶、灯罩等玻璃制品，材质均一，美观，力学性能好，成品率极高。

3）在水泥混凝土方面的应用

苏联的克里活罗格铁矿将尾矿进行适当分级，粒径大于 14mm 的尾矿用来替代黄砂作混凝土制品中的填充料以及替代少量水泥用于混凝土中。

俄罗斯另外两家铁矿企业可夫多耳和卡奇卡内耳，研究了低品位的铁矿尾矿，结果显示：尾矿中除 $MgSiO_3$ 类矿物含量丰富外，还含有粒度范围较大的低硅火成岩成分。实验结果表明这两个铁矿的尾矿可以通过适当的制备工艺生产具有胶凝性的矿物材料，而且还可以烧制陶瓷、用蒸养法制备建材以及用作混凝土掺和料等。

据此，俄罗斯研发了铁尾矿掺入率超过 80%的胶凝物质，充分利用尾矿中的 $MgSiO_3$ 类矿物，混合胶凝物质中的活性添加剂选用生石灰和波特兰水泥，经过煅烧工艺得到了石灰—辉岩水泥或石灰—橄榄岩水泥，这些混合胶凝物质制品的物理化学性能及耐久性能优良。库尔斯科铁矿利用铁尾矿生产水泥和玻璃原料取得了一定的经济利益；高加索矿物研究所证明了铁尾矿制备硅酸盐墙面装饰材料的可行性。

(3) 铁尾矿的潜在利用价值

铁尾矿的矿物成分主要有方解石、长石、辉石、石榴子石、石英、绿泥石等，多数属于钙铝硅酸盐型尾矿，其化学成分主要为：SiO_2、Al_2O_3、Fe_2O_3、CaO 等。尾矿的矿物成分和化学组成与硅酸盐产品成分比较接近，如对尾矿成分适当处理，科学配料，亦可大量用于制备建筑材料及工业轻质材料。随着技术的进步，尾矿有望成为具备高附加值的新型绿色建筑与工业材料。

(4) 铁尾矿在利用中存在的问题

我国工业尾矿的利用从技术到政策，从政府到企业还存在诸多问题亟待解决，主要问题如下：

1）尾矿每年新增量大，利用率低

我国目前堆积尾矿超过 100 亿吨，每年的新增量达到了 12 亿吨。而尾矿的综合利用率还不足 10%。我国采矿的力度每年都在不断的加大，致使我国每年尾矿的新增量都在逐年升高。我国对于尾矿资源的研发利用还处于起步阶段，尾矿的利用一般都伴随着较大的能耗，成功应用的案例不多。

2）尾矿研究的科技投入不足

对尾矿利用的前瞻性技术开发的重视程度不够。尾矿的利用多停留在成本低廉、施工简便的层面上，对尾矿的理论研究相对较浅，缺乏创新。

3）缺乏系统的数据统计

目前，国内尚缺乏对于全国尾矿利用的基础性的数据统计信息，不利于国家制定及时高效易行的政策。

4）普遍缺乏对尾矿利用的认识程度

尾矿作为矿产的伴生组分，常常被大家忽视，尤其是在一些经济不发达的地区。人们在重视经济建设的同时，忽视了对自然环境的保护。没有对尾矿的危害程度深刻认识，没有规划尾矿的处理。

5）对尾矿利用的经济补偿不够

国家虽然越来越重视对环境的保护，并且对工业废弃物的处理有了一定的认识并且颁布了相关的法规及政策，但是，对于尾矿利用的环保补贴不够或补偿较晚减少了许多企业对尾矿利用的积极性，因为尾矿本身是一种惰性材料，将其制备成具备优良性能的建筑或工业制品需要大量的用于前期研究和尝试生产应用的经费。补偿资金的短缺，严重影响了尾矿的消耗。

5.1.2 加气混凝土概述

(1) 国内外加气混凝土的发展趋势

1）国外的应用与发展趋势

自 1881 年起，德国利用石灰和硅砂在高温水热反应的条件下制备出灰砂砖之后，为了降低混凝土的表观密度，多国专家研究了混凝土的加气方法，并于 1914 年获得成果。在 1889 年，捷克霍夫曼利用了盐酸和碳酸钠制造出了加气混凝土。1919 年，柏林格罗海用金属粉末作发泡剂，生产出加气混凝土。1923 年瑞典人埃里克森独创了用铝粉作为发泡剂制备加气混凝土的发明专利，铝粉发气量大，并且来源广，从而为加气混凝土的大规模生产提供了条件。此后，随着工艺制度、技术以及设备的改进，工业化生产日益成熟，1929 年在瑞典就进行了大规模工业化生产加气混凝土并有了世界上最早的加气混凝土厂，其生产出来的加气混凝土具有良好的保温性，加气混凝土产品在瑞典、德国等国家得到了广泛的应用。

在至今不到 70 年的时间里，加气混凝土得到了前所未有的发展，在瑞典形成了“伊通”和“西波列克斯”两大专利及相应的一批工厂，“伊通”技术已在 23 个国家建立了 44 条生产线，每年生产规模高达 1184 万 m^3。许多国家开始引进生产技术，自主研发新的加气混凝土制备技术，并获得新的发明专利，例如德国的海波尔、荷兰的求劳克斯、波兰的乌尼泊尔、丹麦的司梯玛。二战前，生产加气混凝土的国家主要集中在北欧，总产量也不过 100 万 m^3。至今，无论是寒冷地区还是炎热地带，生产和应用加气混凝土的国家大约有 70 多个。加气混凝土砌块主要应用于低层建筑，如个人住宅和少数一些公共设施中，并在应用过程中形成了相应的应用规程和标准。

N. Narayanan, K. Ramamurthy 等人制备了水泥基加气混凝土，并以砂子或粉煤灰为填料，通过对加气混凝土抗压强度和干缩变化解释微观结构的变化，得到高温蒸压氧化对粉煤灰加气混凝土水化反应不利。Hulya Kus, Thomas Carlsson 等人对蒸压加气混凝土的显微结构的变化进行了研究，特别是化学降解以及碳化过程进行了研究。为加气混凝土耐久性的研究提供了依据。N. Y. Mostafa 等人研究了水淬高炉渣对蒸压加气混凝土物理化学性能的影响，利用水淬高炉渣代替石灰和砂子，通过对不同蒸养时间制品抗压强度以及水化产物的研究，得到用 50%水淬高炉渣代替低钙石灰以及 10%取代高钙石灰制备高强度加气混凝土的方法。Fumiaki Matsushita 等人对蒸压加气混凝土碳化程度进行了研究。Ioannis Ioannou 等人对加入正癸烷制备加气混凝土毛细吸水率进行了研究。AndréHauser 等人利用纤维素行业中的粉煤灰作为第二原料制备加气混凝土，并用粉煤灰取代石灰，但是导致生产的制品强度降低，证明了这种类型的粉煤灰在实践中不适用。

2）国内的应用与发展趋势

我国在20世纪30年代，由上海地区最先制备和使用加气混凝土，应用了加气混凝土的建筑沿用至今。紧接着在1965年北京建了我国最早的加气混凝土厂。在20世纪70年代中期以来中央和各省市有关部门开始纷纷投资建设加气混凝土厂，截至2007年底，我国已经建成投产的加气混凝土厂有596个。加气混凝土在我国有了初步的发展，通过不断引进国外的先进设备和技术，不断健全理论与实践相结合的体系，我国学者逐渐总结出了属于自己的制备加气混凝土技术，并达到了一定的高度。我国主要停留在粉煤灰，灰砂，矿渣加气混凝土的领域，并做到了不小的规模。国内的发展主要体现在南方城市，在东北地区，加气混凝土的生产还处于低潮期。

国内许多高校和研究院对加气混凝土做了不少研究，例如武汉理工大学王舫等对程潮低硅铁尾矿通过人工手段进行激活，以低硅尾矿作为主要原料，加入磨细的石英砂、石灰、水泥和水，并选择不同的外加剂制备加气混凝土，最终在205℃，蒸养9h，制备的加气混凝土符合国家标准中A3.5B06合格品的要求。武汉理工大学陈杰等人利用硅质固体废弃物制备B05级加气混凝土，并通过硅质材料的细度，物料掺量，养护制度的研究以及对制品的热工分析，为以后学者的研究提供了理论依据。华南理工大学袁誉飞等人主要选用石灰、水泥、粉煤灰以及铝粉膏与物理引气材料共同作用成功制备出B07-A7.5蒸压加气混凝土，并应用matlab数字处理研究孔结构。清华大学研究含水率对矿渣砂加气混凝土强度的影响，并得出在最大应力强度时的早期变形较小，后期变形较大的结论。王秀芳将硅油和脂肪酸盐作为防水剂分别对加气混凝土进行憎水处理，发现掺脂肪酸盐效果好，并制备出表观密度为639kg/m^3，抗压强度为4.43MPa，饱和吸水率为44.6%的加气混凝土。

综上所述，目前东北地区加气混凝土的研究很少，而辽宁地区尾矿的堆积数量高居我国第三，本论文主要是结合本地铁尾矿的性能，并利用铁尾矿作为唯一的主要硅质材料制备加气混凝土，并与地方企业共同推进东北地区加气混凝土的工业生产的发展。解决环境问题的同时带来了经济的发展。

(2) 加气混凝土在使用中的优点

1）质量小：加气混凝土的孔隙达70%～85%，干密度一般为400～900kg/m^3，为普通混凝土的1/5，黏土砖的1/4，空心砖的1/3，与木质材料密度相差不多，能浮于水，可减轻建筑物自重，进而可减小建筑物的基础及梁、柱等结构件的尺寸，大幅度降低建筑物的综合造价，并且提高建筑物的抗震能力。

2）防火：加气混凝土的主要原材料大多为无机材料，而无机材料不易燃，故具有良好的耐火性能，并且遇火不会产生有害气体。耐火高达650℃，为一级耐火材料，9cm厚墙体耐火性能达245min，30cm厚墙体耐火性能达520min。

3）保温、隔声：加气混凝土属于多孔材料，由于材料内部具有大量的气孔和微孔，因而具有良好的保温隔热性能和吸声能力。导热系数通常为0.09～0.22W/（m·K)，仅是黏土砖的1/5～1/4。通常20cm厚的加气混凝土墙的保温隔热效果，相当于49cm厚的普通实心黏土砖墙。10mm厚墙体可达到41dB。

4）抗渗、耐久：因材料内部由许多独立的小气孔组成，吸水导湿缓慢，同体积吸水至饱和所需时间是黏土砖的5倍。用于卫生间时，墙面进行界面处理后即可直接粘贴瓷砖。材料强度稳定，在对试件大气暴露一年后测试，强度提高了25%，十年后仍保持稳定。

5）抗震：同样的建筑结构，比黏土砖提高2个抗震级别。

6）环保：制造、运输、使用过程无污染，可以保护耕地、节能降耗，属绿色环保建材。

7）加工方便：制备加气混凝土时不需要粗骨料，具有良好的可加工性，可锯、刨、钻、钉，并可用适当的粘结材料粘结，为建筑施工创造了有利的条件。

8）经济：加气混凝土可以用砂子、矿渣、粉煤灰、尾矿、煤矸石、生石灰、水泥等原材料生产，可以大量的利用工业废渣，综合造价比采用实心黏土砖降低5%以上，并可以增大使用面积，大大提高建筑面积利用率。而且生产效率高，耗能较低，单位制品的生产耗能仅为同体积黏土砖能耗的一半。

5.1.3 加气混凝土抗冻性的研究现状及评价方法

(1) 抗冻性的研究现状

加气混凝土的抗冻性是评价其耐久性的一个重要指标。加气混凝土砌块经冻融循环产生的破坏主要有冻胀开裂和表面剥蚀两种。水在砌块的毛细孔中结冰造成冻胀开裂使弹性模量、抗压强度、抗拉强度等力学性能下降。

目前提出的混凝土冻融破坏机理有以下几种，即静水压假说、渗透压假说、冰晶生长、水分迁移理论、充水系数理论、临界饱水值理论等，其中最具代表性的是Powers与Helmuth提出的以下两种：

1）静水压假说

静水压假说认为，毛细孔中的水在－12℃时会结冰，水转变为冰时体积膨胀9%，迫使未结冰的孔溶液从结冰区向外迁移，因而产生静水压力。当静水压力超过混凝土的抗拉强度时，发生破坏。

2）渗透压假说

渗透压假说认为，由于混凝土孔溶液含有Na^+、K^+、Ca^{2+}等盐类，大孔中的部分溶液先结冰后，未冻溶液中盐的浓度上升，与周围较小孔隙中的溶液之间形成浓度差，这个浓度差的存在使小孔中的溶液向已部分冻结的大孔迁移。即使是浓度为0的孔溶液，由于冰的饱和蒸气压低于同温下水的饱和蒸气压，小孔中的溶液也要向已部分冻结的大孔溶液迁移。可见渗透压是孔溶液的盐浓度差和冰水饱和蒸气压差共同形成的。

无论是静水压假说还是渗透压假说，其破坏机理都是基于水在冻融循环中的作用而提出的，因此水作为导致材料冻害的重要因素被众多研究人员在抗冻性研究中予以考虑。在这些研究中以含水率对材料抗冻性能影响的研究较多。一般而言，材料的吸水率越大抗冻性越差，反之抗冻性越好。另外，材料的抗冻性与其孔结构有很大关系。由于在制作过程中加入发气剂，加气混凝土的孔结构与其他砌体材料完全不同，其抗冻性能也有所不同。

由于冻融破坏现象极为复杂，大部分理论是以纯物理模型为基础，经假设和推导而得出的，由于冻融破坏机理尚不成熟，有关论点也存在分歧，因此迄今为止，对冻融破坏机理，国内外尚未得到统一的认识和结论。但是，毛细孔中水的冻结膨胀及未结冰的孔溶液向结冰区迁移产生极大的压力，是冻融破坏的根源，这一点也是被公认的。

(2) 加气混凝土抗冻性的评价方法

抗冻性是评价材料耐久性的重要指标之一。由于非烧结砌块的固化机理与混凝土的固化机理相似，这类材料的耐久性及其影响因素也有相同之处，因此，衡量加气混凝土抗冻性的指标也可以参照混凝土的抗冻性指标。

英国规范 BS 5075-2：1982 规定混凝土的冻融试验方法为：所用试件尺寸为 75mm×75mm×（225～305）mm，要求试件在 24h 内于－15±3℃的温度下冻 16～17h，在 20±2℃的水中养护 72±2h，经过 50 次冻融循环后计算出相对长度变化率。

美国规范对混凝土快速冻融试验方法推荐了两种在试验室内快速测定混凝土抗冻性的方法，分别是快速冰冻水融法和快速气冻水融法，这两种方法规定冻融循环温度在－17.8～4.4℃范围内，规定每个试件应连续进行冻融循环 300 次后相对动弹性模量≥60%，不满足该标准的，即为非抗冻性混凝土，表明这是一个相对的指标。

我国混凝土抗冻性的试验方法主要依据《普通混凝土长期性能和耐久性能试验方法》GB/T 50082—2009，分为慢冻法和快冻法。慢冻法是将立方体试件（试件尺寸根据混凝土中集料的最大粒径选定）在 28d 龄期时进行冻融循环试验。试验前将试件放在 15～20℃的水中浸泡 4d，再于－15～－20℃的温度下冰冻 4h，然后于 15～20℃的水中融化 4h，以此作为一个冻融循环。以抗压强度下降不超过 25%，质量损失不超过 5%时，混凝土所能承受的最大冻融循环次数来表示抗冻等级。

根据我国国家标准《蒸压加气混凝土性能试验方法》GB/T 11969—2008，加气混凝土抗冻性的试验要求试块尺寸和数量为 100mm×100mm×100mm 立方体试块一组 3 块。要求试块浸入水温为 20±5℃恒温水槽中保持 48h，取出后放入－15℃以下的低温箱中，当温度降至－18℃时记录时间，在－20±2℃下冻 6h 取出，放入 20±5℃的恒温水槽中融化 5h，以此作为一次冻融循环，如此循环 15 次为止，每隔 5 次循环检查并记录试块在冻融过程中的破坏情况。

5.1.4　主要内容和意义

(1) 研究内容

在大量查阅国内外相关资料的基础上，采用理论分析与实验研究相结合的方法对铁尾矿加气混凝土的抗冻性进行研究，研究不同因素对铁尾矿加气混凝土抗冻性的影响。通过对不同组铁尾矿加气混凝土的宏观性能和微观实验的对比，分析影响其抗冻性的因素。重点研究石灰掺量、孔隙特征、外掺物三个因素对铁尾矿加气混凝土抗冻性的影响，并通过 XRD、SEM 对试样进行微观测试，研究加气混凝土内部的微观结构和水化产物的变化。结合加气混凝土力学性能的研究，分析并总结影响铁尾矿加气混凝土抗冻性的主要因素。具体内容为：

1）研究石灰掺量对铁尾矿加气混凝土抗冻性的影响。

2）研究孔隙特征对铁尾矿加气混凝土抗冻性的影响。

3）研究外产物对铁尾矿加气混凝土抗冻性的影响。

4）宏观分析。包括物理力学实验和抗冻性实验。

5）微观分析。通过对不同石灰掺量，不同外掺物制备的加气混凝土进行 XRD、SEM 的测试，探讨及分析材料的微观结构。

6）理论分析。通过将试验数据与 XRD 和 SEM 结合分析，对加气混凝土抗冻性的影响因素进行总结分析。

（2）研究意义

尾矿的综合利用水平已然成为一个国家科技水准与经济发达程度的衡量标志。我国为了保护环境和增加能源的利用率，对黏土砖的生产采取了限制政策，鼓励使用具有节能、节土、轻质的新型墙体材料。因此出台了相关文件，并在每五年计划里都提到资源利用环境保护的问题，随着经济的发展和钢铁行业的需求，每年都会产生大量的铁尾矿废渣堆积，不仅对环境产生危害，而且尾矿大量的堆积占用大量的土地。如何将这等废弃物得以充分合理应用是摆在我们面前尤为重要的事业。所以，铁尾矿的综合利用就显得分外重要。

加气混凝土砌块具有多种优良的性能，如轻质、保温、吸声，以及简便的生产、操作、施工程序。加气混凝土在节能和环保方面的作用不愧为新型绿色建筑保温材料，符合国家的相关政策要求，同时在建筑市场又具备广阔应用前景。随着经济发展，工业尾矿的大量出现，对环境保护提出了更高的要求。但又由于铁尾矿的抗冻性问题，使得这种产品迟迟未能推广使用。为了同时满足环境的要求，迫切需要解决铁尾矿加气混凝土抗冻性的问题，以使得尾矿利用相关技术得到进一步突破。

5.2 实验原材料及方法

5.2.1 原材料

（1）铁尾矿

选用辽宁省本溪市歪头山铁尾矿粉，其表观密度为 2.77g/cm^3，为加气混凝土提供 SiO_2，化学成分见表 5-1，XRD 分析如图 5-1 所示，铁尾矿粉的粒度分析见表 5-2，粒径级配曲线如图 5-2 所示。

铁尾矿的化学组成（%） **表 5-1**

组成	SiO_2	Fe_2O_3	Al_2O_3	CaO	MgO	烧失	总计
含量	63.39	18.56	3.49	7.14	4.25	1.93	98.76

由表 5-1 可知，铁尾矿粉的主要成分包括 SiO_2、Al_2O_3 和 Fe_2O_3 等，约占总质量的 86%，SiO_2 的含量约为 63.4%，满足制备加气混凝土硅质材料需要大于 60%～70%的要求。XRD 分析表明，在铁尾矿粉中的 SiO_2 主要以 α-石英的形式存在，在衍射角度 26.6°左右，其衍射峰值最强，Al_2O_3 主要以普通角闪石的形式存在，Fe_2O_3 和 MgO 主要以磁赤铁矿的形式存在，CaO 主要以钙铁辉石的形式存在。

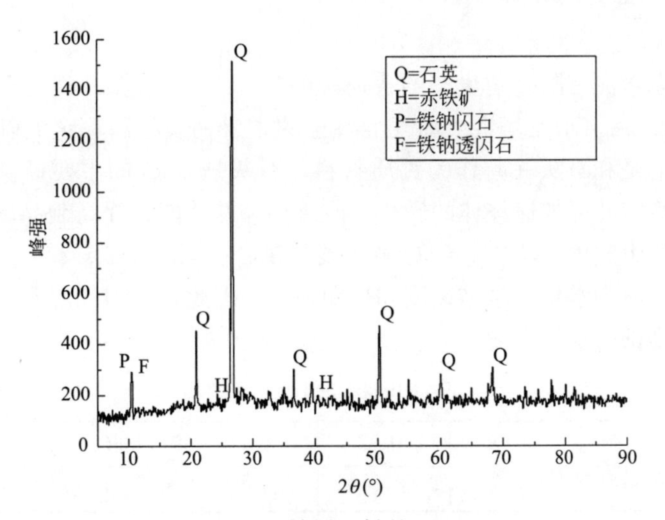

图 5-1　铁尾矿粉的 XRD

铁尾矿粉的粒度分析　　　　**表 5-2**

筛孔孔径(mm)	0.075	0.15	0.3	0.6	1.18	2.36	4.75
通过百分率(%)	3.2	19.3	48.3	77.7	93.4	100	100

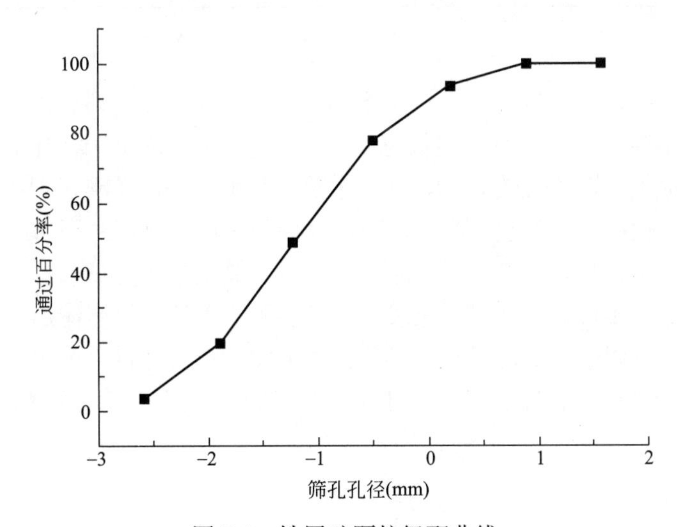

图 5-2　铁尾矿颗粒级配曲线

筛分研究表明，铁尾矿粒径均小于 5mm，粒径在 0.3～0.6mm 范围的占多数，约占总量的 29.4%（质量比）。细度模数由式（5-1）计算，铁尾矿的细度模数为 1.623，属于细砂。对于加气混凝土的制备，对原材料粒度的要求，细骨料粒度在 0.08mm 筛的筛余不大于 20%。因此，对所使用的铁尾矿进行粉磨处理。

$$M_f = \frac{(A_{2.36} + A_{1.18} + A_{0.60} + A_{0.30} + A_{0.15}) - 5A_{4.75}}{100 - A_{4.75}} \tag{5-1}$$

式中　M_f——砂的细度模数；

$A_{4.75}$，$A_{2.36}$，$A_{1.18}$，$A_{0.60}$，$A_{0.30}$，$A_{0.15}$——分别为 4.75mm，2.36mm，1.18mm，0.60mm，0.30mm，0.15mm 各筛的累计筛余百分率（%）。

（2）水泥

选用沈阳冀东水泥有限公司生产的普通硅酸盐 42.5 级水泥，其化学组成和性能指标分别见表 5-3 和表 5-4。水泥是生产加气混凝土的主要钙质材料，它可以作为钙质材料单独使用，但更多的是和石灰一起作为钙质材料，石灰是 CaO 的主要提供者，水泥的作用主要是保证浇注稳定并可加速坯体的硬化，改善坯体的性能并提高制品质量。另外，在水泥熟料的四种矿物组成中，C_3S 是 CaO 的主要提供者。同时，C_3S 和 C_4AF 水化反应进行得最快，决定着水泥的水化、凝结速度和早期强度。因此，对加气混凝土料浆的发气、凝结硬化和制品强度都有重要影响。

水泥的化学组成（%） **表 5-3**

组成	SiO_2	Fe_2O_3	Al_2O_3	CaO	MgO	SO_3	烧失
含量	21.84	4.38	5.69	62.36	1.76	2.53	1.47

水泥的性能指标 **表 5-4**

细度(0.08mm 筛余)(%)	凝结时间(min)		安定性	抗压强度(MPa)		抗折强度(MPa)	
	初凝	终凝		3d	28d	3d	28d
3.4	133	212	合格	22.1	50.8	4.8	8.6

（3）石灰

市售生石灰，有效钙含量大于 70%，消解时间 8～10min，消解温度 87℃，0.08mm 方孔筛的筛余量小于 10%，其化学组成见表 5-5。石灰为制备加气混凝土的钙质材料，与硅酸盐水泥共同提供所需的有效 CaO，并在水热条件下与铁尾矿和水泥中的 SiO_2、Al_2O_3 相互作用，生成水化硅酸钙等水化产物，为加气混凝土提供强度。同时，也为铝粉发气提供碱性环境，促进铝粉与碱溶液进行反应生成氢气，其反应式见式（5-2）。石灰消解是放热反应，产生热量，不仅为加气混凝土浆料提供热源，而且促使坯体加速凝结硬化，使坯体获得早期强度，以便于切割；同时，石灰也是水硬性胶凝材料，可增加料浆的稠度，降低稠化时间。生石灰的要求指标参照《硅酸盐建筑制品用生石灰》JC/T 621—2009 见表 5-6。

$$Al + H_2O \xrightarrow{OH^-} Al(OH)_3 + H_2 \tag{5-2}$$

石灰的化学组成（%） **表 5-5**

组成	SiO_2	Fe_2O_3	Al_2O_3	CaO	MgO	SO_3	烧失
含量	5.21	1.36	3.95	79.82	3.92	0.35	4.07

石灰的性能指标 **表 5-6**

		优等品	一等品	合格品
A(CaO+MgO)(%)	≥	90	75	65
MgO(%)	≤	2	5	8
SiO_2(%)	≤	2	5	8

续表

		优等品	一等品	合格品
CO_2(%)	≤	2	5	7
消解速度(min)	≤	15	15	15
消解温度(℃)	≥	60	60	60
未消解残渣(%)	≤	5	10	15
0.08mm 方孔筛筛余量(%)	≤	10	15	20

(4) 石膏

选用脱硫石膏（$CaSO_4 \cdot 2H_2O$），游离水含量为 10%～15%，呈较细的颗粒状，平均粒径为 30～70μm。化学组成见表 5-7，粒径分布见表 5-8。作为制备铁尾矿加气混凝土的调节剂，石膏可以降低石灰的消化速度，也可以延缓水泥的水化，并且在制品静停养护过程中能促进 C-S-H 凝胶和水化硅酸钙的生成，为坯体提供早期强度，有利于拆模和切割。在蒸养过程中，石膏还可以促使 C-S-H（B）向柳叶状的托贝莫来石转化，使铁尾矿加气混凝土强度提高。

脱硫石膏的化学组成（%）　　**表 5-7**

组成	SiO_2	Fe_2O_3	Al_2O_3	CaO	MgO	SO_3	烧失
含量	2.3	0.6	0.8	32.6	1.1	41.4	19.1

脱硫石膏的粒径分析　　**表 5-8**

粒度(μm)	80	60	50	40	30	20	10	5
筛余(%)	5.0	15.5	8.3	21.9	31.0	15.7	1.7	1.4

(5) 铝粉

发气材料是制备加气混凝土的关键材料，它能够在浆料中发气形成大量细小而均匀的气泡使得混凝土具有更低的密度。可以作为发气剂的材料主要有铝粉、过氧化氢、漂白剂等。采用市售的铝粉，与酸溶液反应置换出酸中的氢，也能与碱溶液反应生成铝酸盐和氢气。金属铝在空气中很容易被氧化生成氧化铝，氧化铝在空气中和水中是稳定的，但是在酸碱溶液中会生成新的盐，使保护层被破坏。由于使用的铝粉往往颗粒表面已经氧化，因此铝粉需要在碱性环境下使用。反应化学方程式式（5-3）和式（5-4）。

无石膏存在时：

$$2Al+3Ca(OH)_2+6H_2O \longrightarrow C_3A \cdot H_2O+3H_2\uparrow \tag{5-3}$$

有石膏存在时：

$$2Al+3Ca(OH)_2+3CaSO_4 \cdot 2H_2O+25H_2O \longrightarrow C_3A \cdot CaSO_4 \cdot 31H_2O+3H_2\uparrow \tag{5-4}$$

所选铝粉的产品质量及各项指标符合加气混凝土用铝粉的国家标准《镍和镍合金板》GB/T 2054—2013，见表 5-9。

加气混凝土用铝粉技术指标　　表 5-9

代号	80μm 筛余(%)	活性铝含量(%)	盖水面积(m^2/g)	油脂含量(%)
FL01	<1	≥85	0.42～0.60	2.8～3.0
FL02	<1	≥85	0.42～0.60	2.8～3.0
FL03	<0.5	≥85	0.42～0.60	2.8～3.0

注：1. 活性铝含量为铝粉中能在碱性介质中反应放出氢气的铝粉占铝粉总量的百分比。
2. 盖水面积是用来反映铝粉细度和粒形的指标，是 1g 铝粉按单层颗粒无间隙排列在水面上所能覆盖水面的面积。

(6) 稳泡剂

浆料经发气膨胀后很不稳定，形成的气泡很容易逸出甚至破裂，影响了浆料中气泡的数量和尺寸，以及均匀性。为了减少这种现象的发生，可以在浆料配制时掺入一些可以降低表面张力，改变固体润湿性的表面活性剂物质来稳定气泡。在我国加气混凝土生产中，常用的稳定剂有可溶油、氧化石蜡皂等。

氧化石蜡皂稳泡剂是石油工业的副产品，以石蜡为原料，在一定温度下通过空气进行氯化，再用苛性钠加以皂化后制得的饱和脂肪酸皂。使用时用水溶解成 8%～10%的溶液。可溶性油类稳泡剂是用花生油酸、三乙醇胺和水制成的稳泡剂。

5.2.2 仪器

(1) 球磨机

型号：SM-500，主要用于将铁尾矿颗粒球磨至实验所需要的颗粒细度。

(2) 恒温干燥箱

型号：101-/E，主要用于原材料的干燥以及为加气混凝土试样在静停养护时提供恒温温度和样品的绝热供干称重。

(3) 水热反应釜

型号：YZF-2S 型蒸压釜，主要用于铁尾矿加气混凝土试样的高温蒸压养护过程，使物料在高温高压蒸汽的环境中反应，生成成分稳定、强度高的水化产物。

(4) 冻融试验箱

主要用于铁尾矿加气混凝土试样的抗冻性实验。

(5) 压力机

型号：RGM-100A 型试验压力机，主要用于测量试样不同龄期下的抗压强度。

(6) X 射线衍射仪

型号：Rigaku Ultima IV 型，主要用于分析试样内部的水化产物的组成。

(7) 扫描电子显微镜

型号：日立 S4800、NTB-4B，主要用于观察制备试样的内部微观图像。

(8) 单反相机主要用于拍摄制备试样截面的照片，用于分析其孔隙特征。

型号：Canon 60D (18-135mm)，其他仪器烧杯、温度计、玻璃棒、模具、脱模油等。

5.2.3 测试方法

(1) 干密度测试方法

根据《蒸压加气混凝土性能试验方法》GB/T 11969—2008 中规定，取一组 3 块

100mm×100mm×100mm的试块放入电热鼓风干燥箱内，于60±5℃下保温24h，然后于80±5℃下保温24h，再于105±5℃下烘至恒质（M_0），记下每块试块的质量。恒质是指在烘干过程中间隔4h，前后两次质量差不超过试件质量的0.5%。逐块测量试块的长、宽、高三个方向的轴线尺寸，精确到1mm，计算试块的体积V_0。由式（5-5）进行干密度计算。

$$r_0=\frac{M_0}{V_0}\times 10^6 \tag{5-5}$$

式中　r_0——试件的干密度（kg/m^3）；

M_0——试件烘干后的质量（g）；

V_0——试件体积（mm^3）。

（2）抗压强度测试方法

根据《蒸压加气混凝土性能试验方法》GB/T 11969—2008中规定，压力机符合现行《液压式万能试验机》GB/T 3159—2008及《试验机通用技术要求》GB/T 2611—2007中的要求，测量精度为±1%，同时压力机加载速率可有效控制在2.0±0.5kN/s。

将养护达到测试龄期的100mm×100mm×100mm试块放在材料试验下压板的中心位置，试件的受压方向应垂直于制品的发气方向，开动试验机，当上压板与试件接近时，调整球座，使接触均衡，保持加载速率为2.0±0.5kN/s均匀加载，记录试件破坏时的最大压力P_1，由式（5-6）进行抗压强度计算。

$$f_{cc}=\frac{P_1}{A_1} \tag{5-6}$$

式中　f_{cc}——试件的抗压强度（MPa）；

P_1——试件破坏载荷（N）；

A_1——试件的受压面积（mm^2）。

由于加气混凝土的绝干强度与试块的干密度联系紧密，所以本文中采用比强度对各因素进行评价。比强度（R_h）的定义为试块绝干抗压强度和干密度的比值，按式（5-7）进行计算。

$$R_h=\frac{R_c}{\rho_0} \tag{5-7}$$

式中　R_c——试样抗压强度（MPa）；

ρ_0——绝干密度（kg/m^3）。

（3）物相分析和微观观察

X射线衍射仪主要用于对试样进行物相分析，以及对无机物、有机物的定性及半定量分析，是采用衍射光子探测器和测角仪来记录衍射线位置及强度的分析仪器，能获得材料的矿物成分，以及内部原子和分子的结构、形态等信息。本实验主要是采用粉末法对不同石灰掺量、不同外产物所制备的加气混凝土试样进行物相分析。先将试样在100±5℃温度下烘干至恒重，再将试样磨细至平均粒径在80μm左右，通过过320目的筛子，制片后，利用Rigaku Ultima Ⅳ型X射线衍射仪，采用铜靶作为X射线产生物质，步长为（0.001～45）min^{-1}。

SEM扫描电子显微镜是利用聚焦电子束在样品上扫描时激发的某种物理信号来调制

一个同步扫描的显像管在相应位置的亮度而成像的显微镜。主要特点如下，①焦深大，图像富有立体感，适合于物质表面形貌的研究；②放大倍数范围广，几乎覆盖了光学显微镜和 TEM 的范围；③固体制样非常方便，只要样品尺寸适合就可以放到仪器中去观察，样品的电子损伤小。利用日立 S4800 扫描电子显微镜，将不同铁尾矿加气混凝土试样破碎后，观察试样断面的微观结构特征。

(4) 实验参照标准

试验参照标准如下：

1)《蒸压加气混凝土砌块》GB 11968；

2)《通用硅酸盐水泥》GB 175—2007；

3)《蒸压加气混凝土性能试验方法》GB/T 11969—2008；

4)《硅酸盐建筑制品用粉煤灰》JC/T 409—2016；

5)《硅酸盐建筑制品用砂》JC/T 622—2009。

5.2.4 技术路线

研究分别从不同石灰掺量、不同孔隙特征和不同外掺物三方面入手，对铁尾矿加气混凝土试样进行力学性能和抗冻性相关实验，并进行了物相组成分析和微观形貌观察，进而对铁尾矿加气混凝土抗冻性的影响因素进行了深入分析。

实验技术路线如图 5-3 所示。

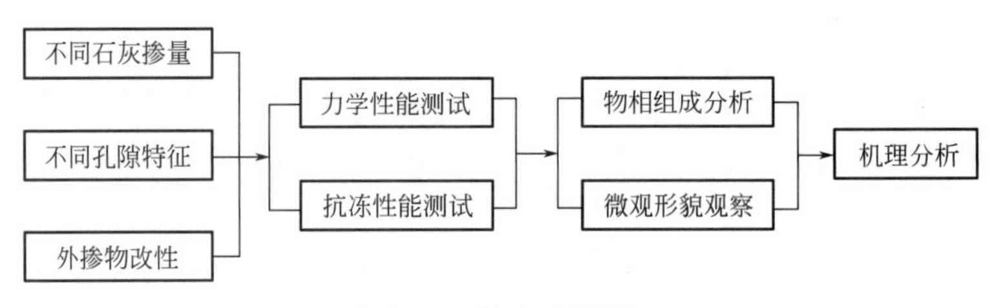

图 5-3 技术路线图

5.3 石灰掺量对力学性能及抗冻性的影响

5.3.1 石灰掺量对试样力学性能的影响

石灰对铁尾矿加气混凝土的强度、密度、吸水率等的影响按表 5-10 的实验方案进行。

实验方案　　表 5-10

编号	原材料配比(g)(质量比)				铝粉掺量(%)	水料比
	铁尾矿	石灰	水泥	石膏		
A1	60	15	12	3	0.2	0.52
A2	60	25	12	3	0.2	0.52
A3	60	35	12	3	0.2	0.52
A4	60	45	12	3	0.2	0.52

根据以上方案将铁尾矿、石灰、水泥、石膏、铝粉膏配料并充分混合，以 0.52 的水灰比进行搅拌，经 3min 的搅拌后，浇筑于 70mm×70mm×70mm 的模具中，静停 6h 后拆模，对试样进行蒸压养护，分别编号为 A1、A2、A3、A4。利用 RGM-100A 试验机测量试样的抗压强度；通过吸水率试验测其吸水率；经冻融实验后测试其质量损失率和抗压强度损失率。分别利用 Ultima IV 多功能 X 射线衍射仪（XRD）和 NTB-4B 扫描电子显微镜（SEM）研究铁尾矿加气混凝土 14d 的微观结构特征。养护 3d、7d、14d 后，分别测量其不同龄期下的抗压强度，14d 龄期时不同石灰掺量试样的抗压强度、密度及吸水率等，实验参照《蒸压加气混凝土性能试验方法》GB/T 11969—2008 进行。试验结果如图 5-4～图 5-7 所示。

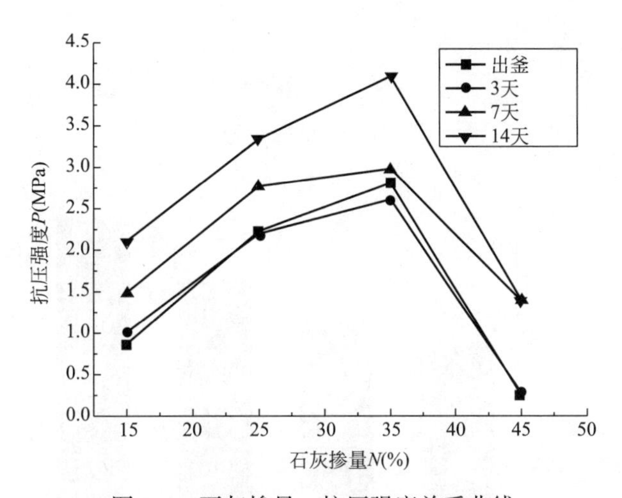

图 5-4　石灰掺量—抗压强度关系曲线

由图 5-4 可知，石灰掺量对铁尾矿加气混凝土的抗压强度有显著影响，随着石灰掺量的提高，铁尾矿加气混凝土试样的抗压强度也随之升高，但当石灰掺量超过 35％时，铁尾矿加气混凝土的抗压强度又明显的下降，石灰掺量为 45％时，其抗压强度低于石灰掺量为 15％时的抗压强度。

由图 5-5 可知，养护龄期对铁尾矿加气混凝土的抗压强度有显著的影响，试样养护 3d 内，其抗压强度增长缓慢，养护 3d 后其强度随着养护龄期呈线性增长。这可能是由于在 3d 内加气混凝土因干燥收缩导致结构受到轻微的破坏，而这种破坏对强度的影响却因内部水化对强度的提升得以抵消，进而在 3d 的抗压强度基本保持不变；又因为 3d 内不足以使加气混凝土内部完全水化，而水化对加气混凝土抗压强度的提高要远大于干燥收缩对其的影响，因此，在 14d 抗压强度的趋势上仍保持缓慢上升的规律。

石灰掺量对试样吸水率、密度及强度的影响如图 5-6 和图 5-7 所示。

由图 5-6 可知，随着石灰掺量的增加，铁尾矿加气混凝土试样的吸水率缓慢上升，可能会对制备试样的抗冻性造成不利影响，因此，石灰的掺量不宜过高，能够实现与铁尾矿中的活性二氧化硅充分反应的量即可。

由图 5-7 可知，石灰掺量对加气混凝土的抗压强度有显著影响，随着石灰掺量的提高，铁尾矿加气混凝土试样的抗压强度先升后降，其中 A3 组的抗压强度最高，A4 组最低。在其他条件相同条件下，石灰掺量对铁尾矿加气混凝土试样的密度、抗压强度均有显

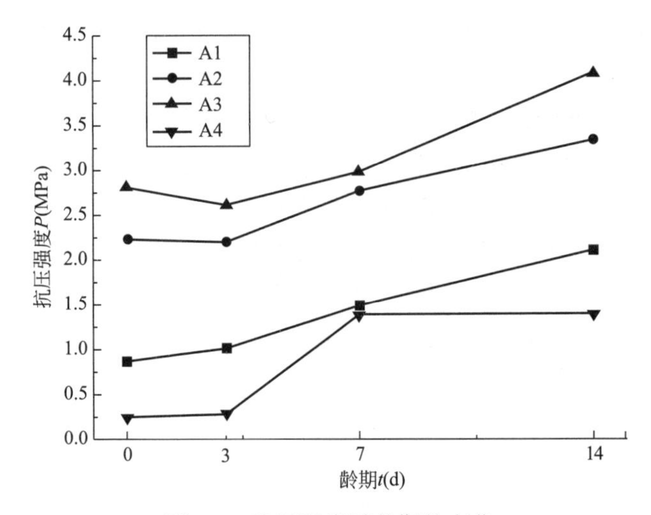

图 5-5　抗压强度随龄期的变化

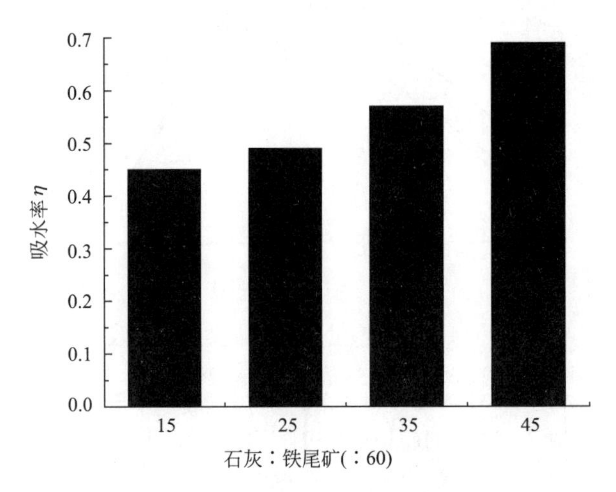

图 5-6　石灰掺量对试样吸水率的影响

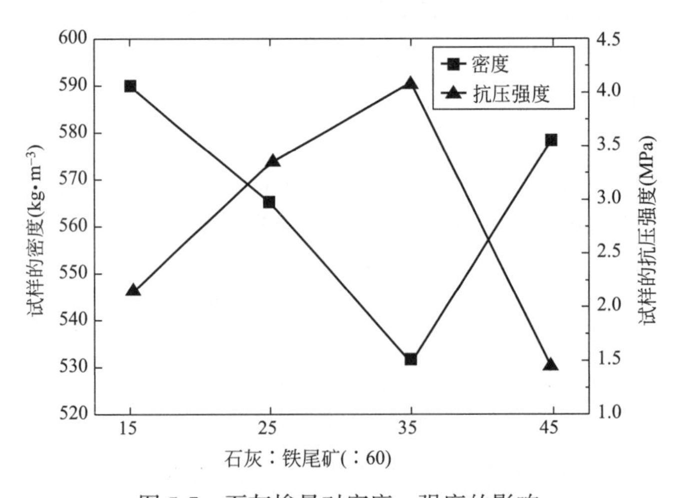

图 5-7　石灰掺量对密度、强度的影响

著影响，并且 A3 组达到了 4 组中最高的抗压强度和最低的密度。随着石灰掺量的提高，体系碱性升高，而铝粉膏在各组试样中的掺量均相同，因此，密度的变化规律是由于铝粉膏的适应性所导致的。铝粉膏在 A3 组的石灰掺量下获得了最佳适应性；而 A4 组由于浆料的碱性过大，使得铝粉膏反应过于剧烈，发气时间迅速减短，造成大量气体在浆体凝结前便流失到空气中，进而导致了 A4 组的高密度；而对于 A1 和 A2 组，可能是由于浆料的碱性不足以使铝粉膏完全反应或在浆体凝结之前完全反应，进而导致了密度高于 A3 组的结果。强度的变化规律可能是由于水化产物的生成数量和结晶程度所导致的，因为只有适当的石灰掺量才能达到适当的钙硅比，进而使得水化产物的种类、数量、结晶程度以及结构搭接形式达到较好的状态。

5.3.2　石灰掺量对试样抗冻性能的影响

对各组铁尾矿加气混凝土试样分别进行 3、6、9、12、15 次冻融循环实验，研究冻融后试样的质量损失率和抗压强度损失率，其结果分别如图 5-8 和图 5-9 所示。

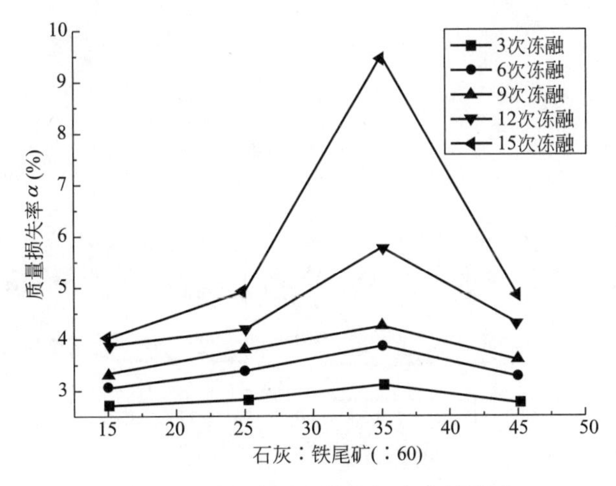

图 5-8　石灰掺量对质量损失率的影响

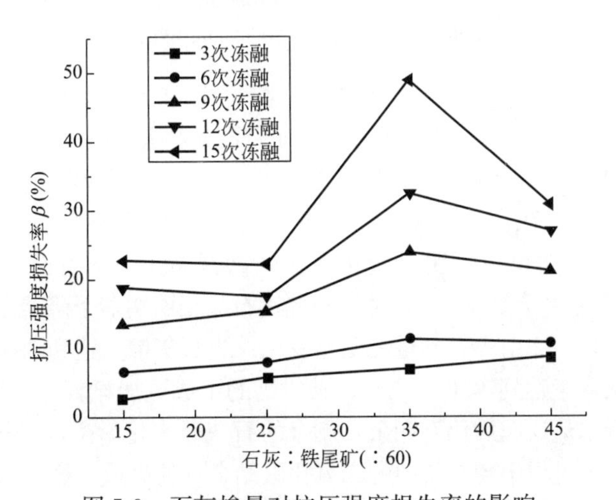

图 5-9　石灰掺量对抗压强度损失率的影响

随着石灰掺量的提高，冻融后铁尾矿加气混凝土试样的质量损失率和抗压强度损失率逐渐增大，当石灰掺量大于35%时，其质量损失率和抗压强度损失率又降低。其中15次冻融循环后，A3组的质量损失率高达9.5%，其抗压强度损失率高达48.9%，均达到最大值。而A1、A2、A4组的质量损失率均小于5%，A1、A2组的抗压强度损失率均小于25%，且只有A1、A2组能达到墙体材料冻融循环实验的测试标准。

5.3.3 微观分析

在蒸压养护条件下，以铝粉膏作为发气剂，以生石灰和铁尾矿作为主要原料，经过一系列的物理化学反应，钙质材料与硅质材料生成一系列水化产物，如托贝莫来石、硬硅钙石、水化硅酸钙等，这些产物将加气混凝土中各固体颗粒胶结在一起，形成牢固的整体结构，并赋予加气混凝土全新的物理化学性质。因此，这些水化产物含量的多少、结晶程度的高低以及结构的搭接形式，直接决定了加气混凝土物理、力学等性能。

不同石灰掺量制备的加气混凝土试样经14d养护后，其XRD分析如图5-10所示，SEM分析如图5-11所示。

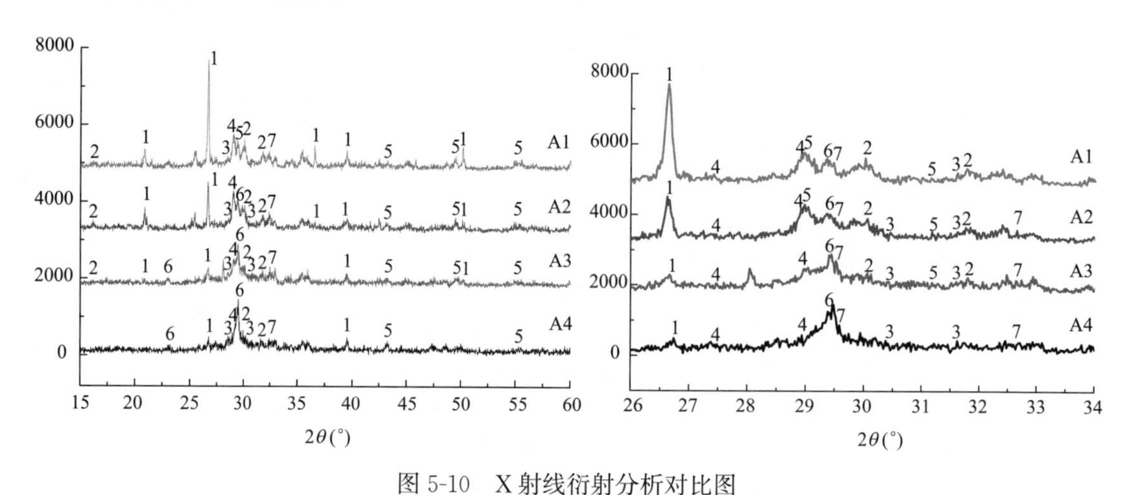

图5-10 X射线衍射分析对比图

1-Quartz；2-Tobermorite-11A；3-C-S-HⅡ；4-Xonotlite；5-Calcium Silicate Hydroxide Hydrate；6-Calcium；7-Calcium Silicate

由图5-10可知，养护14d的铁尾矿加气混凝土中的结晶相主要以二氧化硅、托贝莫来石、水化硅酸钙、硬硅钙石、碳酸钙为主。随着石灰掺量的提高，二氧化硅晶相逐渐减少，当石灰掺量为35（A3）时，二氧化硅晶相已由尖锐的峰形变为丘状峰，直至消失；托贝莫来石的晶相只出现在A1、A2、A3组中，含量并无明显变化；C-S-H（Ⅱ）只出现在A2、A3、A4组中，含量也无明显变化；硬硅钙石晶相由随着石灰掺量的提高有明显的增加，但当石灰掺量大于35（A3）时，硬硅钙石晶相由明显下降至基本消失；水化硅酸钙晶相则只出现于A1、A2组中，含量无明显变化；当石灰掺量达到25时（A2），开始出现碳酸钙的结晶，石灰掺量达到45时（A4），碳酸钙的生成更加显著。这是由于A4组中的石灰与铁尾矿充分进行水热反应后仍有剩余，剩余的石灰经水化后生成了氢氧化钙，而生成的氢氧化钙在14d的养护过程中与空气中的二氧化碳结合，便生成了稳定的碳酸钙。

对比发现，A1组中含有结晶二氧化硅，且C-S-H（Ⅱ）不明显，由于只有适当的钙

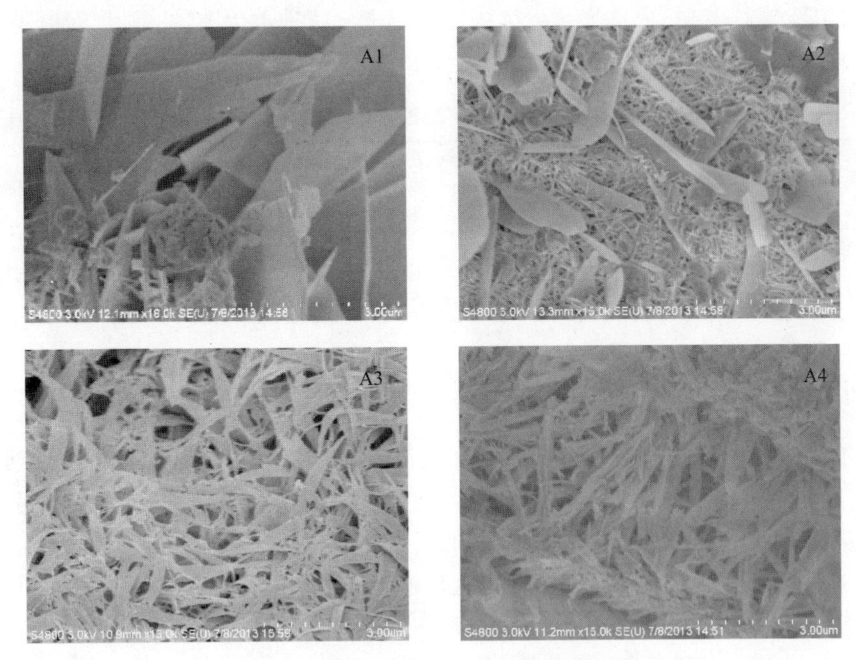

图 5-11　铁尾矿加气混凝土的水化产物

硅比（CaO/SiO_2）才能生成 C-S-H（Ⅱ）晶相，说明铁尾矿中的 SiO_2 与全部的 CaO 反应后，生成 C-S-H（Ⅱ）的钙硅比不合理，有剩余的 SiO_2 存在，因此 A1 组的石灰掺量过低，未能与铁尾矿中的二氧化硅大量反应。A4 组中存在最为明显的碳酸钙，但二氧化硅不明显，说明石灰掺量过量，并导致水化产物大量减少。A2 和 A3 组中存在少量的二氧化硅晶相和大量水化产物，且无明显的碳酸钙晶相生成，说明铁尾矿中的二氧化硅与石灰反应基本完全，无明显的碳酸钙生成。根据杨波尔研究的数据：水化产物以不同比例组成的凝胶物质胶结的试件强度，其中以托贝莫来石＋C-S-H（Ⅰ）胶结的试件强度最高；C-S-H（Ⅰ）或 C-S-H（Ⅰ）＋C-S-H（Ⅱ）次之；水化钙铝黄长石＋C-S-H（Ⅰ）再次之；水石榴子石＋C-S-H（Ⅰ）更次之；C_2AH_6＋水石榴子石最低。

由图 5-11 可见，A1 组中仍存在未参与反应的铁尾矿颗粒，且 C-S-H 的生成数量较少，结构的搭接疏松；A2 组的水化产物主要以柳叶状的托贝莫来石和 C-S-H 为主，且托贝莫来石分散于 C-S-H 网络中；A3、A4 组的水化产物主要以柳叶状的托贝莫来石为主，但 A4 组的结构较 A3 组更为松散。

铁尾矿加气混凝土的力学性能、抗冻性等性能变化规律必然与其结构有着密切关系。正是由于 A1 组与 A4 组的水化产物单一，结构搭接的疏松，因而才导致了这两组的抗压强度不高，抗冻性能较差的结果。

在铁尾矿加气混凝土的 14d 抗压强度中，A3 组的强度值最高，但是其抗冻性能却最差，这可能要归咎于其水化产物的组成。A3 组的水化产物主要以柳叶状的托贝莫来石为主，由于托贝莫来石作为“骨架”能够提供较高的强度，使其获得了较高的 14d 抗压强度，但由于其内部结构中缺少具有胶凝特性的 C-S-H 将“骨架”包裹，所以经冻融试验后，质量和强度都有较大的损失。相比之下，由于 A2 组的水化产物主要由结晶度较好的托贝莫来石和 C-S-H 组成，且托贝莫来石分散于 C-S-H 的网络结构中，使具有胶凝特性的C-S-H围绕“骨架”托贝莫来石将结构支撑起来（两种水化产物的强度及其他性能对比见表5-11）。因此，A2组的抗冻性优于A3组。

两种水化产物的性能对比　　表5-11

水化产物	抗折强度(MPa)			抗冻性(次)	碳化收缩(次)
	合成后	碳化后	干湿循环后		
托贝莫来石	3.5	3.0	2.3	18	2.6
C-S-H(B)	4.0	3.3	2.6	12	4.0

5.3.4 小结

针对不同石灰掺量制备了各组铁尾矿加气混凝土试样，并对其抗压强度、吸水性能、冻融后的质量损失率和抗压强度损失率等性能进行了实验研究，获得了石灰掺量对铁尾矿加气混凝土抗冻性影响的初步认识。小结如下：

(1) 随着石灰掺量的提高，铁尾矿加气混凝土的质量损失率和强度损失率均先增大，当石灰掺量大于35时，又降低。其中，石灰与铁尾矿质量比为35：60时抗冻性最差；当该比例为25：60时，试样可获得较高的强度和较好的抗冻性。

(2) 随着石灰掺量的提高，铁尾矿加气混凝土的密度会先减小，当石灰掺量高于35时，又升高。其中当石灰与铁尾矿质量比为35：60时制备试样的密度最小。

(3) 铁尾矿加气混凝土试样中的水化产物以托贝莫来石和C-S-H为主。

5.4 改性材料对力学性能及抗冻性的影响

5.4.1 改性材料对力学性能及抗冻性的改善

铁尾矿加气混凝土具有多孔的特征，使铁尾矿加气混凝土的吸水率普遍偏高，进而导致其抗冻性能变差，使得铁尾矿加气混凝土在湿寒地区的使用受到较大的限制。有研究表明，吸水率较高的加气混凝土，其立方体试样的抗压强度和劈裂抗拉强度都会下降，这将给建筑结构的承载能力带来负面影响，甚至会形成一定的安全隐患，不容忽视。

目前，国内外采用外掺改性材料改善加气混凝土抗冻性的部分，改性材料如下：

(1) 水泥基渗透结晶型防水材料（简称CCCW）。是以硅酸盐水泥或普通硅酸盐水泥、砂石等为基材，通过掺入一种或多种活性化学物质而制成的一种新型刚性防水材料。

(2) 烷基改性的聚硅氧烷。将其作为憎水添加剂掺入水泥基材料中，能够显著改善水泥基材料的吸水率。

(3) 聚丙烯腈纤维。据相关研究表明，掺入聚丙烯腈纤维的引气混凝土的冻融破坏方式为表面剥落，聚丙烯腈纤维和引气剂共同作用时混凝土抗冻性最好。

(4) 纤维素纤维。它具有较好的分散性，较高的弹性模量。有研究表明，在混凝土中掺入纤维素纤维，可以改善其孔结构，进而降低其渗透压力；纤维阻断了连通的毛细管孔道，因而可以降低其静水压力，进而改善混凝土的抗冻性能。

(5) 聚氨酯防水材料。由于其防水和保温性能可以减小水的渗入量对混凝土材料内部的影响，因此可以对混凝土的抗冻性起到有利的作用。

由于较高的吸水率会导致铁尾矿加气混凝土的抗冻性变差，因此，要改善铁尾矿加气混凝土的抗冻性，首先需要解决的便是降低其吸水率。基于外掺法，向铁尾矿加气混凝土中分别掺入水性环氧树脂和硬脂酸钙两种外掺物，通过分别改变其掺入量来测试制备试样的吸水特性和抗冻性能，通过对比，找出改善其抗冻性的最优掺入量且进行机理分析。

5.4.2　水性环氧树脂对吸水率及抗冻性的影响

(1) 水性环氧树脂对吸水率及抗冻性能的影响

环氧树脂混凝土是将环氧树脂部分取代水泥用作胶粘剂，并掺入适量固化剂、稀释剂等，以砂、石作为骨料，经混合、成型、固化而成的一种聚合物混凝土。由于经过环氧树脂改性后，混凝土的胶结性能、抗渗性能、抗冻融性能、耐磨性能、耐腐蚀性能等都明显提高，因此环氧树脂对混凝土的改性也受到了广泛重视并加以研究。

环氧树脂作为改性材料，用以改善胶结性能和防水性能，从而使铁尾矿加气混凝土获得较低的吸水率和较好的抗冻性能。在其他原料质量配比不变的条件下，改变环氧树脂的掺量，研究环氧树脂的掺量对铁尾矿加气混凝土的吸水率、冻融循环后的质量损失率、抗压强度损失率的影响。实验方案见表 5-12。

不同环氧树脂掺量的实验方案　　　　表 5-12

编号	水性环氧树脂外掺量（占总量比例，%）	原材料配比（质量比，g）				
		铁尾矿	石灰	水泥	石膏	水料比
E1	0	60	25	12	3	0.52
E2	1	60	25	12	3	0.52
E3	3	60	25	12	3	0.52
E4	5	60	25	12	3	0.52
E5	7	60	25	12	3	0.52

实验参照国家标准《蒸压加气混凝土性能试验方法》GB/T 11969—2008 进行。将各原料混合、搅拌，浇筑于 100mm×100mm×100mm 的模具中，静停 6h 后拆模，对试样进行蒸压养护。利用 RGM-100A 试验机测试抗压强度；通过吸水率试验测试其吸水率；经冻融实验后测试其质量损失率和抗压强度损失率。分别利用 Ultima IV 多功能 X 射线衍射仪（XRD）和 NTB-4B 扫描电子显微镜（SEM）研究铁尾矿加气混凝土养护 14d 时的微观结构，结果如图 5-12～图 5-14 所示。

对各组铁尾矿加气混凝土试样分别进行 3、6、9、12、15 次冻融循环实验，研究冻融后试样的质量损失率和抗压强度损失率，其结果分别如图 5-13、图 5-14 所示。

由图 5-12 可知，随着浸水时间的延长，各组铁尾矿加气混凝土试样的吸水率逐渐上升至吸水饱和，不同环氧树脂掺量的试样吸水率具有明显差异，其中不掺环氧树脂的 E1 组吸水率最大，高达 70%；而环氧树脂掺量为 7%的 E5 组吸水率最小，达到 25.6%。随着环氧树脂掺量的增加，试样的吸水率逐渐降低，当环氧树脂掺量>3%时，试样的吸水率

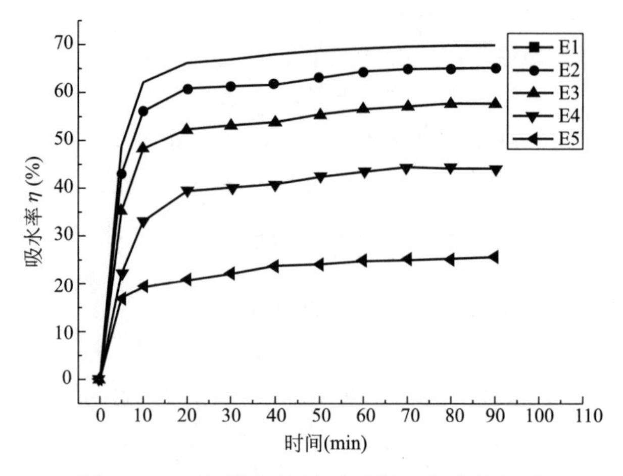

图 5-12　环氧树脂掺量对试样吸水率的影响

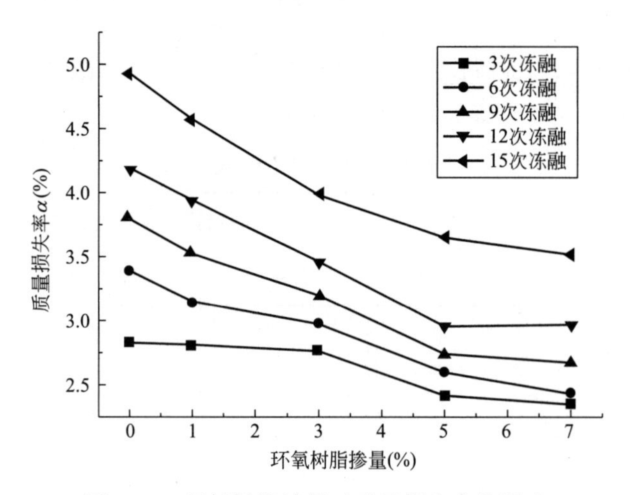

图 5-13　环氧树脂掺量对质量损失率的影响

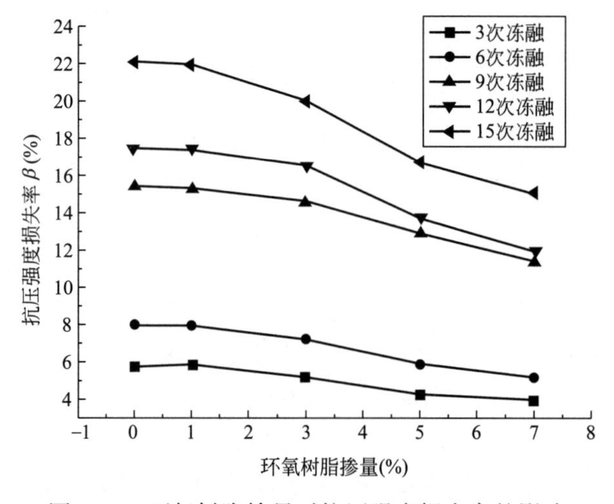

图 5-14　环氧树脂掺量对抗压强度损失率的影响

才有较为明显的降低。这说明，环氧树脂掺量的改变会影响制备试样的吸水率，并且环氧树脂的掺量越大，试样的吸水率越低，进而可以改善铁尾矿加气混凝土的抗冻性能。

由图 5-13 和图 5-14 可知，随着环氧树脂掺量的提高，铁尾矿加气混凝土试样的质量损失率和抗压强度损失率逐渐降低，当环氧树脂掺量为 3%时，试样 15 次冻融循环后的质量损失率和抗压强度损失率开始有较为明显的降低，分别为 3.981%和 20.019%；当环氧树脂掺量大于 3%时，随着环氧树脂掺量的提高，试样的质量损失率和抗压强度损失率的降幅逐渐减小，其中环氧树脂 5%和 7%掺量的试样，两掺量对应试样的质量损失率基本相同，抗压强度损失率变化不大。因此，环氧树脂较为适当的掺量范围为 3%～5%。

(2) 水性环氧树脂对抗冻性影响的微观分析

水性环氧树脂是将环氧树脂以微粒或液滴的形式分散在以水为连续相的分散介质中而制备的树脂材料，它可以与水泥、混凝土、砂浆等水泥基材料混合使用，并且在水泥基材料中具有良好的分散性，同时又能使混凝土达到改性效果。不同水性环氧树脂掺量制备的加气混凝土试样经 14d 养护后，其 XRD 分析如图 5-15 所示，SEM 分析如图 5-16 所示。

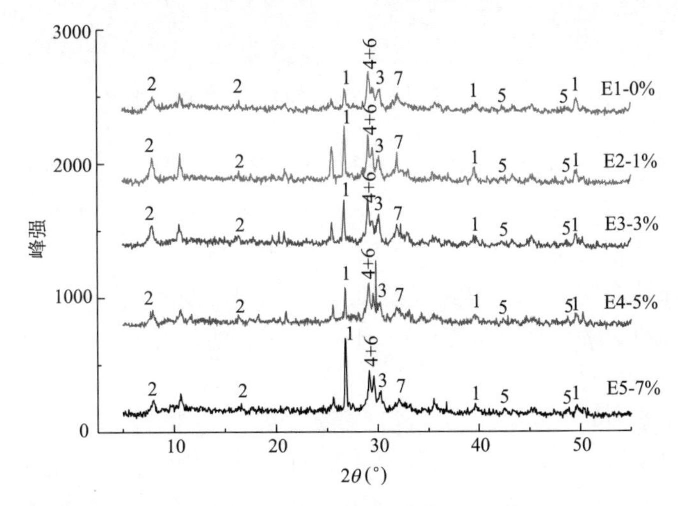

图 5-15　X 射线衍射分析对比图

1-Quartz；2-Tobermorite-11A；3-C-S-HⅡ；4-Xonotlite；5-Calcium Silicate Hydroxide Hydrate；6-Calcium；7-Calcium Silicate

由图 5-15 可知，养护 14d 的铁尾矿加气混凝土中的结晶相主要以二氧化硅、托贝莫来石、水化硅酸钙、硬硅钙石、碳酸钙为主。随着水性环氧树脂掺量的提高，二氧化硅的结晶程度逐渐提高，衍射峰由丘状峰形逐渐变为尖锐峰，当水性环氧树脂掺量为 7%（E5）时，尤为明显；托贝莫来石晶相在各掺量的 XRD 中均有出现，且含量并无明显变化；C-S-H（Ⅱ）晶相随着水性环氧树脂掺量的增加逐渐降低，当水性环氧树脂掺量为 5%时，C-S-H（Ⅱ）晶相含量下降最为明显；硬硅钙石晶相和碳酸钙晶相随着水性环氧树脂掺量的增加逐渐降低，当水性环氧树脂掺量为 5%时，其含量下降得最为明显。

通过 X 射线衍射图的对比，随着水性环氧树脂掺量的增加，各组的二氧化硅晶相明显提高，且 C-S-H（Ⅱ）晶相亦逐渐降低，由于只有适当的钙硅比（CaO/SiO_2）才能生成 C-S-H（Ⅱ）晶相，说明铁尾矿粉中的 SiO_2 未能充分与 CaO 反应，而且随着水性环氧树脂掺量的增加，SiO_2 含量越多，因此可以认为水性环氧树脂的掺量对 SiO_2 和 CaO 的反应有影响，而且

图 5-16　加气混凝土水化产物的扫描电镜照片

水性环氧树脂掺量越大，两者的反应越不充分，生成的 C-S-H（Ⅱ）晶相越少。

通过 SEM 对各组试样拍摄了多张照片，最具普遍代表特征的如图 5-16 所示，E2 组、E3 组、E4 组、E5 组的水化产物主要以针片状的托贝莫来石和 C-S-H（Ⅱ）为主；但是 E2 组和 E3 组内部孔隙较多，结构的搭接相对松散；E4 组的内部孔隙减少，结构较为密实，且出现了复合的交联胶凝材料相；E5 组存在明显的复合交联胶凝材料相，使得孔隙明显减少，结构更加密实。

铁尾矿加气混凝土的力学性能、抗冻性等规律的形成都可以归结于材料的内部组成与结构搭接方式的不同。正是由于 E2 组和 E3 组的水化产物间存在大量孔隙，结构不够密实，才导致了这两组试样的吸水率、质量损失率和抗压强度损失率较高的结果；而 E4 组和 E5 组试样正是由于其水化产物间的孔隙大量减少，结构更加密实，才使得它们获得了较好的抗冻性能。

抗冻性的提高与水性环氧树脂的掺入有着直接的关系，加气混凝土中掺入水性环氧树脂后，由于水性环氧树脂具有较强的胶结能力，使得加气混凝土中的颗粒胶结得更为密实，这一方面提高了孔壁的强度；另一方面，改善了孔壁的韧性，进而提高了铁尾矿加气混凝土基体的密实度和强度，也间接地改善了其抗冻性能。

有研究表明，由于水性胺类固化剂可以在 2h 内将水性环氧树脂内的环氧树脂与水分离，因此水性环氧树脂中环氧树脂颗粒聚结成膜的过程要早于水泥水化的过程，最终由于水泥水化和水性环氧树脂成膜形成了一个复合的交联胶凝材料相，另外还原出来的环氧树脂是一种具有高强度、高粘结力、高弹性模量的高分子聚合物，因此能够提高混凝土的力学性能，特别是混凝土早期的强度。水性环氧树脂的环氧基与加气混凝土中的钙离子等发生作用，形成了交联紧密的网络状络合聚合物，最终加气混凝土基体的水化产物和水性环氧树脂成膜形成了一个复合的交联胶凝材料相，如图 5-16 中的 E4 和 E5 所示，使得加气混凝土颗粒间粘结得更加紧密，孔隙减少，孔壁更加密实，进而改善了加气混凝土孔壁的韧性，使其变形能力提高，从而改善了加气混凝土的抗冻性能。

(3) 小结

通过对加入水性环氧树脂的铁尾矿加气混凝土抗冻性的影响研究，以及对铁尾矿加气混凝土吸水性能和抗冻性能的影响规律研究，并结合XRD和SEM测试进行了机理分析。总结如下：

1）随着水性环氧树脂掺量的提高，铁尾矿加气混凝土的质量损失率和抗压强度损失率逐渐减小，当水性环氧树脂的掺量为3%时，对抗冻性的改善开始起作用；当水性环氧树脂的掺量为5%时，对抗冻性的改善较为明显；当水性环氧树脂的掺量大于5%，对抗冻性（质量损失率和抗压强度损失率）的改善量逐渐减小。

2）随着水性环氧树脂掺量的提高，铁尾矿加气混凝土试样中SiO_2晶相逐渐增加，C-S-H（Ⅱ）晶相逐渐减少。

3）在考虑成本因素的前提下，水性环氧树脂在铁尾矿加气混凝土中的掺量以3%～5%较为适宜。

5.4.3 硬脂酸钙对试样吸水率及抗冻性的影响

(1) 对吸水率及抗冻性的影响

硬脂酸钙是一种不溶于水的表面活性剂，并且加热至400℃时才会缓慢分解。有研究表明，随着硬脂酸钙憎水剂加入量的增加，混凝土的体积吸水率显著下降，因此可将硬脂酸钙用于蒸压加气混凝土的防水改性，进而改善蒸压加气混凝土的抗冻性能。

硬脂酸钙作为改性材料，用以改善试样的防水、抗冻性能，从而使铁尾矿加气混凝土获得较低的吸水率和较好的抗冻性能。在其他原料质量配比不变的条件下，改变硬脂酸钙的掺量，研究硬脂酸钙的掺量对铁尾矿加气混凝土试样的吸水率以及冻融后的质量损失率、抗压强度损失率的影响。实验方案见表5-13。

不同硬脂酸钙掺量的实验方案 **表5-13**

编号	硬脂酸钙外掺量（占总量比例）(%)	原材料配比(质量比)(g)				
		铁尾矿	石灰	水泥	石膏	水料比
Y1	0	60	25	12	3	0.52
Y2	1	60	25	12	3	0.52
Y3	2	60	25	12	3	0.52
Y4	3	60	25	12	3	0.52

实验参照《蒸压加气混凝土性能试验方法》GB/T 11969—2008进行。根据设计的铁尾矿加气混凝土的配合比，将所需的各原料经过充分混合、搅拌后，浇注于100mm×100mm×100mm的模具中，静停6h拆模，对试样进行蒸压养护。利用RGM-100A试验机测量试样的抗压强度；通过吸水率试验测其吸水率；经冻融实验后测试其质量损失率和抗压强度损失率。分别利用Ultima IV多功能X射线衍射仪（XRD）和NTB-4B扫描电子显微镜（SEM）研究铁尾矿加气混凝土养护14d的微观结构。

硬脂酸钙对铁尾矿加气混凝土吸水率、冻融后的质量损失率和强度损失率的影响如图5-17～图5-19所示。

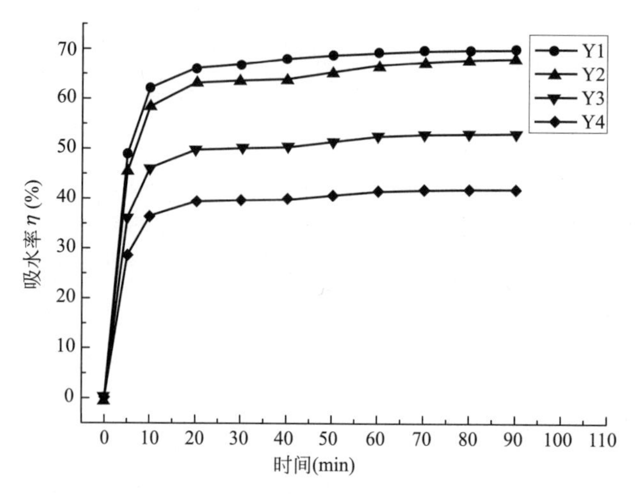

图5-17 硬脂酸钙掺量对试样吸水率的影响

由图5-17可知，随着浸水时间的延长，各组加气混凝土试样的吸水率逐渐上升至吸水饱和，不同硬脂酸钙掺量的试样吸水率具有明显差异，其中不掺硬脂酸钙的Y1组吸水率最大，高达70%；而硬脂酸钙掺量为3%的Y4组吸水率最小，达到41.99%。随着硬脂酸钙掺量的增加，制备试样的吸水率逐渐降低，当硬脂酸钙掺量≥2%时，制备试样的吸水率才有较为明显的降低。这说明硬脂酸钙掺量的改变会影响制备试样的吸水率，并且硬脂酸钙的掺量越大，制备试样的吸水率越低，进而可以改善制备试样的抗冻性能。

由图5-18和图5-19可知，随着硬脂酸钙掺量的提高，铁尾矿加气混凝土试样经冻融前后的质量损失率和抗压强度损失率逐渐降低，当硬脂酸钙掺量<2%时，随着硬脂酸钙掺量的增加，试样15次冻融循环后的质量损失率和抗压强度损失率有较小降低；当硬脂酸钙掺量为3%时，试样15次冻融循环后的质量损失率和抗压强度损失率降低最为明显，分别为4.126%和18.457%。因此，硬脂酸钙较为适当的掺量应≥3%。

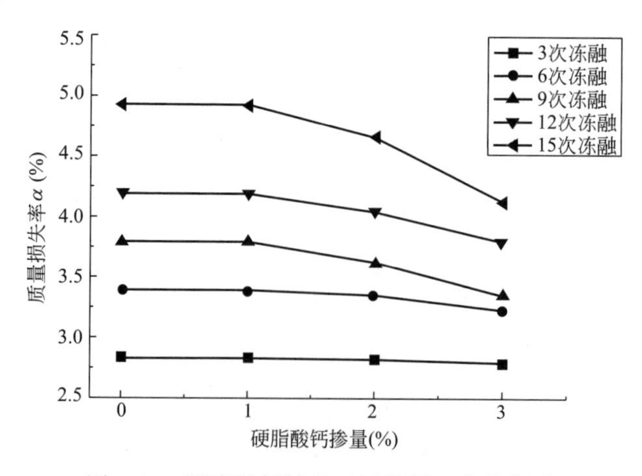

图5-18 硬脂酸钙掺量对质量损失率的影响

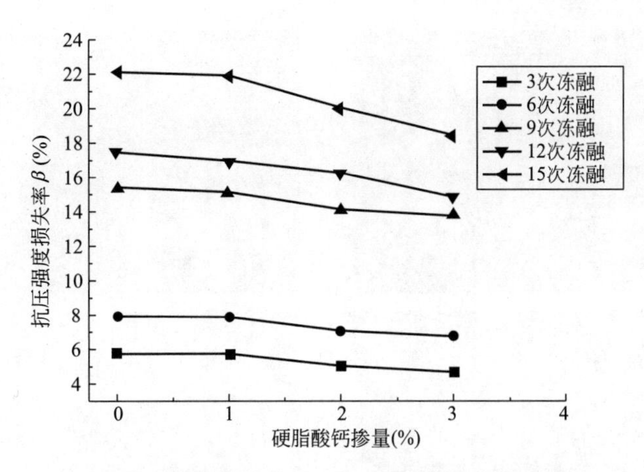

图 5-19 硬脂酸钙掺量对抗压强度损失率的影响

(2) 对抗冻性影响的微观分析

硬脂酸钙作为一种防水剂，可以与水泥、混凝土、砂浆等水泥基材料混合使用，并且在水泥基材料中具有良好的分散性，可以使水泥、混凝土、砂浆等达到憎水效果。不同硬脂酸钙掺量制备的加气混凝土试样经 14d 养护后，其 XRD 分析如图 5-20 所示，SEM 分析如图 5-21 所示。

由图 5-20 可知，养护 14d 的铁尾矿加气混凝土中的结晶相主要为二氧化硅、托贝莫来石、水化硅酸钙、硬硅钙石、碳酸钙。随着硬脂酸钙掺量的提高，各晶相并无明显变化。说明在 1%～4%的掺入量下，硬脂酸钙的掺入并不会对铁尾矿加气混凝土的水化产物种类和数量有较大改变，因此，硬脂酸钙对铁尾矿加气混凝土吸水率及抗冻性的改善原因，只能归结于硬脂酸钙对铁尾矿加气混凝土的表面改性作用。

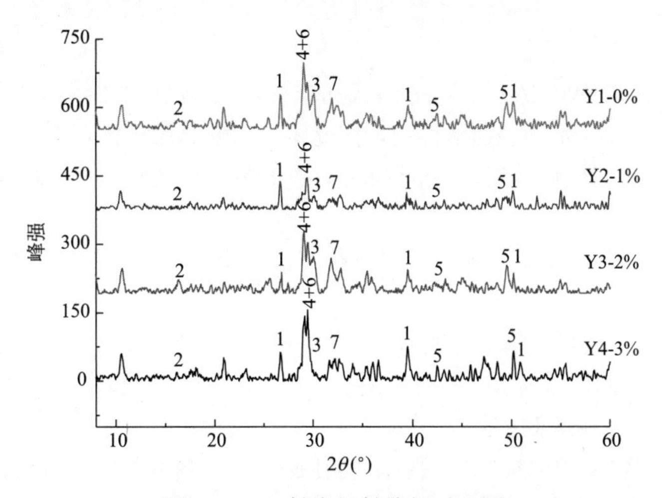

图 5-20 X 射线衍射分析对比图

1-Quartz；2-Tobermorite-11A；3-C-S-HⅡ；4-Xonotlite；5-Calcium Silicate Hydroxide Hydrate；6-Calcium；7-Calcium Silicate

由图 5-21 可见，结构中主要以针片状的托贝莫来石和 C-S-H（Ⅱ）为主；但是 Y1 组、Y2 组和 Y3 组结构的搭接相对松散；Y4 组的内部孔隙减少，结构较为密实。

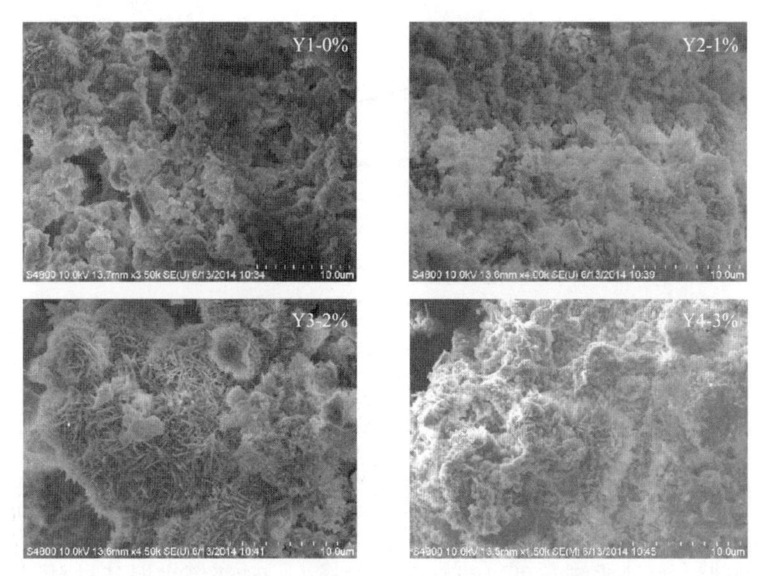

图 5-21 加气混凝土水化产物的扫描电镜照片

铁尾矿加气混凝土的力学性能、抗冻性等规律的形成都可以归结于材料的内部组成与结构搭接方式的不同。正是由于 Y1 组、Y2 组和 E3 组的水化产物间存在大量孔隙，结构不够密实，才导致了这几组试样的吸水率、质量损失率和抗压强度损失率较高的结果；而 Y4 组试样正是由于其水化产物间的孔隙大量减少，结构更加密实，才使得它获得了较好的抗冻性能。

抗冻性的提高与硬脂酸钙的掺入有着直接的关系，加气混凝土中掺入硬脂酸钙后，由于硬脂酸钙具有较好的防水性能，使得加气混凝土结构中的孔壁表面被改性，这不仅改善了孔壁的防水性能；而且，还改善了整个机体的防水性能，进而改善了铁尾矿加气混凝土基体的抗冻性能。

有研究表明，随着硬脂酸钙憎水剂加入量的增加，制备试样的体积吸水率显著下降，由于硬脂酸钙是一种不溶于水的表面活性剂，因此将硬脂酸钙用于铁尾矿加气混凝土的防水改性可以改善孔壁的吸水特性，使其吸水率降低，进而改善铁尾矿加气混凝土的抗冻性能。

(3) 小结

通过研究硬脂酸钙对铁尾矿加气混凝土抗冻性的影响，并利用 XRD 和 SEM 分析其微观结构。总结如下：

1）随着硬脂酸钙掺量的提高，铁尾矿加气混凝土的质量损失率和抗压强度损失率逐渐减小，当硬脂酸钙的掺量达到 2%时，对抗冻性的改善开始起作用；当水性环氧树脂的掺量为 3%时，对抗冻性的改善较为明显。

2）在考虑憎水效果的前提下，硬脂酸钙在铁尾矿加气混凝土中的掺量应≥3%。

5.5 孔隙特征分析

5.5.1 孔的分类及其表征

孔结构的研究包括孔隙率、孔径分布、孔个数、孔面积、孔的球形度、平均孔径等，而目前孔隙率和孔径分布已成为对加气混凝土孔隙特征研究不可缺少的内容。

(1) 孔的分类

加气混凝土的强度受气孔结构和状态的影响较大。加气混凝土的孔隙率主要取决于发气材料（如铝粉或双氧水）的掺入量，这就决定了加气混凝土的体积密度，而加气混凝土的强度服从于孔隙率理论，即孔隙率越大，体积密度越小，则强度越低。如果保持孔隙率不变（体积密度也相应地不变），改变气孔的大小，也可以改变加气混凝土的强度。在允许的条件下，尽量减小气孔的尺寸，则可以提高加气混凝土的强度，如果将气孔与孔间壁中的毛细孔、胶凝孔一起计算孔隙率，加气混凝土的总孔隙率可达 70%（当体积密度为 500kg/m^3 时）以上。有的研究者认为，如果保持孔隙率不变，减少气孔含量，增大毛细孔含量，同样可以提高加气混凝土的强度。

气孔从开闭角度区分，可分为多数呈椭圆形的封闭孔、没有完全封闭的孔和完全贯通的孔三类。其中，完全贯通的孔对强度等物理力学性能的不利影响最大，而封闭孔造成的不利影响最小。

孔间壁内的孔隙结构主要和配料时的水料比和水化程度有关。一般来说，按孔隙的大小可以粗略地分为水化产物内的胶凝孔、毛细孔以及介于两者之间的过渡孔。水化产物内的孔径尺寸较小，其孔径一般小于 5μm。毛细孔是原材料中没有被水化产物填充的原来的充水空间，这类孔隙的尺寸比较大，其孔径一般大于 0.2μm。处于上述两类孔隙之间的，我们称之为过渡孔。

孔径的大小与孔隙率对混凝土强度的影响较大，但加气混凝土本身就是一种典型的宏观多孔材料，其孔的特征直接影响着加气混凝土的力学性能和微观结构。有文献认为，加气混凝土中的孔分为宏观孔和微观孔，宏观孔是由发气材料发气后气体溢出而形成的，而微观孔即孔壁间的胶凝孔、毛细孔和过渡孔。

因此，相对而言，宏观孔对强度的影响要比孔间壁内的微观孔对强度的影响大，而且宏观孔中完全贯通的孔对强度等物理力学性能的不利影响最大。

(2) 孔的表征

要对不同的孔进行分类，探究其对力学等物理性能的影响，就需要对孔进行表征。目前，孔结构的表征方法有：

1）观察法：对于多孔材料而言，通常可以利用高倍光学显微镜或扫描电镜（SEM）来对材料的孔结构进行观察。利用高倍光学显微镜进行观察，可以清楚地观察到孔隙的大小、均匀状态、分布特征等；利用扫描电镜（SEM）观察，可以精确地观察材料的孔隙特征以及材料内部水化产物的形貌，甚至可以将拍下来的照片经过处理，从而计算出其孔径的大小、单位面积内孔的个数、面积等。

2）压汞法：这种方法的使用前提是所测量的多孔材料的孔必须是圆柱孔，且所测的孔必须与孔隙表面相互连通，对于加气混凝土，上述条件是都不能满足的。若使用压汞测孔法测定加气混凝土的孔隙参数，就必须将数据和孔隙结构加以关联，因此分析不规则孔隙的前提就需做出必要的假定。即假定所分析的多孔材料的孔结构为相互连通的且为具有一定半径的圆柱形孔隙。另外，一般压汞法可测 400μm～1.8nm 范围较宽的孔分布，但不能表征孔径较大的宏观孔。因此，这就决定了我们不能采用压汞法来表征加气混凝土的孔隙特征。

此外，还可以利用其他方法来对孔隙特征进行表征，如氮吸附法、小角度 X-射线散射法、热孔径分布测定法等。

5.5.2 利用 MATLAB 分析试样的孔隙特征

虽然目前孔隙测试方法较多，但是都存在一定的缺陷，如 SEM 扫描范围窄，且试样小，不足以反应试样的宏观孔结构；压汞法多用于测试孔径较小的连通孔、开口孔，且不能表征孔径较大的宏观孔。所以，上述的孔隙测试方法均不能用于加气混凝土孔结构的测试分析。因此，本研究利用 MATLAB 7.0 作为实验平台，开发出一项基于图像识别的孔结构分析程序，该程序可对加气混凝土截面的照片进行孔隙特征的分析，加气混凝土截面照片经过二值化、反色等程序处理后，程序可以快速计算出加气混凝土截面的孔隙率、孔面积、不同孔径的孔个数及其面积所占的比例，进而对加气混凝土整体的孔隙特征进行表征。

图像处理流程如下：试样制备→任意截面的切割→截面的打磨→拍摄截面照片→读取照片→二值化处理→反色处理→不同孔径图像的分离处理→图像统计及数据计算。各步骤处理后的图像如图 5-22～图 5-29 所示。

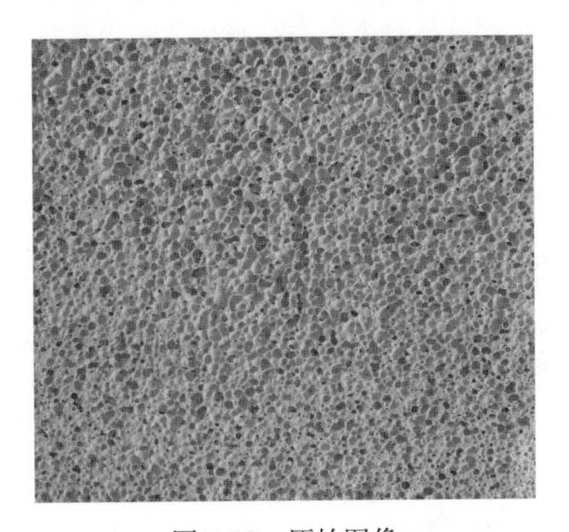

图 5-22　原始图像

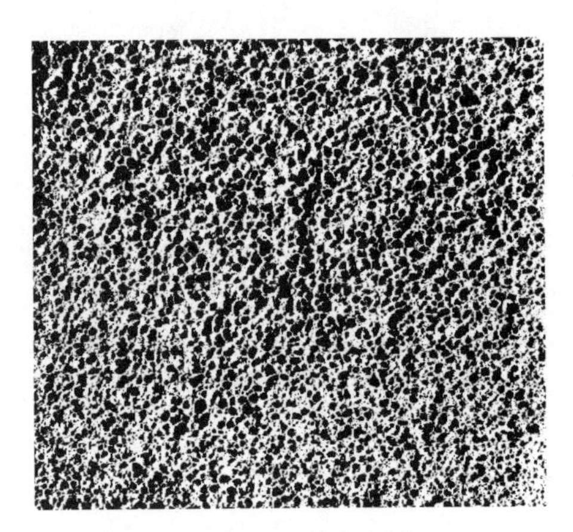

图 5-23　二值化图像

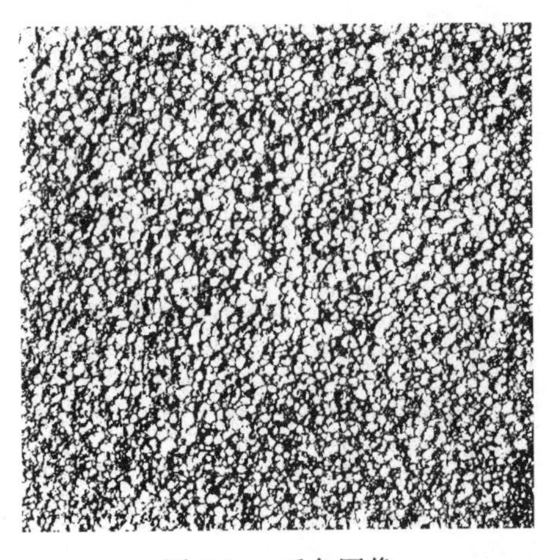

图 5-24　反色图像

图 5-25　大于 0.1mm 孔图像

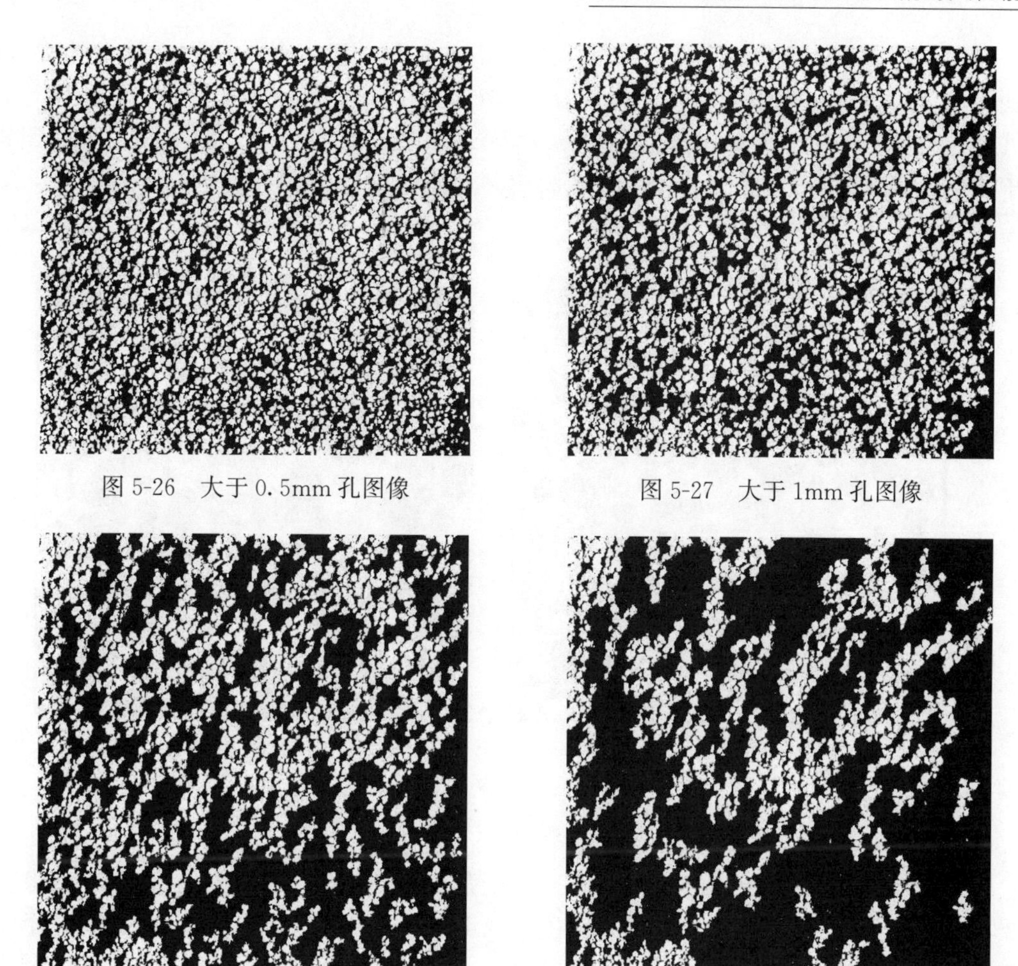

图 5-26　大于 0.5mm 孔图像　　图 5-27　大于 1mm 孔图像

图 5-28　大于 2mm 孔图像　　图 5-29　大于 3mm 孔图像

在 MATLAB 计算程序中，制备试样的截面照片是以矩阵的形式被读取并进行一系列的计算和分析的，其矩阵示意图如图 5-30 所示。

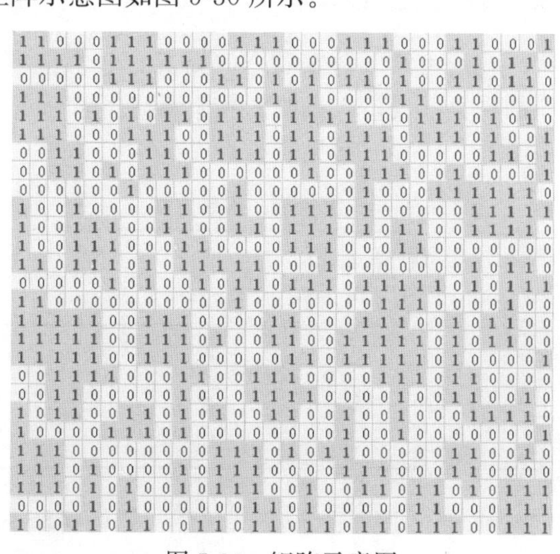

图 5-30　矩阵示意图

由于在该MATLAB计算程序中，对于相对大孔，程序会将其作为单个孔来计算，而本研究中制备试样截面的孔以孔径为2～3mm范围内的孔居多，因此，该程序计算出的结果中所指的“>5mm的孔”不仅表示>5mm孔的统计数据，还能相对反映出试样中相对大孔的多少，即>5mm孔的比例越高，说明该试样中相对大孔数量越多，如图5-31所示。

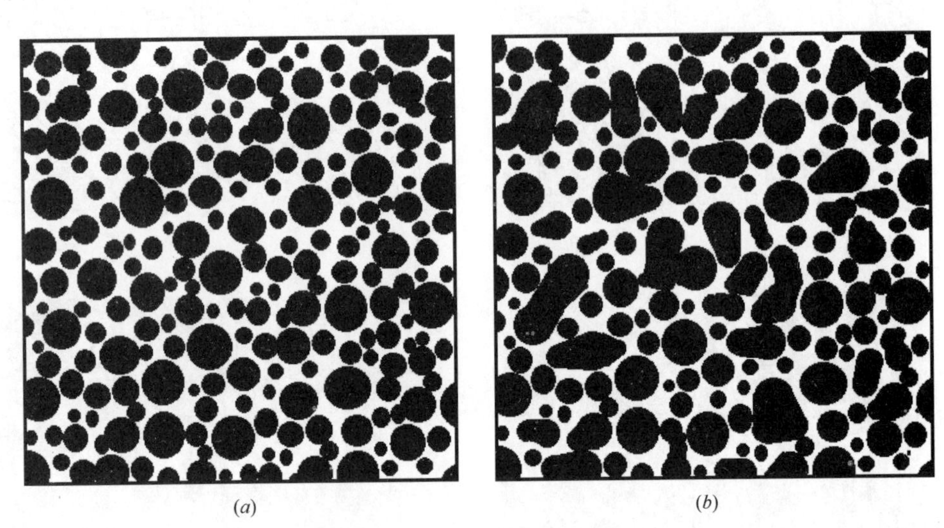

(*a*) (*b*)

图5-31 加气混凝土孔隙分布状态

(*a*)为假设下孔隙分布状态；(*b*)为有连通孔存在的孔隙分布状态

本程序的编写思想主要有以下三点：①通过对原始图像进行二值化处理，使得图像中的孔为黑色，像素点值为0，孔壁为白色，像素点值为1；②通过对二值化图像进行反色处理，使得图像中的孔为白色，像素点值为1，孔壁为黑色，像素点值为0，便于孔隙的统计与计算；③通过对像素点个数进行统计的方法计算出孔隙率和孔面积，并在假设所有孔均为球形孔的前提下，计算出孔的个数。

5.5.3 孔隙特征对试样力学性能的影响

加气混凝土的孔隙率、孔的大小、分布状态等对其力学性能有着重要的影响，因此，本实验通过改变发气材料的种类及其掺入量的方法来调整孔隙特征，考察孔隙特征对铁尾矿加气混凝土力学性能的影响。实验方案见表5-14。

不同孔隙特征的实验方案 表5-14

编号	发气材料	发气材料掺入量(%)	原材料配比(质量比,g)				水料比
			铁尾矿	石灰	水泥	石膏	
B1	Al粉	0.2	60	25	12	3	0.52
B2	Al粉+H_2O_2	0.1+0.3	60	25	12	3	0.52
B3	Al粉+引气剂A	0.2+0.05	60	25	12	3	0.52

根据以上实验方案将铁尾矿、石灰、水泥、石膏、铝粉膏配料并充分混合，以0.52的水灰比进行搅拌，经3min的搅拌后，浇筑于100mm×100mm×100mm的模具中，静

停 6h 后拆模，对试样进行蒸压养护，分别编号为 B1、B2、B3。利用 RGM-100A 试验机测量试样的抗压强度；通过吸水率试验测其吸水率；经冻融实验后测试其质量损失率和抗压强度损失率。实验参照国家标准《蒸压加气混凝土性能试验方法》GB/T 11969—2008 进行。

利用 Canon 60D 相机（配 18-135 变焦镜头＋67mm 偏振镜）对试样的任意截面进行拍照，并且以 MATLAB 为平台通过开发出的程序对所获取的照片进行统计和计算，以获得试样孔隙率、孔面积、各孔径所占的比例等孔隙特征的参数。本实验分别对上述的每个方案选取 3 个试样的截面进行分析，实验结果如图 5-32～图 5-34 所示，图中横坐标的数字 1～9 依次代表孔径处于 0.025～0.05mm、0.05～0.1mm、0.1～0.5mm、0.5～1.0mm、1.0～2.0mm、2.0～3.0mm、3.0～4.0mm、4.0～5.0mm 和＞5.0mm 的 9 个范围。

由图 5-32～图 5-34 可以看出，B1 组、B2 组、B3 组三组试样的孔径分布特征具有较为明显的差异。其中，以铝粉作为发气材料的 B1 组孔径多集中于 1.0～2.0mm、2.0～4.0mm 和＞5.0mm 范围内，分别约占总孔隙率的 22%、26%和 30%；以铝粉和双氧水作为发气材料的 B2 组孔径则大多大于 5.0mm，约占总孔隙率的 46%，而处于 1.0～4.0mm 范围的孔径所占比例只有 34%左右；以铝粉和引气剂 A 作为发气材料的 B3 组孔径多集中于 1.0～3.0mm 和＞5.0mm 范围内，分别约占总孔隙率的 44%和 24%。

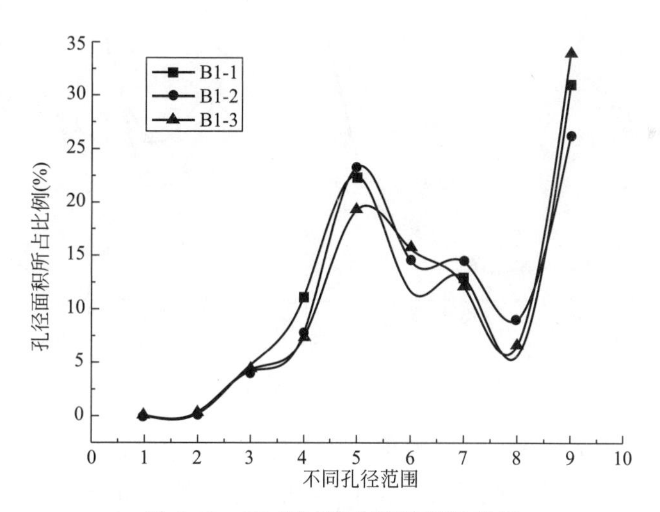

图 5-32　B1 组试样孔隙特征的表征

横坐标数字代表孔径范围：1—0.025～0.05mm；2—0.05～0.1mm；3—0.1～0.5mm；4—0.5～1.0mm；5—1.0～2.0mm；6—2.0～3.0mm；7—3.0～4.0mm；8—4.0～5.0mm；9—大于 5.0mm

综上，可以认为 B1 组的孔隙特征以 2.0～4.0mm 的中孔和＞5.0mm 的大孔为主；B2 组的孔隙特征以＞5.0mm 的大孔为主；B3 组的孔隙特征以 1.0～3.0mm 的中小孔为主（所述的大、中、小孔仅相对于本研究中的孔隙特征而言）。

铁尾矿加气混凝土试样养护 3d、7d、14d 后，分别测量其不同龄期下的比强度、14d 龄期时试样的吸水率，结果如图 5-35、图 5-36 所示。

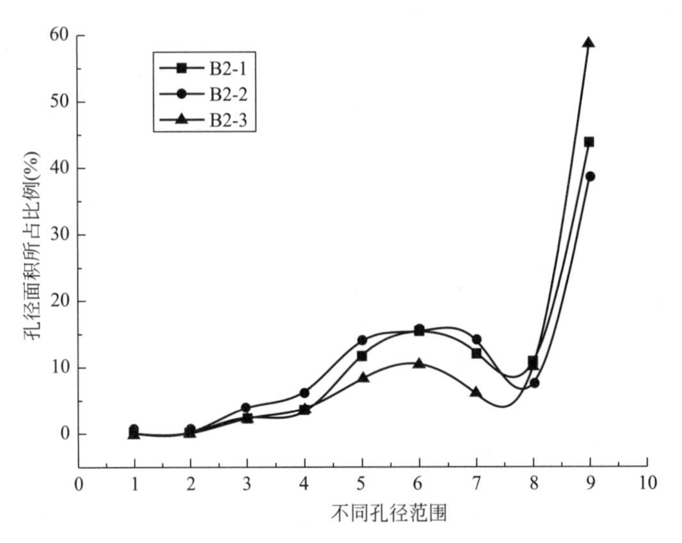

图 5-33　B2 组试样孔隙特征的表征

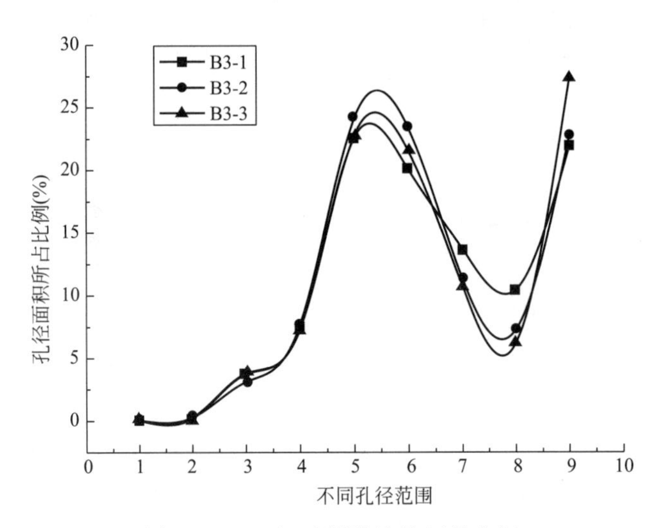

图 5-34　B3 组试样孔隙特征的表征

在工艺条件许可的前提下，尽量减小气孔的尺寸，可以提高加气混凝土的强度，如果将气孔与孔间壁中的毛细孔、胶凝孔一起计算孔隙率，加气混凝土的总孔隙率可以达到70%（当体积密度为500kg/m^3 时）左右。有的研究学者认为，如果保持孔隙率不变，减少大孔径气孔的含量，增加毛细孔等小孔径气孔的含量，同样可以提高加气混凝土的强度。

由图 5-35 可知，养护龄期对铁尾矿加气混凝土的比强度有显著的影响，不同孔隙特征的试样比强度都随着养护时间的延长呈增长的趋势。不同孔隙特征试样比强度的差异较大，其中以大孔为主的 B2 组的比强度最小，以中小孔为主的 B3 组的比强度比以中孔和大孔为主的 B1 组稍大。这说明孔隙特征的改变会影响制备试样的比强度，其中以大孔为主的孔隙特征会使制备试样的比强度降低，因此，制备试样的孔隙孔径应尽可能减小，以提高试样的比强度。在以上对比试验中，孔隙特征以 1.0～3.0mm 中小孔为主

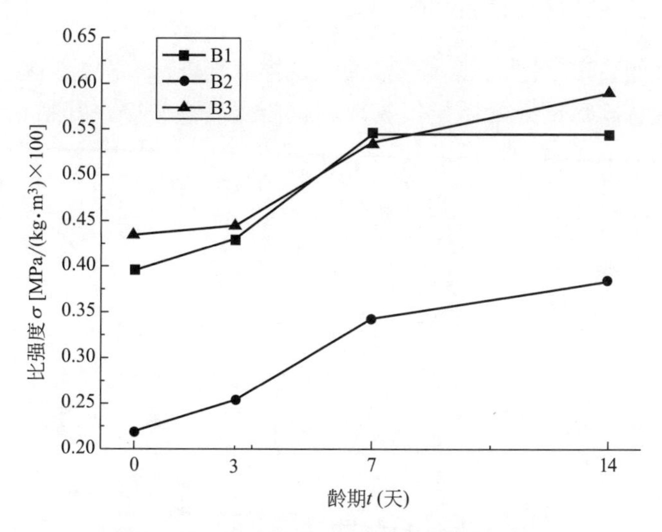

图 5-35　不同试样比强度随龄期的变化

的 B3 组比强度最大。

由图 5-36 可知，随着浸水时间的延长，各组加气混凝土试样的吸水率逐渐上升至吸水饱和，不同孔隙特征试样的吸水率具有明显差异，其中以大孔为主的 B2 组的吸水率最大，高达 76.4％；以中小孔为主的 B3 组的吸水率最小，为 61.9％；以中孔和大孔为主的 B1 组吸水率为 70％。这说明孔隙特征的改变会影响制备试样的吸水率，其中以大孔为主的孔隙特征会使制备试样的吸水率升高，从而会对制备试样的抗冻性造成不利的影响，因此，试样的孔隙不宜过大。在以上对比试验中，孔隙特征以 1.0～3.0mm 中小孔为主的 B3 组吸水率最小。

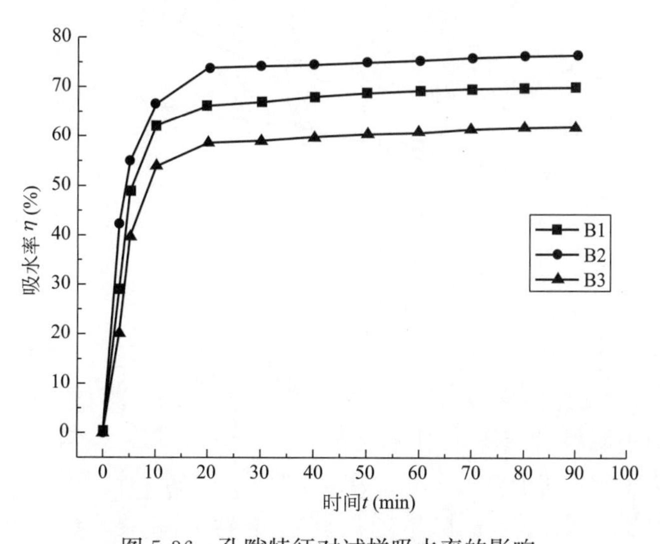

图 5-36　孔隙特征对试样吸水率的影响

5.5.4 孔隙特征对试样抗冻性能的影响

对B1组、B2组、B3组铁尾矿加气混凝土试样分别进行3次、6次、9次、12次、15次冻融实验，研究冻融后试样的质量损失率和抗压强度损失率，其结果分别如图5-37和图5-38所示。

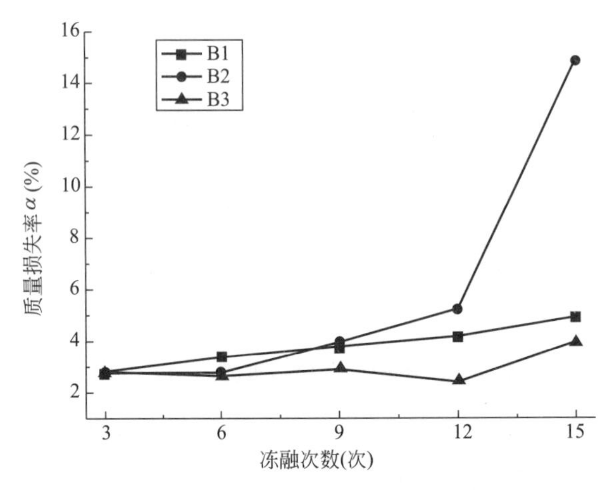

图5-37　孔隙特征对质量损失率的影响

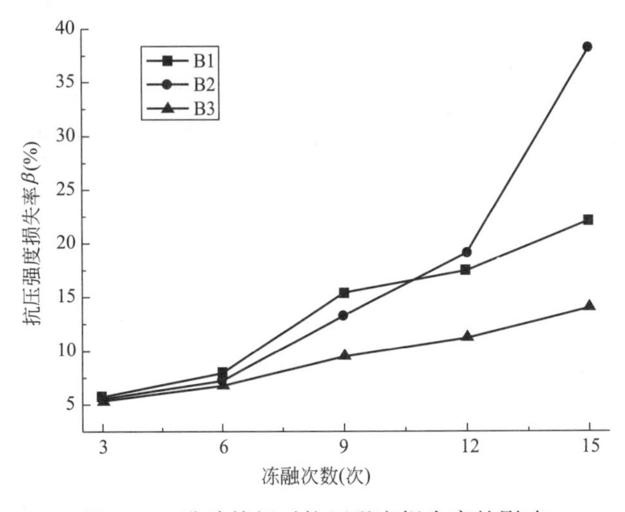

图5-38　孔隙特征对抗压强度损失率的影响

随着冻融循环次数的增加，制备试样的质量损失率和抗压强度损失率依次增大。其中以中孔和大孔为主的B1组的质量损失率和抗压强度损失率高于以中小孔为主的B3组；以大孔为主的B2组的质量损失率和抗压强度损失率低于B1组，但当冻融循环次数大于12次时，其质量损失率和抗压强度损失率又急剧上升，以至于超过B1组近20%；15次冻融循环后，B2组的质量损失率和抗压强度损失率均达到最大值，分别为14.88%和38.23%；B3组的质量损失率和抗压强度损失率最小，分别为3.97%和13.99%，能够达到墙体材料冻融循环实验的测试标准（15次冻融循环后，质量损失率小于5%，抗压强度损失率小于25%）。

5.5.5 理论分析

加气混凝土的多孔结构，由发气材料在浆料中进行化学反应放出气体而形成。加气混凝土的结构由气孔与孔间壁组成。对于体积密度为 500kg/m³ 的加气混凝土而言，其气孔含量约为整个混凝土体积的 50%，其余 50%即为孔间壁。气孔由发气材料（如铝粉膏）在浆料中发气形成，并在硬化过程固定在混凝土中，气孔孔径在 3mm 左右。孔间壁是加气混凝土的基本组成材料，在水的作用下，经过蒸压养护后形成人造石。因此，加气混凝土的强度及其他物理力学性能取决于：孔间壁的构造和组成，气孔状态、孔径、孔隙率以及分布的均匀性。由相同原材料经过相同工艺制备的铁尾矿加气混凝土，由于其水化产物种类、分布状态均相同，所以孔壁的构造及内部组成便已确定。因此，在该条件下，其强度及其他物理力学性能取决于气孔的状态、孔径、孔隙率。

B1 组、B2 组、B3 组试样的截面照片和对应的孔隙特征分析分别如图 5-39～图 5-44 和表 5-15 所示。

图 5-39　B1 组试样截面照片

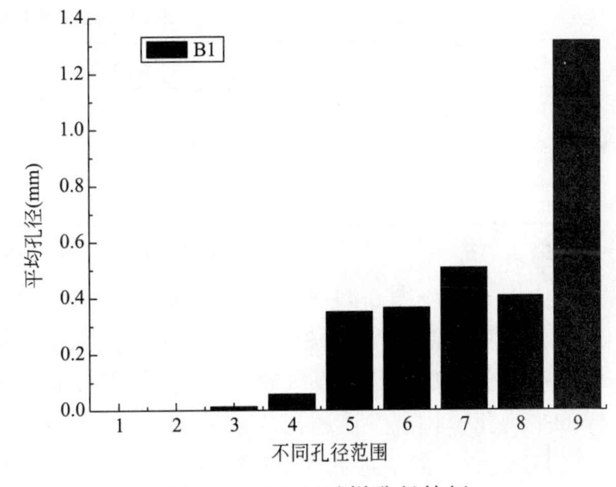

图 5-40　B1 组试样孔径特征

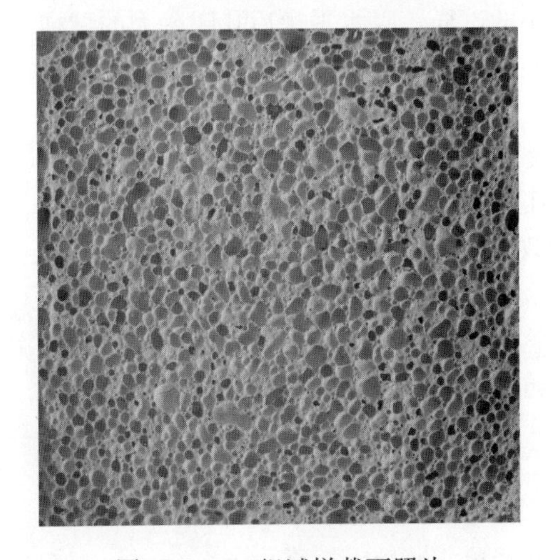

图 5-41　B2 组试样截面照片

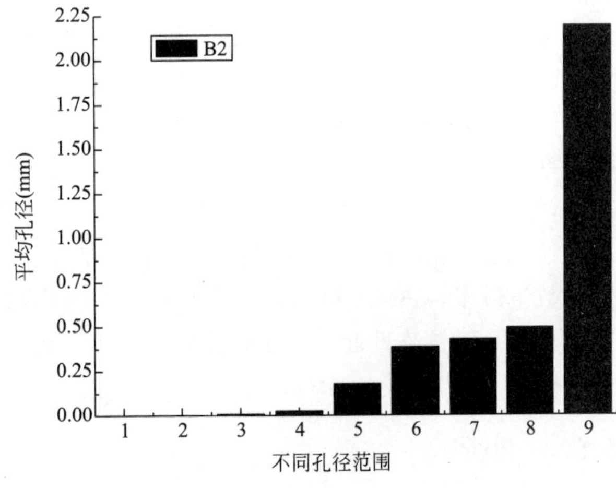

图 5-42　B2 组试样孔径特征

图 5-43　B3 组试样截面照片

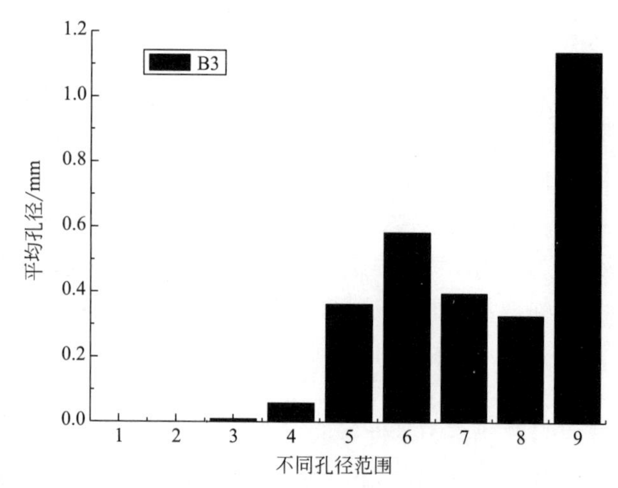

图 5-44　B3 组试样孔径特征

不同试样的孔隙特征　　表 5-15

编号	发气材料	孔隙率(%)	>5mm 孔所占比例(%)	平均孔径(mm)
B1	Al 粉	55.70	26.29	3.01
B2	Al 粉+H_2O_2	60.27	43.81	3.70
B3	Al 粉+引气剂 A	57.27	22.78	2.88

注：>5mm 孔所占比例反映出的是不同试样中相对连通孔所占的比例。

由图 5-39～图 5-44 和表 5-15 可知，相对于以 Al 粉作为单一发气材料的加气混凝土试样而言，将发气材料 Al 粉与 H_2O_2 复合使用会提高试样的孔隙率，增大试样的平均孔径，增加连通孔的数量；将发气材料 Al 粉与引气剂 A 复合使用会提高试样的孔隙率，减小试样的平均孔径，减少连通孔的数量。

B2 组的比强度远低于 B1 组和 B3 组，而吸水率最高。相关研究表明，增加微孔可以提高加气混凝土的强度，但是大孔和连通孔会对强度造成不利影响；蒸压加气混凝土初期孔隙率大的试样其吸水量和吸水速度均大于孔隙率小的试样，吸水平衡后孔隙率大的试样最终吸水量大于孔隙率小的试样。因此，该现象出现的原因在于 B2 组试样中平均孔径最大，高达 3.70mm；连通孔所占的比例最高，占总孔隙率的 43.81%。

B2 组试样的质量损失率和抗压强度损失率最大，B3 组试样的最小。相关研究表明，孔隙率大的蒸压加气混凝土抗冻性能要好，说明蒸压加气混凝土的多孔性提高了制品的抗冻性，但是连通孔会对抗冻性带来不利影响。这种现象出现的原因在于 B3 组取得最小平均孔径 2.88mm，连通孔数量最少，占 22.78%，而 B2 组取得最大平均孔径 3.70mm，连通孔数量最多，占 43.81%。由于各组试样的孔隙率相差不大，所以连通孔所占的比例和平均孔径是对抗冻性起着决定性影响的因素，即连通孔越多，平均孔径越大，试样的抗冻性越差。

5.5.6　小结

对铁尾矿加气混凝土中的孔隙特征进行了描述和分析，获得了对铁尾矿加气混凝土孔隙特征的初步认识。针对目前加气混凝土孔结构测试方法的不确定性，基于MATLAB平台，提出了试样截面图像分析的方法来表征加气混凝土气的孔隙特征，并采用该方法对试样的气孔进行了表征。并对不同孔隙特征的试样与其抗冻性进行了相关研究。总结如下：

（1）常用的表征材料孔隙特征的测试方法除光学法外均不太适合宏观气孔的测试。MATLAB具有强大的图像处理功能，利用MATLAB采用数码相机对铁尾矿加气混凝土试样截面拍摄的照片进行数据采集并分析，可实现对加气混凝土的宏观孔和细观孔的孔隙率、孔面积分布、平均孔径等孔信息的提取与表征。

（2）采用该方法对三种发气材料的试样进行分析，以Al粉作为发气材料的试样，其孔隙率为55.70%，平均孔径为3.01mm；以Al粉+H_2O_2作为发气材料的试样，其孔隙率为60.27%，平均孔径为3.70mm；以Al粉+引气剂A作为发气材料的试样，其孔隙率为57.27%，平均孔径为2.88mm。

（3）孔隙特征不仅对试样的吸水率有影响，还对抗冻性有重要影响，即平均孔径越大，相对大孔所占比例越多，试样的吸水率越大，经过15次冻融循环后试样的质量损失率和抗压强度损失率越大。

5.6　结论

通过研究石灰掺量、孔隙特征和改性材料对铁尾矿加气混凝土力学性能及抗冻性的影响，结合XRD、SEM以及孔隙特征照片分析了各研究因素对力学性能及抗冻性的影响机理，开发出提取和分析截面孔隙特征的程序。综合本章的研究，总结如下：

（1）随着石灰掺量的提高，铁尾矿加气混凝土的质量损失率和强度损失率均先增大，当石灰掺量大于35时，又降低。其中，石灰与铁尾矿质量比为35∶60时抗冻性最差；当该比例为25∶60时，制备试样可获得较高的强度和较好的抗冻性。随着石灰掺量的提高，加气混凝土的密度会先减小，当石灰掺量高于35时，又升高。其中，当石灰与铁尾矿质量比为35∶60时制备试样的密度最小。

（2）铁尾矿加气混凝土试样中的水化产物以托贝莫来石和C-S-H为主。

（3）随着水性环氧树脂掺量的提高，铁尾矿加气混凝土的质量损失率和抗压强度损失率逐渐减小，当水性环氧树脂的掺量为3%时，对抗冻性的改善开始起作用；当水性环氧树脂掺量为5%时，对抗冻性的改善较为明显；当水性环氧树脂的掺量大于5%，对抗冻性的改善量逐渐减小。随着硬脂酸钙掺量的提高，制备试样的质量损失率和抗压强度损失率逐渐降低，当硬脂酸钙掺量<2%时，对抗冻性的改善较小；当硬脂酸钙掺量为3%时，制备试样15次冻融循环后的质量损失率和抗压强度损失率降低最为明显，分别为4.126%和18.457%。

（4）利用MATLAB采用数码相机对铁尾矿加气混凝土试样截面拍摄的照片进行数据采集并分析，可实现对加气混凝土的宏观孔和细观孔的孔隙率、孔面积分布、平均孔径等孔信息的提取与表征。采用该方法对三种发气材料的试样进行分析，以Al粉作为发气材料的试样，其孔隙率为55.70%，平均孔径为3.01mm；以Al粉+H_2O_2作为发气材料的试样，其孔隙率为60.27%，平均孔径为3.70mm；以Al粉+引气剂A作为发气材料的试样，其孔隙率为57.27%，平均孔径为2.88mm。

（5）孔隙特征不仅对试样的吸水率有影响，还对抗冻性有重要影响，即平均孔径越大，相对大孔所占比例越多，试样的吸水率越大，经过 15 次冻融循环后试样的质量损失率和抗压强度损失率越大。

本章参考文献

[1] 杨久流. 尾矿中有价矿产资源的综合回收与利用 [J]. 有色金属，2002，(8)：86-90.

[2] 付鹏，侯艳敏. 非金属尾矿在材料工业中的再利用 [J]. 硅酸盐通报，2008 (4)：318-322.

[3] 陈建波. 利用低硅尾矿制备蒸压砖的研究 [J]. 新型建筑材料，2006 (12)：58-61.

[4] 宋守志，项阳，利用矿山废弃物生产烧结砖 [J]. 墙材革新与建筑节能，2003 (8)：25-27.

[5] 黄英. 利用珍珠岩尾矿合成多孔硅灰石陶瓷的实验研究 [J]. 硅酸盐通报，2003，22 (3)：85-87.

[6] 杨占中，董凤芝，刘玉金. 石棉尾矿在陶瓷生产中的应用研究 [J]. 矿产保护与利用，1998，8 (4)：47-48.

[7] 陈吉春. 矿业尾矿微晶玻璃制品的开发利用 [J]. 中国矿业，2005，14 (5)：83-85.

[8] 廖其龙. 石棉尾矿微晶玻璃装饰板材的研制 [J]. 玻璃，1997，24 (6)：7-10.

[9] 刘维平，袁剑雄. 尾矿在硅酸盐材料中的应用 [J]. 粉煤灰综合利用，2004，(6)：43-45.

[10] 李亚超. 鞍山式铁尾矿粉制备建筑饰面材料的研究 [D]. 长春：吉林大学，2011.

[11] 鹿晓斌. 基于铁尾矿制备烧结泡沫材料的研究 [D]. 大连：大连理工大学，2009.

[12] 孟跃辉，倪文，张玉燕. 我国尾矿综合利用发展现状及前景 [J]. 中国矿山工程，2010，39 (5)：4-9.

[13] 董凤芝. 铁矿尾矿综合利用研究 [J]. 矿业研究与开发，2013，2：59-61.

[14] 国务院. 国务院批转国家建材局等部门关于加快墙体材料革新和推广节能建筑意见的通知，1992 (1).

[15] 施楚贤. 砌体结构 [M]. 北京：中国建筑工业出版社，1997.

[16] 丁大均. 砌体结构学 [M]. 北京：中国建筑工业出版社，1992.

[17] 国家建材局，建设部，农业部，国土资源部. 墙体材料革新建筑节能办公室文件，墙办发 [2000] 06 号文件，2000.

[18] A. W. Pagc. Finite Element Model for Masonry. Journal of Structural Engineering. ASCE 104 (8) 1978.

[19] C. Franciosi，Z. X. Li，Free vibration and Eigenvalue Problem of Nonconservative Structures，Report of ISTC，University of Basilicate，Italy，1990.

[20] T K Caughy，M E O' Kelly，Classical Normal Modes in Damped Linear Dynamic Systems，Appl，Mech，1965 (32)：583-588.

[21] Clough R. W. Penzien J. Dynamics of structures，Second edition. Mc Gram-Hill Inc，1993.

[22] E. P. Kearsley，P. J. Wainwright. The effect of Porosity on the strength of foamed concrete，Cement And Concrete Research，32 (2002)：233-239.

[23] J. Deubener，M. C. Weinberg. Crystal-liquid surface energies from transient nucleation [J]. Journal of Non-Crystalline Solids，1998 (231)：143-151.

[24] J. Deubener，A. Osborne，M. C. Weinberg. Determination of the liquid-liquid surface energy in phase separating glasses [J]. Journal of Non-Crystalline Solids，1997 (215)：252-261.

[25] J. S. C. Jang，J. C. Fwu，L. J. Chang etc. Study on the solid-phase sintering of the nano structured heavy tungsten alloy powder [J]. Journal of alloys and Compounds，2007（434-435）：367-370.

[26] JiZou，Guo-Jun zhang，Yan-Mei Kan. Pressureless densification and mechanical properties of hafnium diboride doped with B4C：From solid state sintering to liquid phase sintering [J]. Journal of the European Ceramic Society，2010（30）：2699-2705.

[27] 黄晓巍. Al_2O_3/3YTZP 复相陶瓷的液相烧结机理 [J]. 福州大学学报自然科学版，2005，33（5）：624-627.

[28] 吴爱芹，罗金垒，石运中. 我国尾矿砂综合利用状况 [J]. 江苏新型材料，2013（2）：15-17.

[29] 刘媛媛，肖慧，李寿德. 铁尾矿烧结多孔保温材料气孔形成的机理研究 [J]. 新型建筑材料，2010（4）：47-49，58.

[30] 杨力远，万惠文，李杰. 利用磷尾矿制备加气混凝土工艺参数的探索研究 [J]. 武汉理工大学学报，2011（9）：41-44.

[31] 刘媛媛，肖慧，李寿德. 铁尾矿烧结多孔保温材料制备工艺及结构研究 [J]. 建筑科学，2009（12）：63-66.

[32] 陈永亮，张一敏，陈铁军，赵云良. 温度制度对尾矿烧结砖性能及结构的影响 [J]. 硅酸盐通报，2010（12）：1343-1347.

[33] 连汇汇，范文怡，吴晓阳. 利用废 CRT 屏玻璃为原料制备泡沫玻璃 [J]. 环境工程学报，2012（1）：292-296.

[34] 张淑会，薛向欣，张淑卿. 工艺参数对铁尾矿制备泡沫玻璃性能的影响 [J]. 过程工程学报，2009（10）.

[35] Franklin，H. A.，Nonlinear Analysis of Rein forced Concrete Frames and Panels，Ph. D. Dissertation，Division of Structural Engineering and Structural Mechanics，University of California，Berkeley. 1970，3：29-38.

[36] Nilsson，Arthur H.，Nonlinear Analysis of Rein forced Concrete by the Finite Element Method，ACI Journal. 1968，65（9）：77-82.

[37] N. Narayanan，K. Ramamurthy. Microstructural investigations on aerated concrete [J]. Cement and Concrete Research，2000，30：457-464.

[38] Hulya Kus*，Thomas Carlsson. Microstructural investigations of naturally and artificially weathered autoclaved aerated concrete [J]. Cement and Concrete Research，2003，33：1423-1432.

[39] N. Y. Mostafa，Influence of air-cooled slag on physicochemical properties of autoclaved aerated concrete [J]. Cement and Concrete Research，2005，35：1349-1357.

[40] Fumiaki Matsushita*，Yoshimichi Aono，Sumio Shibata. Carbonation degree of autoclaved aerated concrete [J]. Cement and Concrete Research，2000，30：1741-1745.

[41] Ioannis Ioannoua，Andrea Hamilton，Christopher Hall. Capillary absorption of water and n-decane by autoclaved aerated concrete [J]. Cement and Concrete Research，2008，38：766-771.

[42] André Hausera，Urs Eggenbergera*，Thomas Mumenthaler. Fly ash from cellulose industry as secondary raw material in autoclaved aerated concrete [J]. Cement and Concrete Research，1999. 29：297-302.

[43] 朱风明. 干养护加气混凝土反应机理与物理性能研究 [D]. 黑龙江：大庆石油学院硕士学位论文，2008.

[44] 王舫. 低硅尾矿加气混凝土蒸养条件下反应机理的研究 [D]. 武汉：武汉理工大学，2003.

[45] 陈杰. B05 级加气混凝土制备及其热工分析 [D]. 武汉：武汉理工大学，2009.

[46] 袁誉飞. 外墙用轻质高强节能保温加气混凝土的研制 [D]. 广州：华南理工大学硕士学位论文，2011.

[47] 清华大学抗震抗暴工程研究室. 加气混凝土构件的计算及其试验基础 [M]. 北京：清华大学出版社，1986.

[48] 王秀芬. 加气混凝土性能及优化的试验研究 [D]. 西安：西安建筑科技大学，2006.

[49] 刘玮辉. 再生混凝土多孔砖耐久性与砖的抗冻指标试验研究 [D]. 长沙理工大学，2012.

[50] T. C. Powers，R A. Helmuth. Theory of volume change in hardened Portland cement paste during freezing proceeding [J]. Highway research Board，1953，32：285-297.

[51] 张誉，蒋利学，张伟平等. 混凝土结构耐久性概念 [M]. 上海：上海科学技术出版社，2003.

[52] 肖逸夫，梁建国，王涛. 蒸压加气混凝土抗冻性能试验研究 [J]. 砖瓦，2013，04：34-36.

[53] 李金玉. 水工混凝土耐久性的研究和应用 [M]. 北京：中国电力出版社，2004.

[54] 彭军芝. 蒸压加气混凝土中孔的形成、特征及对性能的影响研究 [D]. 2011.

[55] 陈立军，张丹，黄德馨，孔令炜. 关于非烧结砖耐久性评价指标和检测方法的修改建议 [J]. 新型建筑材料，2007，4-22.

[56] 张颖，张粉芹，王起才. 国内外混凝土的抗冻性试验的分析与探讨 [J]. 四川建筑，2007 (6)：215-217.

[57] ASTM C666-97. Standard Test Method for Resistance of Concrete to Rapid Freezing and Thawing [S].

[58] 李田. 混凝土结构耐久性研究的概况与若干特点 [J]. 建筑结构，1995，(12)：44-47.

[59] GB11969-2008. 蒸压加气混凝土实验方法 [S]. 北京：中国标准出版社出版，2008.

[60] 蒲心诚，赵镇浩. 灰砂硅酸盐建筑制品 [M]. 北京：中国建筑工业出版社，1980.

[61] 崔可浩，杨伟明等. 加气混凝土生产技术实用讲义 [M]. 1999.

[62] 张继能，顾同曾. 加气混凝土生产工艺 [M]. 武汉：武汉工业大学出版社，1994.

[63] 张巨松. 混凝土学 [M]. 哈尔滨：哈尔滨工业大学出版社，2011.

[64] 王长龙，倪文等. 铁尾矿加气混凝土的制备和性能 [J]. 材料研究学报，2013，27 (2)：157-162.

[65] 府坤荣. 蒸压加气混凝土养护制度的探讨 [J]. 新型建筑材料，2006，(12)：72.

[66] 唐磊，祝明桥，张勇波. 含水率对蒸压加气混凝土力学性能的影响 [J]. 墙材革新与建筑节能，2011，04：20-22.

[67] 陈光耀，吴笑梅，樊粤明. 水泥基渗透结晶型防水材料的作用机理分析 [J]. 新型建筑材料，2009，08：68-71.

[68] 张弛，沈平邦，张宝生，袁杰，葛勇. 聚丙烯腈纤维对引气混凝土抗冻性的影响 [J]. 混凝土，2007，08：52-54.

[69] 邓宗才，张永方. 纤维素纤维混凝土抗冻性试验研究 [J]. 混凝土与水泥制品，2012，12：44-47.

[70] 刘腾飞，胡昱，李祥，陈凤岐，韦宇硕. 聚氨酯防水保温材料对混凝土抗冻性能的影响 [J]. 水力发电学报，2011，01：132-138.

[71] 刘其城，李强，徐协文. 环氧树脂混凝土力学性能及增强机理 [J]. 长沙理工大学学报（自然科学版），2009，03：28-32.

[72] 张建仁，王海臣，杨伟军. 混凝土早期抗压强度和弹性模量的试验研究 [J]. 中外公路，2003，03：89-92.

[73] 秦海兰，朱方之，吴剑. 环氧树脂混凝土的研究现状和工程应用 [J]. 焦作工学院学报（自然科学版），2003，02：109-113.

[74] 肖力光，李海军，焦长军，徐炳范. 新型环氧树脂乳液改性水泥砂浆性能的研究 [J]. 混凝土，2006，11：46-49.

[75] 张荣辉，郭建，吕惠卿. 水性环氧树脂混凝土性能研究 [J]. 混凝土，2006，12：71-73.

[76] 钟世云，袁华. 聚合物在混凝土中的应用 [M]. 北京：化学工业出版社，2003.

[77] A C Aydin，R GuL. Influence of volcanic originated natural materials as additives on the setting time and some mechanical properties of concrete [J]. Construction and Building Materials，2007，(21)：1277-1281 .

[78] 张欣，叶剑锋，周海兵，李石林，冯涛. 新型外墙保温隔热材料的试验研究 [J]. 硅酸盐通报，2013，05：982-986.

[79] Alex Anderson J. Relations between structure and mechanical properties of autoclaved aerated concrete [J]. Cement and Concrete Research，1979，9 (4)：507-514.

[80] 彭军芝. 蒸压加气混凝土孔结构及其对性能的影响研究进展 [J]. 材料导报，2013，15：103-107+118.

[81] 陈岩，董攀，魏发骏. 水泥石孔结构的 X 射线小角度散射研究 [J]. 硅酸盐学报，1989，02：112-117.

[82] 郑万廪. 加气混凝土孔结构与性能的关系 [J]. 硅酸盐建筑制品，1986，04：24-26.